Go言語による
Webアプリケーション開発

Mat Ryer 著

鵜飼 文敏 監訳

牧野 聡 訳

本書で使用するシステム名、製品名は、それぞれ各社の商標、または登録商標です。
なお、本文中では™、®、©マークは省略している場合もあります。

Go Programming Blueprints

Build real-world, production-ready solutions in Go using cutting-edge technology and techniques

Mat Ryer

BIRMINGHAM - MUMBAI

Copyright ©2015 Packt Publishing. First published in the English language under the title Go Programming Blueprints (9781783988020).
Japanese-language edition copyright ©2016 by O'Reilly Japan, Inc. All rights reserved.
This translation is published and sold by permission of Packt Publishing Ltd., the owner of all rights to publish and sell the same.

本書は株式会社オライリー・ジャパンがPackt Publishing Ltd.の許諾に基づき翻訳したものです。日本語版についての権利は株式会社オライリー・ジャパンが保有します。

日本語版の内容について、株式会社オライリー・ジャパンは最大限の努力をもって正確を期していますが、本書の内容に基づく運用結果については責任を負いかねますので、ご了承ください。

監訳者まえがき

　Go言語はGoogleがリリースし、オープンソースとして開発されている新しいプログラミング言語です。

　現代的なコンピュータープラットフォームの上で、大規模な開発を行うために適した言語とはどういったものであるべきかを突き詰めて生み出されました。マルチコアを有効に使って並行処理するプログラムが書きやすいため、HTTPなどの処理を同時にたくさんさばく必要のあるクラウドコンピューティングに適した言語になっています。

　今どきの他のプログラミング言語に比べると、Go言語の言語仕様はとてもコンパクトです。たいていのプログラミング言語は、多くの機能を盛り込んで、さまざまなことを簡単にできるようにしようとしていますが、Go言語はそういったやり方とは逆のアプローチをとっています。言語自体の機能をできるだけ絞り込むことで学習コストを下げ、多くの開発者が使えるプログラミング言語をめざしています。

　言語仕様自体を学習することは簡単ですが、Go言語らしいプログラムを読み書きするには慣用表現等も学習する必要があります。Go言語は、過去のさまざまなプログラミング言語からアイデアを拝借しつつ設計されましたが、Go言語らしい書き方は、それらの元の言語とはかなり異なります。C++やJava、Python、RubyなどのプログラムをそのままGo言語を使って記述しようとすると、変なプログラムになってしまうでしょう。そういう書き方をしていると、Go言語は使いにくいプログラミング言語だと思ってしまうかもしれません。他の言語を翻訳したようなプログラムを書くのではなく、そもそも実現したかったことをGo言語のやり方に沿って書くようにすれば、元とはかなり違うすっきりとしたプログラムを書くことができます。そのためには、Go言語の慣用表現をマスターすることが必須です。

　本書は、いくつかの実用的なプログラムを例に、Go言語でどのように開発していけばよいのかを説明しています。作りたいものを実現するにはどのように設計し、それをどのようにGo言語で記述していけばよいのかをひとつずつ解説しています。Goらしいコードを読み書きできるようになるとGo言語の使いやすさを実感できるようになるでしょう。

本書が、Go言語を使った楽しいプログラミングの助けになれば幸いです。

2015年12月1日

グーグル株式会社
鵜飼 文敏

まえがき

　Goは言語もコミュニティーも歴史が浅く、アジャイル開発のように迅速にソフトウェアを書くには適していないという迷信が広まっています。筆者が本書の執筆を決意したのは、この迷信を打ち破るためです。筆者の友人には、既存のGemやライブラリをマッシュアップして完全なRuby on Railsアプリケーションを週末休みだけで作ってしまうような人もいます。Railsのプラットフォームは、迅速な開発を可能にしてくれるものとして知られています。同じことが、Goと成長を続けるオープンソースのパッケージを使っても可能です。Railsにはできないようなやり方で、すぐに高いパフォーマンスを発揮し大規模アクセスにも耐えているソフトウェアの実例を示そうと思います。もちろん、言語自体だけでスケーラビリティを実現できるというわけではありません。しかしGoに組み込みの並行処理関連の機能を使えば、ごく基本的なハードウェアでもかなりの性能を発揮させることができます。実運用の際にも、当初から高い能力を示してくれるはずです。

　本書では、それぞれ性格の異なる5つのプロジェクトを紹介します。これらはいずれも、本気でスタートアップ企業を立ち上げようとしている人々にとっての基礎となることをめざしています。遅延の少ないチャットアプリケーション、ドメイン名を提案するツール、Google Places APIを使ったナイトライフ向けツールなど、取り上げるトピックはさまざまです。どの章でも、Goを使ったサービスのほとんどで取り組まれなければならない各種の課題に挑戦しています。本書で紹介するコードは、唯一の解決策というわけではありません。とるべきアプローチについては、読者自身で判断することをおすすめします。コードよりもその背後にあるコンセプトのほうが重要なのですが、コードの各所で使われているヒントやコツを身につけることにも意義はあります。

　多くのアジャイル開発者が取り入れている慣習が、本書の執筆にも反映されています。正式版の完成の前に、たとえシンプルでも実際にデプロイが可能なバージョンを示すように心がけました。また、筆者は機能するコードを作れたらそれを最初から作りなおすようにしています。多くの小説家やジャーナリストは「物書きの真髄は書きなおすことにある」と述べており、これはソフトウェアにも当てはまると筆者は考えています。何かのプログラムを初めて書く時には、問題や解決のアプローチについて学び、そして頭で考えていることをそのまま紙やテキストエディタに書き出すだけで精一杯で

す。同じプログラムをもう一度作成しようという時にようやく、問題解決のための新しい知識を適用できるようになるものです。このようなやり方は未経験だという読者も、ぜひ試してみてください。筆者が体験したのと同じように、コードの質を劇的に向上させることができるでしょう。また、2回作成すれば十分というわけでもありません。ソフトウェアは進化するものであり、容易に作成できいつでも破棄できるようなものが望まれます。マンネリ化を感じたり作業の妨げになっていると思われたなら、ためらわずに新しいコードを作りなおしましょう。

すべてのコードはTDD(Test-driven Development。テスト駆動型開発)に基づいて作成しました。それぞれの章では、TDDのプロセスに沿って開発が進むことも最終的なコードだけが示されることもあります。本書で明示していないものも含めて、テストのコードはすべてGitHubのリポジトリで公開しています。

2回目のコードをテスト駆動型で作成してから本文を執筆し、どんな処理をどのような理由で行っているか示すようにしています。ただし、少しずつコードを追加してゆくというアプローチは本文中には現れていないことがほとんどです。ページ数が不必要に増加し、読者はいらいらするだろうと思われるためです。一部の解説では、段階的な開発や少量ずつの機能追加(つまり初期段階からシンプルな状態を保ち、どうしても必要な場合以外は複雑さを加えない)というプロセスの雰囲気をつかんでもらうために、繰り返し変更を行っていることもあります。このような解説も、Goでパッケージやプログラムを作成する上で役立つと考えます。

質問や改善の提案あるいは議論は大歓迎です。Goの言語仕様やコアチームそしてコミュニティーの主張の強さを、筆者はとても気に入っています。本書のために、誰でも参加できるGitHubのリポジトリ(https://github.com/matryer/goblueprints)を用意したので、ここを利用するのもよいでしょう。

読者の誰かが本書のプロジェクトをベースとしたアプリケーションを実際に立ち上げたり、どこかで利用したりしてくれたならこれ以上の喜びはありません。その際には、Twitter(@matryer)などを通じて筆者まで知らせていただければと思います。

本書で扱う事柄

1章 WebSocketを使ったチャットアプリケーション

複数のユーザーがブラウザ上でリアルタイムの対話を行うアプリケーションを紹介します。net/httpパッケージを使ったHTMLの送信や、WebSocketを使ってクライアント側のブラウザと接続する方法などを学びます。

2章 認証機能の追加

チャットアプリケーションにOAuth2を組み込みます。どのユーザーがどの発言をしたかを識別できるだけでなく、GoogleやFacebookあるいはGitHubのアカウントでログインできるようにもなります。

3章 プロフィール画像を追加する3つの方法

チャットアプリケーションにプロフィールの画像を追加できるようにします。画像は認証サービスあるいはWebサービスGravatarから取得したり、ユーザー自身がアップロードしたりできるようになります。

4章 ドメイン名を検索するコマンドラインツール

まずGoを使ったコマンドラインアプリケーションの作成がとても簡単であることを示します。そして、チャットアプリケーションのためのドメイン名を探すツールを実際に作成します。複数のツールを組み合わせてさらに強力な処理を実現するための、標準入力と標準出力そしてパイプのしくみについても解説します。

5章 分散システムと柔軟なデータの処理

Twitter上での投票や集計のシステムをスケーラビリティの高い形で作成します。ここではNSQとMongoDBを使います。未来の民主主義を先取りしましょう。

6章 REST形式でデータや機能を公開する

5章で作成した機能をJSONベースのWebサービスとして公開できるようにします。`http.HandlerFunc`の機能をラップし、パイプライン形式の強力な処理を実現します。

7章 ランダムなおすすめを提示するWebサービス

Google Places APIを使って現在地周辺でのおすすめ情報をランダムに表示する方法を紹介します。きっと街歩きが楽しくなるでしょう。内部のデータ構造をプライベートに保つべき理由や、内部のデータを適切に公開するための方法、Goで列挙型を実装する方法も解説します。

8章 ファイルシステムのバックアップ

ソースコードのバックアップを作成するためのシンプルで強力なツールを紹介します。Goの標準ライブラリに含まれるosパッケージを使い、ファイルシステムを操作します。シンプルな抽象化を元に強力な処理結果を生み出す、Goのインタフェースのしくみを解説します。

付録A 安定した開発環境のためのベストプラクティス

まっさらの状態からGoを新規インストールする方法を紹介します。また、開発作業に関するいくつかの選択肢と、その選択がもたらす将来的な影響を明らかにします。ここでの選択とコラボレーションとの関係や、オープンソース化の意義についても検討します。

付録B Goらしいコードの書き方

監訳者による日本語版オリジナルの記事です。Goのイディオムについて解説します。本書で使われているコードを、よりGoのイディオムに沿った形で書きなおしてみます。

必要なもの

本書のコードをコンパイルして実行するためには、Goのツール群を利用可能なオペレーティングシステムがインストールされたコンピューターが必要です。サポート対象の詳細については、https://golang.org/doc/install#requirementsで公開されているリストを参照してください。

本書の付録Aで、Goのインストールや開発環境のセットアップ（環境変数GOPATHの指定方法など）に関するヒントを紹介しています。

対象とする読者

本書はすべてのGoプログラマーを対象にしています。Goを使って実際にプロジェクトを立ち上げようとしているビギナーにも、Goの面白い使い方を探しているエキスパートにも適しています。

表記について

本書の中では、扱う情報ごとに別の書体・スタイルを用いています。例をいくつか紹介します。

本文中でのコード、データベースのテーブル名、フォルダー名、ファイル名、ファイルの拡張子、パス名、ユーザーによる入力値、Twitterでのアカウント名などは「`import`キーワードを使うと、他のパッケージの機能を利用できます。その際、あらかじめ`go get`コマンドを実行してパッケージをダウンロードする必要があります」のように等幅書体で表記します。

コードのブロックは次のように表記されます。

```go
package meander
type Cost int8
const (
    _ Cost = iota
    Cost1
    Cost2
    Cost3
    Cost4
    Cost5
)
```

コード中の特定の部分に注目してほしい場合には、次のように太字で表記します。

```go
package meander
type Cost int8
const (
    _ Cost = iota
    Cost1
    Cost2
```

```
    Cost3
    Cost4
    Cost5
)
```

コマンドライン入力の内容は、以下のように示されます。

```
go build -o project && ./project
```

メニュー項目やダイアログボックスなどのような画面上の表示については、「Xcodeをインストールしたら、[設定]を開いて[ダウンロード]に移動します」のように表記しています。

ヒントやコツはこのように表示されます。

警告や重要なメモはこのように表示されます。

監訳者による補足説明はこのように表示されます。

サンプルコードのダウンロード

本書向けにGitHubリポジトリ (http://github.com/matryer/goblueprints) を開設しました。サンプルコードはここから取得できます[*1]。

正誤表

本書の内容の正確さについては細心の注意を払っていますが、誤りが残されていることも考えられます。本文やコードに誤りを発見したら、我々にお知らせください。皆様からの指摘は改訂版に反映され、今後の読者のいらいらを取り除いてくれるでしょう。

[*1] 日本語版のサンプルコードはhttps://github.com/oreilly-japan/go-programming-blueprintsから入手できます。

意見と質問

本書（日本語翻訳版）の内容については、最大限の努力をもって検証、確認していますが、誤りや不正確な点、誤解や混乱を招くような表現、単純な誤植などに気がつかれることもあるかもしれません。そうした場合、今後の版で改善できるようお知らせいただければ幸いです。将来の改訂に関する提案なども歓迎いたします。連絡先は次のとおりです。

株式会社オライリー・ジャパン
電子メール　japan@oreilly.co.jp

本書のWebページには次のアドレスでアクセスできます。

http://www.oreilly.co.jp/books/9784873117522
https://www.packtpub.com/application-development/go-programming-blueprints（英語）
https://github.com/matryer/goblueprints（著者）

オライリーに関するそのほかの情報については、次のオライリーのWebサイトを参照してください。

http://www.oreilly.co.jp/
http://www.oreilly.com/（英語）

謝辞

妻Laurie Edwardsの助けがなかったら、本書を上梓することはできませんでした。彼女は自身のプロジェクトにも取り組みながら、筆者を執筆に専念させてくれました。彼女の不断のサポートのおかげで、本書を（そして筆者が携わるすべてのプロジェクトも）完了にこぎ着けることができました。

信じられないかもしれませんが、筆者にとってTyler Bunnell（GitHubでは@tylerb）はGoに関する生涯のパートナーです。彼とはGoogle CodeのGowebプロジェクトで出会いました。今までもこれからも、我々は多くのプロジェクトでともに作業することになるでしょう。syncパッケージの正しい使い方をめぐって仲違いを起こしたりしないかぎり、我々の協力関係は続くでしょう。Tylerと筆者はともにGoを学び、そしてTylerは進んで本書の査読を行ってくれました。ある意味では、すべてのミスが彼のせいにされるかもしれないというリスクを負ってくれています。

Ryan Quinn（GitHubでは@mazondo）も、筆者にとって開発でのヒーローの1人です。彼はほぼ1日に1つのペースでアプリケーションを作っています。どんなにシンプルなものでも、何も作らないよりは何かを作るほうがずっとよいという信念が体現されています。Goの長所や短所に関する議論に付き合ってくれただけでなく、コンピューターサイエンスという領域内外での問題で相談に乗ってくれたTim Schreinerにも感謝します。

Goというとても楽しい言語を生み出したコアの開発チームや、開発の手間を数ヶ月分も省いてくれたGoコミュニティーの皆様にも感謝します。

大好きなことを仕事にするのを助けてくれた、すべての人々にも特別な感謝を贈ります。筆者をコンピューターに出会わせてくれた父Nick Ryer、Maggie Ryer、Chris Ryer、Glenn Wilson、Phil Jackson、Jeff Cavins、Simon Howard、Edd Grant、Alan Meade、Steve Cart、Andy Jackson、Aditya Pradana、Andy Joslin、Simon Howard、Phil Edwards、Tracey Edwards、そしてすべての友人と家族に感謝します。

目次

監訳者まえがき v
まえがき vii

1章　WebSocketを使ったチャットアプリケーション 1
1.1　シンプルなWebサーバー 2
　　1.1.1　テンプレート 3
　　1.1.2　Goプログラムのビルドと実行の正しい方法 7
1.2　チャットルームとクライアントをサーバー側でモデル化する 8
　　1.2.1　クライアントのモデル化 8
　　1.2.2　チャットルームのモデル化 10
　　1.2.3　並行プログラミングで使われるGoのイディオム 11
　　1.2.4　チャットルームをHTTPハンドラにする 12
　　1.2.5　ヘルパー関数を使って複雑さを下げる 14
　　1.2.6　チャットルームの生成と利用 14
1.3　チャットクライアントのHTMLとJavaScript 15
　　1.3.1　テンプレートの活用 17
1.4　ログ情報を出力して内部状態を知る 19
　　1.4.1　TDDに基づいたパッケージの作成 20
　　1.4.2　traceパッケージの利用方法 27
　　1.4.3　記録を無効化できるようにする 29
　　1.4.4　パッケージのクリーンなAPI 30
1.5　まとめ 30

2章　認証機能の追加 33
2.1　HTTPハンドラの活用 34

2.2		そこそこソーシャルなサインインのページ	37
2.3		エンドポイントと動的なパス	39
2.4		OAuth2	41
	2.4.1	オープンソースのOAuth2パッケージ	42
2.5		アプリケーションを認証プロバイダーに登録する	43
2.6		外部アカウントでのログインの実装	44
	2.6.1	ログイン	45
	2.6.2	認証プロバイダーからのレスポンスの解釈	47
	2.6.3	自分のユーザー名の表示	49
	2.6.4	メッセージの表示の拡張	50
2.7		まとめ	54

3章　プロフィール画像を追加する3つの方法　57

3.1		認証サーバーからのアバターの取得	58
	3.1.1	アバターのURLの取得	58
	3.1.2	アバターのURLの送信	59
	3.1.3	UI上にアバターを表示する	60
	3.1.4	ログアウト	60
	3.1.5	アプリケーションの見た目を改善する	62
3.2		Gravatarの利用	64
	3.2.1	アバターのURLを取得するプロセスの抽象化	64
3.3		アバターの画像をアップロードする	72
	3.3.1	ユーザーの識別	72
	3.3.2	アップロードのフォーム	74
	3.3.3	アップロードされたファイルの処理	75
	3.3.4	画像の提供	77
	3.3.5	ローカルファイル向けのAvatarの実装	78
	3.3.6	リファクタリングと最適化	80
3.4		3つの実装の統合	87
3.5		まとめ	89

4章　ドメイン名を検索するコマンドラインツール　91

4.1		パイプに基づくコマンドラインツールの設計	91
4.2		5つのシンプルなプログラム	92
	4.2.1	sprinkle	93
	4.2.2	domainify	96
	4.2.3	coolify	98

		4.2.4	synonyms	102
		4.2.5	available	108
	4.3	5つのプログラムをすべて組み合わせる		111
		4.3.1	すべてを実行するためのプログラム	112
	4.4	まとめ		115

5章　分散システムと柔軟なデータの処理　　117

	5.1	システムの設計		118
		5.1.1	データベースの設計	119
	5.2	実行環境のインストール		120
		5.2.1	NSQ	120
		5.2.2	MongoDB	122
		5.2.3	実行環境の起動	122
	5.3	Twitterからの投票		123
		5.3.1	Twitterを使った認証	124
		5.3.2	MongoDBからの読み込み	128
		5.3.3	Twitterからの読み込み	130
		5.3.4	NSQへのパブリッシュ	135
		5.3.5	穏やかな起動と終了	136
		5.3.6	テスト	139
	5.4	得票数のカウント		139
		5.4.1	データベースへの接続	141
		5.4.2	NSQ上のメッセージの受信	141
		5.4.3	データベースを最新の状態に保つ	143
		5.4.4	Ctrl + Cへの応答	145
	5.5	プログラムの実行		145
	5.6	まとめ		147

6章　REST形式でデータや機能を公開する　　149

	6.1	RESTに基づくAPIの設計		150
	6.2	ハンドラ間でのデータの共有		150
	6.3	ラップされたハンドラ関数		152
		6.3.1	APIキー	153
		6.3.2	データベースのセッション	154
		6.3.3	リクエストごとの変数	154
		6.3.4	ドメイン間のリソース共有	155
	6.4	レスポンスの生成		156

6.5	リクエストを理解する	157
6.6	APIを提供するシンプルなmain関数	159
	6.6.1　ハンドラをラップした関数の利用	161
6.7	エンドポイントの管理	162
	6.7.1　タグを使って構造体にメタデータを追加する	162
	6.7.2　1つのハンドラで多くの処理を行う	163
	6.7.3　curlを使ってAPIをテストする	168
6.8	APIを利用するWebクライアント	169
	6.8.1　調査項目のリストのページ	170
	6.8.2　調査項目を作成するページ	171
	6.8.3　調査項目の詳細を表示するページ	173
6.9	システムの実行	176
6.10	まとめ	177

7章　ランダムなおすすめを提示するWebサービス　179

7.1	プロジェクトの概要	180
	7.1.1　設計の詳細	181
7.2	コードの中でデータを表現する	182
	7.2.1　Goの構造体を公開したビュー	185
7.3	ランダムなおすすめの生成	186
	7.3.1　Google Places APIのキー	188
	7.3.2　Goでの列挙子	188
	7.3.3　Google Places APIへの問い合わせ	193
	7.3.4　おすすめの生成	194
	7.3.5　URLパラメーターを解釈するハンドラ	195
	7.3.6　CORS	196
	7.3.7　APIのテスト	197
7.4	まとめ	199

8章　ファイルシステムのバックアップ　201

8.1	システムの設計	202
	8.1.1　プロジェクトの構造	202
8.2	backupパッケージ	203
	8.2.1　インタフェースは明白か	203
	8.2.2　ZIP圧縮の実装	204
	8.2.3　ファイルシステムへの変更を検出する	207
	8.2.4　変更の検出とバックアップの開始	209

8.3 ユーザー向けのコマンドラインツール 212
8.3.1 少量のデータの永続化 213
8.3.2 コマンドライン引数の解析 214
8.3.3 ツールの実行 216
8.4 バックアップを行うデーモン 217
8.4.1 データ構造の重複 219
8.4.2 データのキャッシュ 219
8.4.3 無限ループ 220
8.4.4 filedbのレコードの更新 222
8.5 システムのテスト 223
8.6 まとめ 224

付録A 安定した開発環境のためのベストプラクティス 227
A.1 Goのインストール 227
A.1.1 バイナリリリースのインストール 228
A.1.2 ダウンロードとビルド 228
A.2 Goの設定 229
A.2.1 GOPATHの正しい設定 230
A.3 Goのツール 231
A.4 クリーンアップとビルドそしてテストを保存時に自動実行する 234
A.4.1 Sublime Text 3 234
A.5 まとめ 236

付録B Goらしいコードの書き方 237
B.1 traceパッケージ 237
B.2 FileSystemAvatar 239
B.3 twittervotes 240
B.4 counter 249
B.5 backupd 251

索引 252

コラム目次

独自型の文字列表現 215

1章
WebSocketを使った
チャットアプリケーション

　ハイパフォーマンスで並行処理も得意とするGoは、サーバー側のアプリケーションやツールの作成に適しています。そのようなソフトウェアは、Webでまさに必要とされているものです。今日では、Webに対応していないガジェットを見つけるのは困難なほどです。また、Webを利用すれば1つのアプリケーションでほぼすべてのプラットフォームやデバイスに対応させることも可能です。

　本書で紹介する最初のプロジェクトでは、Webベースのチャットアプリケーションを作成します。ここでは、複数のユーザーがブラウザ上でリアルタイムに会話ができます。一般的なGoアプリケーションやGoの標準ライブラリはパッケージという単位で構成されており、各パッケージはそれぞれのフォルダーに配置されます。まずはnet/httpパッケージを使ったシンプルなWebサーバーを作成します。このサーバーがHTMLファイルを提供します。そして、WebSocketを利用してメッセージをやり取りできるようにします。

　C#やJavaあるいはNode.jsなどでは、すべてのクライアントが同期された状態を保つためには複雑なスレッドのコードや巧妙なロックの使いこなしが求められます。一方Goでは、チャネルなどの並行処理向けのしくみが言語に組み込まれており、実装が非常に容易です。

　この章では次のような事柄について学びます。

- net/httpパッケージを使い、HTTPリクエストに応答します。
- テンプレートを使ったコンテンツをクライアントに提供します。
- Goのhttp.Handler型のインタフェースに適合させます。
- Goのgoroutineを使い、アプリケーションが複数の作業を同時に行えるようにします。
- チャネルを使い、実行中の各goroutine間で情報を共有します。
- HTTPリクエストをアップグレードし、WebSocketなどの新しい機能を使えるようにします。
- アプリケーション内部でのはたらきをよりよく理解するために、ログの記録を行います。
- テスト駆動型の手順に従って、Goの完全なパッケージ構造を作成します。
- 非公開の型を、公開されているインタフェース型で返します。

このプロジェクトで使われるソースコードの全文は、https://github.com/matryer/goblueprints/tree/master/chapter1/chatで公開されています。コードは段階的にチェックインされており、GitHubの変更履歴を通じてもこの章の流れを理解できるようになっています。

1.1　シンプルなWebサーバー

まず、Webサーバーを用意します。このWebサーバーには2つの役割があります。1つはクライアントがブラウザ上で利用するHTMLとJavaScriptを提供すること、もう1つはクライアントとの間でWebSocketを使った通信を行うことです。

環境変数GOPATHについては付録Aで解説しています。Goの開発環境を初めてセットアップするというユーザーは、まず付録Aを読んでください。

GOPATHの自分のインポートパスのフォルダーの中に、chatというサブフォルダーを作りましょう[*1]。そしてこの中にmain.goというファイルを作成し、以下のコードを記述してください。

```go
package main

import (
  "log"
  "net/http"
)

func main() {
  http.HandleFunc("/", func(w http.ResponseWriter, r *http.Request) {
    w.Write([]byte(`
      <html>
        <head>
          <title>チャット</title>
        </head>
        <body>
          チャットしましょう！
        </body>
      </html>
    `))
  })
```

[*1]　監訳注：例えば、GOPATHのsrc/github.com/oreilly-japan/goblueprints/chatなど。mainパッケージの場合は他からインポートされることがないので、公開しないのであれば$GOPATH/src/chatでもかまわないでしょう。

```
    // Webサーバーを開始します
    if err := http.ListenAndServe(":8080", nil); err != nil {
      log.Fatal("ListenAndServe:", err)
    }
  }
```

このコードはシンプルですが、1つのGoプログラムとしてきちんと動作します。行われている処理は以下のとおりです。

- net/httpパッケージを利用し、ルートのパスつまり/へのリクエストを待ち受ける[*1]
- リクエストを受け取ると、ハードコードされたHTMLを返す
- `ListenAndServe`メソッドを使い、ポート8080上でWebサーバーを開始する

http.HandleFunc関数では、/というパスのパターンと関数（2つ目の引数で指定されています）が関連づけられます。つまり、ユーザーがhttp://localhost:8080/にアクセスするとこの関数が実行されます。func(w http.ResponseWriter, r *http.Request)という関数のシグネチャーは、Goの標準ライブラリの中でHTTPリクエストを処理する際によく使われています。

mainというパッケージを指定しているのは、このプログラムをコマンドラインから実行するためです。一方、再利用可能なチャットアプリケーションのパッケージを作成したい場合には、chatなどのパッケージ名を指定するべきです。

コマンドラインでmain.goの置かれたフォルダーに移動し、下のコマンドを実行するとプログラムが開始します。

```
go run main.go
```

そしてブラウザを開いてhttp://localhost:8080/にアクセスすると、「チャットしましょう！」というメッセージが表示されます。

このように、Goのコードの中にHTMLを埋め込むというアプローチは不可能ではありません。しかしこのようなコードは醜く、プロジェクトの成長につれて使い物にならなくなっていきます。コードをクリーンにするために、これから紹介するテンプレートを利用しましょう。

1.1.1 テンプレート

テンプレートを使うと、汎用的なテキストの中に固有のテキストを混在させることができます。例えば、歓迎のメッセージの中に個々のユーザーの名前を埋め込むといったことが可能です。次のよう

[*1] 監訳注：/以下のリクエストにもマッチします。例えば、/favicon.icoにもマッチするので、ブラウザからアクセスすると2回アクセスされたかのように見えます。

なテンプレートについて考えてみましょう[*1]。

　　こんにちは {name} さん、お元気ですか？

このテンプレートの {name} の部分は、実際のユーザーの名前に置き換えられます。つまり、ローリーさんがサインインしたなら次のように表示されるでしょう。

　　こんにちはローリーさん、お元気ですか？

Goの標準ライブラリには、主要なテンプレートのパッケージとしてテキスト向けのtext/templateとHTML向けのhtml/templateという2つが用意されています。両者は同じように機能しますが、html/templateはデータがテンプレートに挿入される際のコンテキストを認識しているという点が異なります。コンテキストを認識することによって、不正なスクリプトを埋め込もうとする攻撃を回避したり、URLで使用できない文字をエンコードするといったことが可能になります[*2]。

手始めとしてはHTMLをGoのコードから別のファイルへと移動するだけで、テキストの埋め込みは行わないことにします。テンプレートのパッケージを使えば、外部のファイルも簡単に読み込めます。

まずchatフォルダーの中に、templatesというサブフォルダーを作ります。そしてここにchat.htmlというファイルを作成し、main.goに記述されていたHTMLを移動します。テンプレートが使われていることを確認できるように、コンテンツは少し変更してあります。

```
<html>
  <head>
    <title>チャット</title>
  </head>
  <body>
    チャットしましょう！　（テンプレートより）
  </body>
</html>
```

これでHTMLファイルの準備はできました。次に、このテンプレートをコンパイルしてユーザーのブラウザに届けるためのしくみを用意します。

テンプレートのコンパイルとは、テンプレートを解釈してデータを埋め込める状態にするための処理です。テンプレートを利用する前に一度だけコンパイルしておく必要があります。コンパイルされたテンプレートは何度も利用できます。

テンプレートの読み込みとコンパイルそして出力を受け持つ型を定義します。この型はファイル

[*1] 監訳注：Goのテンプレートだと通常は「こんにちは{{.Name}}さん、お元気ですか？」のようになります。
[*2] 監訳注：データがテンプレートに挿入される場所（HTMLかURLかなど）によって適切なエスケープが行われます。

名を受け取り、テンプレートを1回だけ（sync.Once型が使われます）コンパイルし、コンパイルされたテンプレートへの参照を保持し、そしてHTTPリクエストに応答します。ここではtext/template、path/filepath、syncの各パッケージが必要です。

main.goで、func main()の行の前に以下のコードを追加してください。

```go
// templは1つのテンプレートを表します
type templateHandler struct {
    once     sync.Once
    filename string
    templ    *template.Template
}
// ServeHTTPはHTTPリクエストを処理します
func (t *templateHandler) ServeHTTP(w http.ResponseWriter, r *http.Request) {
    t.once.Do(func() {
        t.templ =
            template.Must(template.ParseFiles(filepath.Join("templates",
                t.filename)))
    })
    t.templ.Execute(w, nil)   // 監訳注*1
}
```

パッケージのインポートやその解除を自動で行ってくれる便利な機能について、付録Aの中で解説しています。

templateHandler型ではServeHTTPというメソッドが1つだけ定義されています[*2]。このメソッドのシグネチャーは、先ほど紹介したhttp.HandleFuncに驚くほど似ています。このメソッドは入力元のファイルを読み込み、テンプレートをコンパイルして実行し、その結果をhttp.ResponseWriterオブジェクトに出力します。ServeHTTPメソッドはhttp.Handlerインタフェースに適合しているため、http.Handleに直接渡すことができます。

http://golang.org/pkg/net/http/#Handlerで公開されているhttp.Handlerのソースコードを見てみましょう。net/httpパッケージによるHTTPリクエストの処理のためには、ServeHTTPメソッドだけあればよいことがわかります。

---

*1 　監訳注：t.templ.Executeの戻り値はチェックすべきです。
*2 　監訳注：正確にはtemplateHandlerのポインタである *templateHandler型。メソッド呼び出しする時にsync.Onceの値は常に同じものを使う必要があるので、このレシーバーはポインタである必要があります。

1.1.1.1 処理を1回だけ行う

　テンプレートをコンパイルするのは1回だけでかまいません。このような1回だけの処理を行うための方法がGoには複数用意されています。最も単純なのは、例えばNewTemplateHandlerといった名前の関数を定義するというものです。ここでテンプレートの型の値を生成し、初期化処理のコードを呼び出してテンプレートをコンパイルします。この関数が1つのgoroutine（例えば、main関数でのセットアップに使われるメインのgoroutine）からしか呼び出されないと仮定できるなら、このアプローチは問題なく利用できます。別の方法としては、先ほどのコードのようにServeHTTPメソッドの中で1回だけテンプレートをコンパイルすることもできます。sync.Once型を使うと、複数のgoroutineがServeHTTPを呼び出したとしても、引数として渡した関数が1回しか実行されないことを保証できます。GoでのWebサーバーは自動的に並行処理を行っています。このチャットアプリケーションが成功を収めたなら、おそらくServeHTTPメソッドは大量かつ並列に呼び出されることになるでしょう。

　ServeHTTPメソッドの中でテンプレートをコンパイルすると、本当に必要になるまで処理を後回しにできるというメリットもあります。このようなアプローチは遅延初期化（lazy initialization）と呼ばれます。このアプリケーションではあまり大きなメリットはありませんが、セットアップの処理が時間あるいはリソースを大幅に消費する場合や、利用頻度の低い機能では遅延初期化が効果を発揮します[*1]。

1.1.1.2 独自のハンドラを作成する

　定義したtemplateHandlerを使うように、main関数の本体を次のように変更します。

```go
func main() {
  // ルート
  http.Handle("/", &templateHandler{filename: "chat.html"})
  // Webサーバーを開始します
  if err := http.ListenAndServe(":8080", nil); err != nil {
    log.Fatal("ListenAndServe:", err)
  }
}
```

　templateHandlerへのポインタ、つまり*templateHandler型はhttp.Handlerに適合しています。そのため、これをhttp.Handle関数に直接渡し、指定されているURLのパターンにマッチしたリクエストを処理するよう要求できます。上のコードではtemplateHandler型の新しいオブジェクトを生成し、filenameのフィールドの値として"chat.html"を指定しています。そしてこのオブ

[*1] 監訳注：エラーが発生しうる処理の場合（例：テンプレートファイルが存在しない、読み込めないなど）、遅延初期化が滅多に呼ばれない処理の中で行われていると、起動してからしばらくエラーに気づかなくなるという問題もあります。template.Mustを使って、グローバル変数に初期化時にセットするほうが好まれることもあります。

ジェクトのアドレス（アドレス演算子&が使われています）、つまりtemplateHandlerへのポインタである*templateHandler型を、http.Handle関数に渡しています。このオブジェクトへの参照を保持していませんが、我々のコードが後で利用することはないので問題ありません[*1]。

コマンドラインでCtrl + Cを押してプログラムをいったん終了してから再び実行し、ブラウザを再読み込みしてみましょう。「(テンプレートより)」という文字列が追加されているはずです。テンプレートを使うことによってコードからHTMLを排除でき、大幅にシンプルなコードになりました。

1.1.2　Goプログラムのビルドと実行の正しい方法

コードがmain.goというファイル1つだけで構成されている場合、go runコマンドを使ってGoプログラムを実行することに問題はありません。しかし、すぐに別のファイルにもコードを記述したくなってくるはずです。コードのファイルが複数ある場合、パッケージ全体を適切にビルドしてバイナリを生成する必要があります。そのための方法は、以下のようにとてもシンプルです。今後はこの方法を使ってビルドと実行を行うことにします。コマンドラインで次のようにコマンドを入力してください。Windowsではファイル名に.exeという拡張子を追加する必要があります。

```
go build -o ファイル名
./ファイル名
```

go buildコマンドを実行すると、指定されたフォルダーに置かれているすべての.goファイルを元にバイナリファイルが生成されます[*2]。-oフラグでは、出力されるバイナリのファイル名を指定します[*3]。プログラムを実行するには、単にこのファイル名を指定するだけです。

例えば本書で作成中のチャットアプリケーションでは、次のようにコマンドを実行します。

```
go build -o chat
./chat
```

テンプレートのコンパイルは、ページが初めて提供される時にだけ行われます。そのため、変更を行うたびにWebサーバーのプログラムを再起動する必要があります。そうしないと、変更点が反映されません。

[*1] 監訳注：http.Handleによってnet/http内部で保持されています。
[*2] 監訳注：_test.goや、_<他のos名>.go（例：_windows.go）で終わるファイル名等は除外されます（https://golang.org/pkg/go/build/）。
[*3] 監訳注：-oフラグを指定しないと、フォルダー名がデフォルトの出力ファイル名になります。go buildの代わりにgo installとすると、現在のフォルダーではなく$GOPATH/binにバイナリが生成されます。

1.2 チャットルームとクライアントをサーバー側でモデル化する

チャットアプリケーションの全ユーザー（クライアント）は、自動的に大きな公開のチャットルームに配置されることにします。ここでは誰もが誰とでもチャットできます。*room型はクライアントとの接続の管理やメッセージのルーティングを受け持ちます。*client型はある1つのクライアントへの接続を表します。

他のオブジェクト指向言語でクラスを使って表現することは、Goでは型を使って表現することに相当します。クラスのインスタンスにあたるのは、型の値になります。

WebSocketの管理を行うために、サードパーティーによるオープンソースのパッケージを利用することにします。このようなパッケージはGoコミュニティーにとっての大きな強みです。実世界での問題解決に役立つパッケージが日々リリースされており、読者のプロジェクトにもすぐに取り入れられます。自分で機能を追加したり、バグの報告や修正を行ったり、サポートを受けたりもできます。

十分な理由のないかぎり、すでに誰かが作成しているものを自分で作りなおすべきではありません。新しいパッケージを作り始める前に、読者にとっての課題を解決しているプロジェクトがすでにないかどうか確認しましょう。また、要件を満たしてはいないが類似しているというプロジェクトを見つけたなら、そのプロジェクトに協力して機能を追加できないか検討しましょう。Goのオープンソースコミュニティーは特に活発なので（Go自身もオープンソースです）、新規参加はいつでも歓迎されるでしょう。

ここでは、サーバー側でのWebSocketの管理を自力で行わず、Gorilla Projectによるwebsocketパッケージを利用することにします。内部のしくみに興味を持った読者は、GitHub上のホームページ（https://github.com/gorilla/websocket）でオープンソースのコードを確認してみましょう。

1.2.1 クライアントのモデル化

main.goと同じchatフォルダーに、以下の内容でclient.goというファイルを作成してください。

```go
package main
import (
    "github.com/gorilla/websocket"
)
// clientはチャットを行っている1人のユーザーを表します。
type client struct {
    // socketはこのクライアントのためのWebSocketです。
    socket *websocket.Conn
```

```
    // sendはメッセージが送られるチャネルです。
    send chan []byte
    // roomはこのクライアントが参加しているチャットルームです。
    room *room
}
```

このコードでのsocketは、クライアントとの通信を行うWebSocketへの参照を表します。sendフィールドはバッファつきのチャネルです。ここには受信したメッセージが待ち行列のように蓄積され、WebSocketを通じてユーザーのブラウザに送られるのを待機しています。roomフィールドには、クライアントがチャットを行っているチャットルームへの参照が保持されます。チャットルーム内の全員にメッセージを送信する際に、このフィールドが使われます。

このコードをビルドしようとすると、エラーが発生するはずです。go getコマンドを使い、websocketパッケージを取得する必要があります。ターミナルで下のように入力してください。

```
go get github.com/gorilla/websocket
```

この状態でビルドを行うと、今度は次のようなエラーが発生します。

```
./client.go:17 undefined: room
```

このエラーは、どこにも定義されていないroom型を参照したことが原因です。この型を定義するために、room.goというファイルを追加して次のようなプレースホルダのコードを入力します。

```
package main
type room struct {
  // forwardは他のクライアントに転送するためのメッセージを保持するチャネルです。
  forward chan []byte
}
```

チャットルームにとっての要件をよりよく理解できてから、この定義を改善していくことにします。現時点では、コンパイルが成功すれば十分です。今後のコードでは、このforwardチャネルは受け取ったメッセージをすべてのクライアントに転送するために使われることになります。

ここで使っているチャネルはバッファのあるチャネルで、メッセージのための待ち行列のようなものです。メモリ上に配置され、スレッドセーフな性質を備えています。複数の送信者や受信者が同時に読み書きでき、ブロックされることはありません[*1]。

clientでの処理として、WebSocketへの読み書きを行うメソッドを定義する必要があります。client.goで、構造体clientの後に以下の2つのメソッドを記述します。これによって、*client

---

[*1] 監訳注：バッファのないチャネルもしくはバッファの空きがなければブロックされ、送信と受信の同期が行われます。

型にメソッドが追加されます。

```
func (c *client) read() {
  for {
    if _, msg, err := c.socket.ReadMessage(); err == nil {
      c.room.forward <- msg
    } else {
      break
    }
  }
  c.socket.Close()
}
func (c *client) write() {
  for msg := range c.send {
    if err := c.socket.WriteMessage(websocket.TextMessage, msg);
        err != nil {
      break
    }
  }
  c.socket.Close()
}
```

　readメソッドは、クライアントがWebSocketからReadMessageを使ってデータを読み込むために使われます。受け取ったメッセージはすぐに、roomのforwardチャネルに送られます。WebSocketの異常終了などが原因でエラーが発生した場合、ループから脱出してWebSocketを閉じます。同様に、writeメソッドは継続的にsendチャネルからメッセージを受け取り、WebSocketのWriteMessageメソッドを使ってこれを書き出します。WebSocketへの書き込みが失敗すると、break文によってforループから抜け出し、WebSocketが閉じられます。もう一度コンパイルを行い、成功することを確認しましょう。

1.2.2　チャットルームのモデル化

　先ほどのコードでのc.room.forward <- msgが正しく機能し、メッセージがすべてのクライアントに転送されるようにするには、クライアントがチャットルームに参加しそして退室するためのしくみが必要です。同時アクセスによる競合を防ぐために、ここでは2つのチャネルを使ってそれぞれが参加と退室を受け持つようにします。room.goのコードを以下のように変更しましょう。

```
package main

type room struct {
  // forwardは他のクライアントに転送するためのメッセージを保持するチャネルです。
  forward chan []byte
  // joinはチャットルームに参加しようとしているクライアントのためのチャネルです。
  join chan *client
  // leaveはチャットルームから退室しようとしているクライアントのためのチャネルです。
```

```
    leave chan *client
    // clientsには在室しているすべてのクライアントが保持されます。
    clients map[*client]bool
}
```

ここでは2つのチャネルと1つのマップが追加されています。joinとleaveのチャネルはそれぞれ、マップclientsに対するクライアントの追加と削除に使われます。チャネルを使わずにこのマップを直接操作することは望ましくありません。複数のgoroutineがマップを同時に変更する可能性が生じ、メモリの破壊やその他の予期せぬ状態がもたらされるからです。

1.2.3　並行プログラミングで使われるGoのイディオム

ここでは、Goが備えるとても強力な並行処理の機能を活用します。それはselect文と呼ばれます。共有されているメモリに対して同期化や変更がいくつか必要な任意の箇所で、このselect文を利用できます。チャネルに送信された値に応じて、異なる操作を行うということも可能です。

roomのデータ構造に続けて、以下のrunメソッドを追加してください。ここには2つのselect文が含まれています。

```
func (r *room) run() {
  for {
    select {
    case client := <-r.join:
      // 参加
      r.clients[client] = true
    case client := <-r.leave:
      // 退室
      delete(r.clients, client)
      close(client.send)
    case msg := <-r.forward:
      // すべてのクライアントにメッセージを転送
      for client := range r.clients {
        select {
        case client.send <- msg:
          // メッセージを送信
        default:
          // 送信に失敗
          delete(r.clients, client)
          close(client.send)
        }
      }
    }
  }
}
```

やや長いコードのようにも思えますが、分解して見てみるととてもシンプルかつ強力なコードだとわかります。先頭のforは無限ループを表しており、強制終了されるまでずっと実行が継続しま

す。誤ったコードに見えるかもしれませんが、goroutineとして実行するなら問題はありません。goroutineはバックグラウンドで実行されるため、アプリケーション内の他の処理をブロックすることはありません。このコードはチャットルーム内で、joinとleaveそしてforwardという3つのチャネルを監視しています。いずれかのチャネルにメッセージが届くと、select文の中でそれぞれに対応するcase節が実行されます。このcase節のコードは、同時に実行されることはありません。この性質のおかげで、マップr.clientsへの変更が同時に発生するということが防がれています。

joinチャネルにメッセージを受け取ると、マップr.clientsに新しく参加したクライアントへの参照が追加されます。ここでは、マップにtrueという値をセットしています。マップの代わりにスライスを利用することもできますが、参加と退室が繰り返されると無駄な要素が増えるため容量を減らす必要が生じます。マップを利用してtrueという値を指定すれば、メモリの消費を抑えながらオブジェクトへの参照を保持できます。

leaveチャネルにメッセージを受信した場合、指定されたクライアントをマップから削除し、このクライアントが利用するsendチャネルを閉じています。Goでチャネルを閉じるということには特別な意味があるのですが、この点については最後のcase節で説明します。

forwardチャネルにメッセージが到達した場合、すべてのクライアントのsendチャネルにメッセージを送信します。クライアントのwriteメソッドがメッセージを拾い上げ、WebSocketを使ってブラウザへと転送します。sendチャネルが閉じられていた場合、そのクライアントはもう何もメッセージを受信しようとしていないということになります。default節のコードが実行され、チャットルームからクライアントを削除するなどのクリーンアップの処理が行われます[*1]。

1.2.4　チャットルームをHTTPハンドラにする

以前にテンプレートを使ったハンドラで行ったのと同じように、*room型をhttp.Handler型に適合させてみましょう。必要なのは、適切なシグネチャーを持ったServeHTTPメソッドを追加することだけです。room.goの末尾に、以下のコードを追加してください。

```go
const (
    socketBufferSize  = 1024
    messageBufferSize = 256
)
var upgrader = &websocket.Upgrader{ReadBufferSize:
    socketBufferSize, WriteBufferSize: socketBufferSize}
func (r *room) ServeHTTP(w http.ResponseWriter, req *http.Request) {
```

[*1] 監訳注：閉じられたチャネルへの送信はランタイムパニック（runtime panic）を生じます。このコードでは、閉じられたsendチャネルを持っているクライアントはすでにr.clientsから削除されているので、このループで使われることはありません。default側が実行されるのはclient.sendチャネルにmsgが送信できなかった時、つまりクライアント側でsendチャネルからメッセージを読み込んでチャネルのバッファに空きができる前に、roomからさらにメッセージを送信しようとした時です。client.sendチャネルをcloseしているのは、クライアントのwriteメソッドのforループを終了させるためです。

```
      socket, err := upgrader.Upgrade(w, req, nil)
      if err != nil {
        log.Fatal("ServeHTTP:", err)
        return
      }
      client := &client{
        socket: socket,
        send: make(chan []byte, messageBufferSize),
        room: r,
      }
      r.join <- client
      defer func() { r.leave <- client }()
      go client.write()
      client.read()
    }
```

ServeHTTPメソッドを持ったことによって、*roomはHTTPハンドラとして扱えるようになりました。完全な実装については後ほど紹介します。ここでは、上のコードの中で行われている処理を解説することにします。

WebSocketを利用するためには、websocket.Upgrader型を使ってHTTP接続をアップグレードする必要があります。この型の値は再利用できるので、1つ生成するだけでかまいません。HTTPリクエストが発生してServeHTTPメソッドが呼び出されたら、upgrader.Upgradeメソッドを呼び出してWebSocketコネクションを取得します。成功すると、clientを生成してこれを現在のチャットルームのjoinチャネルに渡します。そしてdefer文で、クライアントの終了時に退室の処理を行うように指定しています。ユーザーがいなくなった際のクリーンアップがここで行われます。

クライアントのwriteメソッドはgoというキーワードに続けて呼び出されているので、goroutineとして実行されます。つまり、このメソッドには別のスレッドが割り当てられます[*1]。

他の言語でマルチスレッドや並行処理を行う際には多くのコードが必要になりますが、Goではわずか2文字のキーワードを追加するだけで同等の機能を利用できます。システム開発者がGoを好む理由の1つがここにあります。

最後に、メインのスレッドでreadメソッドを呼び出します。すると接続は保持され、終了を指示されるまで他の処理はブロックされます。なお、プロジェクト内で何度もハードコードされる可能性がある値については、コードの先頭で定数として宣言することが望まれます。このような値が増えてきたら、独立したファイルにまとめて定義するようにしましょう。それが難しいという場合にも、ファイルの先頭でまとめて記述し、確認や変更を容易にするべきです。

[*1] 監訳注：goroutineなので、OSのスレッド的には同じスレッドに割り当てられることもありますが、別スレッドで実行しているかのように並行して動作します。

1.2.5　ヘルパー関数を使って複雑さを下げる

　roomの準備はほぼ整いましたが、これを実際に他の開発者に利用してもらうためにはチャネルやマップを用意する必要があります。現状のコードでは、下のようなコードを使ってroomを生成してもらわなければなりません。

```go
r := &room{
  forward: make(chan []byte),
  join: make(chan *client),
  leave: make(chan *client),
  clients: make(map[*client]bool),
}
```

　よりエレガントな方法として、上のコードをnewRoom関数として提供するというやり方があります。そうすれば、他の開発者はチャットルームの内部の詳細について知らなくてもよくなります。room構造体の定義に続けて、次のコードを記述してください。

```go
// newRoomはすぐに利用できるチャットルームを生成して返します。
func newRoom() *room {
  return &room{
    forward: make(chan []byte),
    join: make(chan *client),
    leave: make(chan *client),
    clients: make(map[*client]bool),
  }
}
```

　当初はチャットルームの生成に6行もの面倒なコードが必要でしたが、新しいコードではnewRoom関数を呼び出すだけです。

1.2.6　チャットルームの生成と利用

　main.goに記述されたmain関数を変更し、誰でも参加できるチャットルームをまず生成して実行することにします。

```go
func main() {
  r := newRoom()
  http.Handle("/", &templateHandler{filename: "chat.html"})
  http.Handle("/room", r)
  // チャットルームを開始します
  go r.run()
  // Webサーバーを起動します
  if err := http.ListenAndServe(":8080", nil); err != nil {
    log.Fatal("ListenAndServe:", err)
  }
}
```

ここでもgoキーワードが使われているため、チャットルームはgoroutineとして実行され、チャット関連の処理はバックグラウンドで行われます。その結果、メインのスレッドでWebサーバーを実行できるようになります。サーバー側のコードについてはこれで完成ですが、利用のためにはサーバーとインタラクションを行うクライアントも必要です。

1.3　チャットクライアントのHTMLとJavaScript

サーバーそして他のユーザーとの間でインタラクションを行うために、WebSocketを使ったクライアント側のコードが必要になります。近年のブラウザにはWebSocketの機能が備えられています。以前のコードで、ユーザーがアプリケーションルートにアクセスした際にはテンプレートを使ってHTMLを返すようにしています。このテンプレートに機能を追加していきましょう。

templatesフォルダーのchat.htmlを変更し、次のようなマークアップを記述します。

```html
<html>
  <head>
    <title>チャット</title>
    <style>
      input { display: block; }
      ul { list-style: none; }
    </style>
  </head>
  <body>
    <ul id="messages"></ul>
    WebSocketを使ったチャットアプリケーション
    <form id="chatbox">
      <textarea></textarea>
      <input type="submit" value="送信" />
    </form>
  </body>
</html>
```

このHTMLには、テキストエリアと送信ボタンを持ったシンプルなWebフォームが含まれます。送信ボタンをクリックすると、メッセージがサーバーに送られます。messagesというIDの箇条書きの要素には、他のユーザーからのものも含めてチャットのメッセージが表示されます。このページに機能を追加するために、JavaScriptのコードも必要になります。</form>タグと</body>タグの間に、次のコードを追加してください。

```html
<script src="//ajax.googleapis.com/ajax/libs/jquery/1.11.1/jquery.min.js">
</script>
<script>
  $(function(){
    var socket = null;
    var msgBox = $("#chatbox textarea");
```

```
      var messages = $("#messages");
      $("#chatbox").submit(function(){
        if (!msgBox.val()) return false;
        if (!socket) {
          alert("エラー : WebSocket接続が行われていません。");
          return false;
        }
        socket.send(msgBox.val());
        msgBox.val("");
        return false;
      });
      if (!window["WebSocket"]) {
        alert("エラー : WebSocketに対応していないブラウザです。")
      } else {
        socket = new WebSocket("ws://localhost:8080/room");
        socket.onclose = function() {
          alert("接続が終了しました。");
        }
        socket.onmessage = function(e) {
          messages.append($("<li>").text(e.data));
        }
      }
    });
  </script>
```

　`socket = new WebSocket("ws://localhost:8080/room")`というコードで、WebSocket接続が開始します。また、oncloseとonmessageという2つのイベントにハンドラが設定されています。WebSocketがメッセージを受信すると、jQueryを使って箇条書きの要素にメッセージが追加され、ブラウザ上に表示されます。

　フォームの送信ボタンがクリックされるとsubmit関数が実行され、socket.sendによってメッセージがサーバーに送信されます。

　プログラムのビルドと実行をしなおすと、テンプレートも再コンパイルされて新しいHTMLが表示されます。

　ブラウザのウィンドウ（またはタブ）を複数用意し、それぞれでhttp://localhost:8080/にアクセスしてみましょう。図1-1のように、片方のクライアントから送信されたメッセージがすぐにもう片方のクライアントに表示されます。

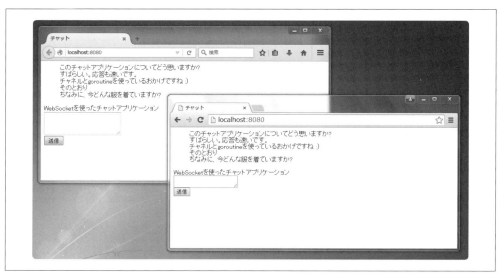

図1-1　チャットアプリケーション

1.3.1　テンプレートの活用

　現状のコードでは、テンプレートを使って静的なHTMLを提供しています。クライアントとサーバーのコードをクリーンかつシンプルに分離できるという点で、テンプレートは優れたアプローチです。しかも、テンプレートはこれ以上に強力な機能を備えています。チャットアプリケーションを修正し、テンプレートを活用してみましょう。

　アプリケーションの中で、サーバーのポート番号（:8080）が2ヶ所にハードコードされています。1つ目は、main.goの中でWebサーバーを開始している部分です。

```
if err := http.ListenAndServe(":8080", nil); err != nil {
  log.Fatal("ListenAndServe:", err)
}
```

2つ目は、JavaScriptの中でWebSocketを開いている部分です。

```
socket = new WebSocket("ws://localhost:8080/room");
```

　クライアントと同じマシンのポート8080でしかサーバーを実行できないというのは、とても不便です。まず、コマンドライン引数を使ってポート番号を指定できるようにします。また、テンプレートが備えている埋め込みの機能を使い、JavaScriptの側からも適切なホスト名とポート番号がわかるようにします。

　main.goのmain関数を、以下のように変更します。

```go
func main() {
  var addr = flag.String("addr", ":8080", "アプリケーションのアドレス")
  flag.Parse() // フラグを解釈します
  r := newRoom()
  http.Handle("/", &templateHandler{filename: "chat.html"})
  http.Handle("/room", r)
  // チャットルームを開始します
  go r.run()
  // Webサーバーを起動します
  log.Println("Webサーバーを開始します。ポート： ", *addr)
  if err := http.ListenAndServe(*addr, nil); err != nil {
    log.Fatal("ListenAndServe:", err)
  }
}
```

このコードをビルドするには、flagパッケージをインポートする必要があります。addr変数を定義している行で、デフォルト値が:8080のフラグが(説明の文字列とともに)用意されています。そしてflag.Parse()の行で、コマンドラインで指定された文字列から必要な情報を取り出し*addrにセットしています。

flag.Stringは*string型の値を返します。つまり、フラグの値が保持されている場所のアドレスが返されます。フラグの値そのものを知りたい場合には、間接演算子(*)を使う必要があります。

また、log.Printlnを使ってポート番号をターミナルに出力しています。変更内容が正しく反映されているか確認できます。

次に、templateHandler型の定義を変更し、HTTPリクエストの詳細に関するデータをテンプレートのExecuteメソッドに渡すようにします。main.goのServeHTTP関数で、Executeメソッドの引数dataとしてrを渡します。

```go
func (t *templateHandler) ServeHTTP(w http.ResponseWriter, r *http.Request) {
  t.once.Do(func() {
    t.templ = template.Must(template.ParseFiles(filepath.Join("templates",
      t.filename)))
  })
  t.templ.Execute(w, r)
}
```

この変更によって、テンプレートからHTMLを出力する際にhttp.Requestに含まれるデータを参照できるようになりました。我々が必要としているホスト名(そしてポート番号)の情報も、ここに含まれています。

テンプレートに用意された特別な構文を使い、ホスト名の情報をHTMLに埋め込みます。chat.

htmlで、WebSocketを生成している行を次のように変更しましょう。

    socket = new WebSocket("ws://{{.Host}}/room");

{{と}}で囲まれた部分はアノテーションを表し、データを埋め込む方法を指示しています。つまり、{{.Host}}はこのアノテーションをr.Host（rはExecuteメソッドに渡された引数です）の値で置き換えるという意味になります。

Goの標準ライブラリに含まれているテンプレートの威力について、本書で紹介できるのはごくわずかです。text/templateパッケージのドキュメントを読めば、テンプレートを使って可能になることについてよりよく学ぶことができます。ドキュメントはhttp://golang.org/pkg/text/templateで公開されています。

プログラムをビルドし再起動してみましょう。8080番以外のポートも、起動時に指定できるようになりました。

    go build -o chat
    ./chat -addr=":3000"

ブラウザ上でページのソースを表示させると、{{.Host}}の部分が実際のホスト名とポート番号に置き換えられていることがわかります。環境によっては、ポート番号だけではなくIPアドレスやホスト名も起動時に指定できます。例えば-addr="192.168.0.1:3000"のような指定が可能な場合もあります。

1.4　ログ情報を出力して内部状態を知る

現状では、複数のブラウザを開いてアプリケーションのUIにアクセスし、実際にメッセージを送受信してみないとアプリケーションの動作を確認できません。つまり、手動でのテストが必要です。ここでのチャットアプリケーションやその他の小さなプロジェクトのように、実験的で成長を想定していないようなケースでは手動のテストでも十分です。しかし、長期間にわたって利用されるコードや複数人で開発されるコードでは、手動のテストは重荷になります。ここではチャットアプリケーションへのユニットテストは作成しませんが、別の便利なデバッグ手法としてログの記録を行います。

ログとは、プログラム内での処理の流れについて表示または記録するというものです。これによって、内部で行われている処理を確認できるようになります。先ほどのコードでは、log.Printlnを使ってWebサーバーのアドレスを出力していました。このような処理を定式的に行えるように、ログのためのパッケージを作成してみましょう。

ログ記録のパッケージはTDDでのやり方に従って作成することにします。再利用や機能追加、共

有、そしてオープンソース化を見込めるためです。

1.4.1　TDDに基づいたパッケージの作成

　Goでのパッケージはフォルダーを単位として構成されており、1つのフォルダーが1つのパッケージに対応します。1つのフォルダーに置かれたファイルはすべて同じパッケージに属すると考えられるため、同じフォルダーに複数のパッケージを定義しようとするとビルド時にエラーが発生します。また、Goにはサブパッケージという概念はありません。入れ子構造のフォルダーの中にそれぞれパッケージを定義しても、その構造自体に意味はありません。上位のパッケージの機能を継承したり、上位のパッケージにアクセスしたりといったことはできません[*1]。ここまでに作成してきたチャットアプリケーションでは、すべてのコードがmainパッケージに属しています。このパッケージのコードは、コマンドラインから直接実行できます。一方ログのパッケージについては、直接実行されることはないため別のパッケージに含めるべきです。また、このパッケージのAPI（Application Programming Interface）について検討する必要があります。ここでは、ユーザーのためにできるだけ拡張性が高く柔軟なパッケージになるようモデル化が行われます。フィールドや関数やメソッドそして型について、どれをエクスポート（パッケージのユーザーに公開）し、どれを隠してシンプルさを保つかといった判断が求められます。

Goでは大文字と小文字の区別に基づいてエクスポートの有無が判断されます。大文字で始まる名前（Tracerなど）はエクスポートされてパッケージのユーザーがアクセスでき、小文字で始まる名前（templateHandlerなど）は隠されプライベートになります。

　chatフォルダーが置かれているのと同じフォルダーに、traceという新しいフォルダーを作成しましょう。このtraceがログのコードのパッケージ名になります。

　コードの作成に取りかかる前に、このパッケージでの設計上の目標について合意しておきましょう。この目標を元に、達成度が測られます。

- 利用しやすいパッケージであること
- ユニットテストによってパッケージの機能を検証できること
- ログを記録するコードをユーザー独自のものに置き換えできること

[*1] 監訳注：インポートすれば、他のパッケージと同じように使うことはできますが、上位のパッケージでエクスポートしていないフィールドや型を使うことはできません。

1.4.1.1 インタフェース

Goでのインタフェースはとても便利で、実装の詳細を特定することなしにAPIを定義できます。パッケージの基本的な構成要素について、可能な箇所では常にインタフェースとして定義しておくようにしましょう。そうすれば、後で多くのメリットを期待できます[*1]。traceパッケージについても、インタフェースを定義してみましょう。

traceフォルダーにtracer.goというファイルを作成し、以下のコードを入力してください。

```
package trace
// Tracerはコード内での出来事を記録できるオブジェクトを表すインタフェースです。
type Tracer interface {
  Trace(...interface{})
}
```

まず気づくのは、traceというパッケージが定義されている点です。

フォルダー名とパッケージ名をそろえるのはよいことですが、強制されているわけではありません。必要なら、好きな名前をつけることもできます。ただし、誰かがこのパッケージをインポートしようとする際にはフォルダー名を入力するのが一般的です。パッケージ名が異なっていたら、驚かれてしまうでしょう[*2]。

Tracer型（先頭のTが大文字なので、この型は公開されます）は、Traceというメソッドを1つだけ含むインタフェースです。...interface{}という引数の型は、任意の型の引数を何個でも（ゼロ個でも可）受け取ることを意味します。単に文字列を記録できればよいので、引数は1個で十分だと思われた読者もいるかもしれません。しかし、このような定義はGoの標準ライブラリの各所（fmt.Sprintやlog.Fatalなど）で見られます。こうすることによって、複数の物事をまとめて表現でき便利です。Goコミュニティーにとってのなじみも深いこのパターンを、できるだけ取り入れるようにしましょう。

1.4.1.2 ユニットテスト

先ほど、TDDの慣習に従うことを目標として定めました。インタフェースとは単なる定義であり、具体的な実装は含まれていないため直接テストすることはできません。しかし我々はこれからTracerのメソッドを実装しようとしているため、まずテストを作成することにします。

traceフォルダーにtracer_test.goというファイルを追加し、以下のようなひな型のコードを

[*1] 監訳注：インタフェースは、必要になった時に利用する側が定義するべきです。詳細は付録Bを参照してください。

[*2] 監訳注：インポートした時のデフォルトのパッケージ名は、package文で設定したパッケージ名であり、インポートパスの最後のフォルダー名ではありません。混乱を避けるため、通常はパッケージ名とフォルダー名を同じにします。

記述してください。

```
package trace
import (
  "testing"
)
func TestNew(t *testing.T) {
  t.Error("まだテストを作成していません")
}
```

　Goが生まれた当初から、テストのためのツールは含まれていました。Goでは自動化可能なテストの作成が重視されています。テストのコードは対象とするコードと同じフォルダーに置かれ、ファイル名の末尾は_test.goとなります。名前がTestで始まり、*testing.T型の引数を1つ受け取る関数はすべてユニットテストとみなされます。テストを実行すると、この条件を満たす関数がすべて呼び出されます。ターミナルでtraceフォルダーに移動し、次のように入力するとテストが実行されます。

　　go test

　現時点でのテストは失敗（FAIL）し、以下のように結果が表示されるはずです。TestNew関数の中で、意図的にテストを失敗させるためのt.Errorが呼ばれているためです。

```
--- FAIL: TestNew (0.00 seconds)
    tracer_test.go:8: まだテストを作成していません
FAIL
exit status 1
FAIL trace 0.011s
```

テストを実行する前に、ターミナルに出力されている内容を消去するとよいでしょう。前回のテストでの出力内容と混同するのを防げます。Windowsではclsコマンド、Unixではclearコマンドが使われます。

　まだテストは仮のコードなので、失敗してもまったくかまいません。成功させるために、次のようにTestNew関数を書き換えます。

```
package trace
import (
  "bytes"
  "testing"
)
func TestNew(t *testing.T) {
  var buf bytes.Buffer
  tracer := New(&buf)
  if tracer == nil {
```

```
      t.Error("Newからの戻り値がnilです")
    } else {
      tracer.Trace("こんにちは、traceパッケージ")
      if buf.String() != "こんにちは、traceパッケージ\n" {
        t.Errorf("'%s'という誤った文字列が出力されました", buf.String())
      }
    }
  }
```

　本書で利用しているパッケージのほとんどは、Goの標準ライブラリに含まれています。import文を追加するだけで、パッケージの機能を利用できます。ただし、一部のパッケージは外部のものなので、ダウンロードしてから利用する必要があります。bytesパッケージは標準ライブラリに含まれているので、ここではファイルの先頭でimport "bytes"をすれば利用できます。

　APIの設計は、自分がそのAPIのユーザーになることから始まります。出力されるデータはbytes.Bufferに保持されているので、この値が期待されているものと一致するか検証できます。一致しなかった場合、t.Errorfを呼び出してテストを失敗させます。その前に、これから作成するNew関数からの戻り値がnilではないことを確認しています。nilの場合、ここでもt.Errorが呼び出されるためテストは失敗します。

1.4.1.3　失敗させ、そして成功させる

　現時点でgo testコマンドを実行すると、New関数がないというエラーが発生します。しかし、これは間違ったことではなく、TDDの方針に沿ったred-green testingというやり方です。ここでは、まず最初にユニットテストを作成して意図的に失敗させ（あるいはエラーを発生させ）ます。そして、このテストを成功させるために必要な最小限のコードを追加します。このプロセスを繰り返してコードを改善してゆきます。ここでのポイントは、テストのコードが意味のある検証を行い、しかも追加されたコードは意味のある処理を行っているという点です。

意味のない検証としては次のようなものが考えられます。

```
if true != true {
  t.Error("trueはtrueであるべきです")
}
```

trueとtrueが等しくないということは考えられません（もしこのようなことがあったら、コンピューターを買い換えましょう）。つまり、このようなテストは無駄です。テストやアサーションが常に成功するのだとしたら、そこには何の価値もありません。

　上のコードの左辺にあるtrueを、特定の条件下でのみtrueになるべき変数に置き換えたなら、（テスト対象のコードにバグがあってtrueであるべきところがfalseになってしまった場合などに）テストは失敗することもあるでしょう。このようなテストには意味があり、コードにとって価値があるでしょう。

テストからの出力は、ToDoリストのようなものです。1つの出力が1つの問題を表しており、それぞれ解決してゆく必要があります。現時点では、取り組むべきことはNew関数がないという問題だけです。そこで、テストを成功させるために必要な最小限のコードをtracer.goに追加します。インタフェースの型定義に続けて、以下のコードを入力してください。

```
func New() {}
```

go testを再び実行すると、事態は少しですが改善します。今度は次のような2つのエラーが発生します。

```
./tracer_test.go:11: too many arguments in call to New
./tracer_test.go:11: New(&buf) used as value
```

1つ目のエラーは、New関数は引数を受け取らないにもかかわらず呼び出し側で引数を渡しているという意味です。2つ目は、New関数は何も値を返さないのに呼び出し側では戻り値を利用しているということを表します。これらのようなエラーはあらかじめ想像できたかもしれません。テスト駆動型コードを書き慣れてくると、このような些細なエラーを引き起こすコードは記述しないようになるでしょう。しかし本書では、テストの手法を正しく紹介するために細かくコードを追加しています。1つ目のエラーへの対策として、New関数の定義に引数を追加します。

```
func New(w io.Writer) {}
```

引数として、io.Writerインタフェースを満たすオブジェクトを受け取ることにします。つまり、このオブジェクトには適切なWriteメソッドが必要です[*1]。

コードを柔軟でエレガントなものにするために、既存のインタフェース（特に、Goの標準ライブラリ）を利用すると非常に便利です。このことは必須と言ってもよいでしょう。

io.Writerであれば何でも受け付けるということは、ユーザーが出力先を自由に選べるということを意味します。例えば標準出力、ファイル、ネットワークのソケット、*bytes.Buffer（テストケースではこれを利用しています）、あるいは自作のオブジェクトでもかまいません。io.WriterインタフェースでStbsされているWriteメソッドを実装していれば、任意のものを利用できます。

go testを再実行すると、1つ目のエラーは発生しなくなりました。2つ目のエラーの解消に向けて、戻り値の型を追加してみましょう。

```
func New(w io.Writer) Tracer {}
```

[*1] 監訳注：import "io"を追加するのを忘れないように。常にgoimports -w *.goを使って確認しましょう。goimportsの詳細は付録Aを参照してください。

New関数がTracer型の値を返すということを表明しましたが、これだけでは不十分です。この関数は何も値を返していないため、go testを実行しても次のようなエラーが発生します。

　　　./tracer.go:13: missing return at end of function

このエラーは簡単に解消できます。New関数の中で、nilを返すようにするだけです。

```
func New(w io.Writer) Tracer {
  return nil
}
```

もちろん、テストのコードの中で戻り値がnilではならないとしているため、今度は次のような失敗を表すメッセージが表示されます。

　　　tracer_test.go:14: Newからの戻り値がnilです

red-greenの原則に従うというのは面倒なことだと思われたかもしれません。しかし、一度に多くのコードを記述しないということはとても重要です。コードをまとめて追加すると、ユニットテストでカバーされない部分が残ってしまう可能性が高くなります。Goのコアチームはこの問題への対策として、カバレッジ（カバー率）を算出するツールを作成しました。次のコマンドを実行すると、このツールを呼び出せます。

　　　go test -cover

-coverフラグが指定されていると、すべてのテストが成功した場合にカバレッジが算出されます。カバレッジとは、テストの中でコードのうちどの程度の部分が実行されたかを表します。もちろん、この値は高ければ高いほど望ましい状態です。

1.4.1.4　インタフェースの実装

テストを成功させるためには、Newメソッドから何らかの適切な値を返さなければなりません。Tracerはインタフェースにすぎず、これを実装したオブジェクトが必要になります。tracer.goで、実装のコードを以下のように追加します。

```
type tracer struct {
  out io.Writer
}

func (t *tracer) Trace(a ...interface{}) {}
```

この実装はきわめてシンプルです。tracer型にはoutというio.Writer型のフィールドがあり、ここに情報が出力されてゆきます。TraceメソッドはTracerインタフェースで要求されているものとまったく同一です。ただし、現時点では何も処理を行っていません。

これに合わせて、Newメソッドも変更しましょう。

```
func New(w io.Writer) Tracer {
  return &tracer{out: w}
}
```

ここでgo testを実行すると、Traceを呼び出しても何も出力されないためテストは失敗します。

```
tracer_test.go:18: ''という誤った文字列が出力されました
```

Traceメソッドを変更し、引数をまとめてio.Writerのフィールドへと書き出すようにしたのが下のコードです。

```
func (t *tracer) Trace(a ...interface{}) {
  t.out.Write([]byte(fmt.Sprint(a...)))
  t.out.Write([]byte("\n"))
}
```

Traceメソッドが呼び出されると、fmt.Sprintを使って引数が文字列に変換され、その結果がoutフィールド（io.Writer型）のWriteメソッドに渡されます。fmt.Sprintはstring型の値を返しますが、io.Writerでは[]byteが要求されるため型変換を行っています[*1]。

さて、これでテストは成功するでしょうか。

```
go test -cover
PASS
coverage: 100.0% of statements
ok  trace  0.011s
```

ついに、テストが成功しました。カバレッジも100パーセントを達成しています。ひとまず祝杯を上げたら、現状の実装に残されている興味深い点について検討してみることにします。

1.4.1.5　公開されていない型の値がユーザーに返される

構造体tracerは名前が小文字で始まっているため、公開されません。そうだとすると、公開されているNew関数の中でtracerを返すということにはどういう意味があるのでしょうか。ユーザーは戻り値を受け取れないのでしょうか。しかし実際には、このようなコードはGoのルールに従っておりまったく問題ありません。ユーザーは単に「Traceインタフェースに合致したオブジェクト」を受け取るだけで、プライベートなtracer型については関知しません。ユーザーはインタフェースに基づいて操作を行います。そのため、tracerが他のメソッドやフィールドを公開していてもユーザーからは見えず、何も問題は起きません。その結果、パッケージのAPIをクリーンでシンプルな状態に保てます。

[*1] 監訳注：import "fmt"するのを忘れないように。io.WriteStringやfmt.Fprintなどを使えばもっと簡単に書けます。

このように実装を隠すというテクニックは、Goの標準ライブラリでも広く使われています。例えば、ioutil.NopCloserメソッドは通常のio.Readerをio.ReadCloserに変換していますが、返された値のCloseメソッドは何もしません。io.ReadCloser型の値を要求する関数に対して、Closeメソッドがないio.Readerオブジェクトを渡す際に使います。ユーザーにとっては、ioutil.NopCloserメソッドがio.ReadCloserを返しているということしかわかりません。しかし実際にはnopCloser型の値が返されており、実装の詳細は外部からはわかりません。

実際に確認したいと思った読者は、公開されているソースコード（http://golang.org/src/pkg/io/ioutil/ioutil.go）にアクセスしてnopCloser構造体を探してみましょう。

1.4.2 traceパッケージの利用方法

traceパッケージの初期バージョンが完成しました。これをチャットアプリケーションに組み込み、ユーザーインタフェース上でメッセージを送信する際の処理を確認できるようにしましょう。

room.goでtraceパッケージをインポートし、必要な箇所でTraceメソッドを呼び出すことにします。このパッケージへのパスは、GOPATH環境変数の値に依存します。インポートの際のパスは$GOPATH/srcフォルダーを基準としているためです。例えばtraceパッケージを$GOPATH/src/mycode/traceに置いているなら、mycode/traceをインポートすればよいということになります。

room型を修正し、runメソッドを以下のように書き換えてください。

```go
type room struct {
    // forwardは他のクライアントに転送するためのメッセージを保持するチャネルです。
    forward chan []byte
    // joinはチャットルームに参加しようとしているクライアントのためのチャネルです。
    join chan *client
    // leaveはチャットルームから退室しようとしているクライアントのためのチャネルです。
    leave chan *client
    // clientsには在室しているすべてのクライアントが保持されます。
    clients map[*client]bool
    // tracerはチャットルーム上で行われた操作のログを受け取ります。
    tracer trace.Tracer
}
func (r *room) run() {
    for {
        select {
        case client := <-r.join:
            // 参加
            r.clients[client] = true
            r.tracer.Trace("新しいクライアントが参加しました")
        case client := <-r.leave:
            // 退室
            delete(r.clients, client)
```

```
            close(client.send)
            r.tracer.Trace("クライアントが退室しました")
        case msg := <-r.forward:
            r.tracer.Trace("メッセージを受信しました： ", string(msg))
            // すべてのクライアントにメッセージを転送
            for client := range r.clients {
                select {
                case client.send <- msg:
                    // メッセージを送信
                    r.tracer.Trace(" -- クライアントに送信されました")
                default:
                    // 送信に失敗
                    delete(r.clients, client)
                    close(client.send)
                    r.tracer.Trace(" -- 送信に失敗しました。クライアントをクリーンアップします")
                }
            }
        }
    }
}
```

room型にtrace.Tracerをフィールドとして追加し、コード内の各所でTraceメソッドを呼び出しています。ただし、現状のコードを実行してメッセージの送信を試みると、tracerフィールドの値がnilのため異常終了が発生します。とりあえず、room型の値を生成する際に適切なTracerを用意することにします。main.goを次のように変更します。

```
r := newRoom()
r.tracer = trace.New(os.Stdout)
```

Newメソッドを使ってオブジェクトを生成し、出力先としては標準出力つまりos.Stdoutを指定しています。こうすると、ターミナルに出力が行われます[*1]。

ここでプログラムを再びビルドして実行し、2つのブラウザを使ってチャットを試してみましょう。例えば下のように、ターミナルにログの情報が出力されます。

```
新しいクライアントが参加しました
新しいクライアントが参加しました
メッセージを受信しました： Hello Chat
 -- クライアントに送信されました
 -- クライアントに送信されました
メッセージを受信しました： Good morning :)
 -- クライアントに送信されました
 -- クライアントに送信されました
クライアントが退室しました
クライアントが退室しました
```

[*1] 監訳注：main.goでosパッケージとtraceパッケージをインポートするのを忘れないように。

出力されたデバッグ情報を使い、アプリケーションのふるまいについてヒントを得ることができます。このような情報は開発にもサポートにも役立ちます。

1.4.3　記録を無効化できるようにする

アプリケーションをリリースした後では、単にコンソールに出力するだけのログは不要だということもあります。システム管理者にとっては、ログはノイズにすぎないと判断されるかもしれません。また、以前にも触れましたが、room型の値にTracerがセットされていない場合にはプログラムが異常終了してしまいます。これら2つの問題に対処するために、traceパッケージにtrace.Offメソッドを追加することにします。このメソッドが返す値はTracerインタフェースに適合していますが、Traceメソッドが呼び出されても何も処理を行いません[*1]。

Traceを呼び出す前にOffメソッドによる「サイレントな」Tracerを取得し、異常終了が発生しないようにするというテストを作成しましょう。何もデータが出力されないため、テストでは異常終了の有無を確認するだけです。tracer_test.goに以下の関数を追加してください。

```go
func TestOff(t *testing.T) {
    var silentTracer Tracer = Off()
    silentTracer.Trace("データ")
}
```

このテストを成功させるために、まずtracer.goに以下のコードを追加します。

```go
type nilTracer struct{}
func (t *nilTracer) Trace(a ...interface{}) {}
// OffはTraceメソッドの呼び出しを無視するTracerを返します。
func Off() Tracer {
    return &nilTracer{}
}
```

nilTracer構造体には、何も処理を行わないTraceメソッドが定義されています。Offメソッドを呼び出すと、nilTracer構造体が新しく生成されて返されます。なお、先ほどのtracerと異なりnilTracerはio.Writer型の値を受け取りません。何も出力しないため、出力先を指定する必要はありません。

2つ目の問題を解決するには、room.goのnewRoomメソッドを次のように変更します。

```go
func newRoom() *room {
    return &room{
        forward: make(chan []byte),
        join:    make(chan *client),
        leave:   make(chan *client),
```

[*1]　監訳注：初期値のゼロ値では何も処理をしないように定義するほうがよりGoらしいコードになります。詳細は付録Bを参照してください。

```
        clients: make(map[*client]bool),
        tracer: trace.Off(),
    }
}
```

ここでは、room型の値はnilTracer構造体とともに生成されます。したがって、デフォルトではTraceメソッドの呼び出しは無視されるようになります。main.goでr.tracer = trace.New(os.Stdout) 行を削除し、動作を確認してみましょう。ターミナルには何も出力されず、しかも異常終了は発生しなくなっているはずです。

1.4.4　パッケージのクリーンなAPI

traceパッケージのAPI（公開の変数とメソッドそして型）を見直してみると、シンプルで明確な設計が浮かび上がります。

- Newメソッド
- Offメソッド
- Tracerインタフェース

このパッケージはドキュメントやガイドラインがなくても十分だと筆者は確信しています。Goプログラマーなら誰でも、使い方を理解できるはずです。

Goでは、対象の項目の前にコメントを追加するだけでそれがドキュメントとして機能します。ブログ記事http://blog.golang.org/godoc-documenting-go-codeが参考になるでしょう。また、ホスティングされているtracer.goのソースコード（https://github.com/matryer/goblueprints/blob/master/chapter1/trace/tracer.go）ではtraceパッケージへの実際のアノテーションを確認できます。

1.5　まとめ

この章では、並行処理が可能なチャットアプリケーションとシンプルなログ記録のパッケージを作成しました。プログラムの処理の流れをログとして記録することによって、内部で起こっている事柄をよりよく理解できるようになります。

net/httpパッケージを使うと、並行型の強力なWebサーバーを簡単に作成できます。接続をアップグレードし、クライアントとサーバーとの間でWebSocketの接続を開くこともできます。WebSocketではユーザー側のブラウザとの間でメッセージを簡単に送受信でき、定期的な問い合わせなどのために面倒なコードを記述する必要はありません。また、テンプレートを使うとコードとコンテンツを分離できます。サーバーのアドレスを変更可能にする例では、テンプレートにデータを埋

め込む方法についても紹介しました。コマンドラインでのフラグを利用すれば、一般的なデフォルト値を用意しつつ簡単にサーバー側の設定を変更できるようになります。

　Goに備えられた並行処理の機能はとても強力です。ほんのわずかのコードを追加するだけで、複数の処理を同時に行えるようになります。チャネルを使ってクライアントの参加と退室を管理することによって、同期が必要な箇所を明示でき、複数のオブジェクトからの同時アクセスに起因するデータの破損を防ぎました。

　`http.Handler`や本書で定義した`trace.Tracer`などのインタフェースには、ユーザー側のコードを変更せずにさまざまな実装を提供できるというメリットがあります。実装の名前さえも、ユーザーに公開する必要はありません。`*room`型に`ServeHTTP`メソッドを追加するだけで、HTTPリクエストを処理できるようになり、WebSocketの接続の管理も可能になりました。

　リリースにかなり近い形のアプリケーションを作成できましたが、まだ大きな問題が1つあります。それは、誰がどのメッセージを送信したかわからないという点です。このアプリケーションには、ユーザーあるいはユーザー名といった概念がまだありません。実際のチャットアプリケーションでは、これは非常に重大な問題です。

　次の章では、メッセージと合わせて送信者の名前も表示されるようにします。他のユーザーと実際に会話しているような感覚を与えましょう。

2章
認証機能の追加

　1章で作成したチャットアプリケーションでは、クライアントとサーバーとの間でメッセージを送受信する際の性能が重視されていました。一方、このアプリケーションではユーザーが誰と会話しているのかわかりません。この問題への解決策の1つに、サインアップとログインの機能を用意するというものがあります。ユーザーが各自のアカウントを作成し、認証を行った上でチャットのページを開くようにします。

　何もない状態から開発を始めようとする際には、他の開発者が同じ課題をどのように解決したかを調べる必要があります。完全に未知の課題はほとんどありません。公開されているソリューションや標準規格の有無も確認し、これらを利用できないかどうか検討しましょう。認証や権限の付与というのは、とても昔からある問題です。特にWebの世界では、さまざまなプロトコルが考案されていてどれを選ぶか迷うほどです。このような場合には、ユーザーの観点から課題をとらえなおすのが一番です。

　今日のWebサイトの多くは、既存のソーシャルメディアやコミュニティーのサイトでのアカウントを使ったサインインが可能です。このしくみを活用すれば、製品やサービスごとにアカウント情報を何度も入力するという手間を省けます。新しいサイトへのコンバージョン率が高まるという効果も期待できます。

　この章では、チャットアプリケーションを拡張して認証の機能を追加します。ここではGoogleやFacebookあるいはGitHubのアカウントを使ったサインインを可能にしますが、他のアカウントに対応させるのも簡単です。チャットに参加する前に、ユーザーはサインインを求められます。ここで使われたアカウントの情報を元にして入室者リストやメッセージの発言者を表示し、ユーザーエクスペリエンスの強化を図ります。

　具体的には、以下の点について解説します。

- Decoratorパターンに基づいてhttp.Handler型をラップし、機能を追加する
- 動的なパスでHTTPのエンドポイント(端点)を提供する

- オープンソースのGomniauthプロジェクトを利用して認証サービスにアクセスする
- httpパッケージを使ってクッキーの読み書きを行う
- Base64形式を使ってオブジェクトのエンコードと復元を行う
- WebSocket上でJSONデータを送受信する
- さまざまな種類のデータをテンプレートに渡す
- 自分で定義した型のチャネルを定義して利用する

2.1 HTTPハンドラの活用

　チャットアプリケーションでは、http.Handlerを実装した型を用意しました。これによって、HTMLコンテンツのコンパイルや実行そして提供が簡単にできました。とても便利なしくみなので、HTTP関連の処理が必要な箇所ではどこでもこのHTTPハンドラを利用してゆくことにします。

　ユーザーが認証されているかどうか判別するために、HTTPハンドラをラップした認証用ハンドラを用意します。認証用ハンドラが認証を行い、成功した場合にのみラップされた内部のハンドラに処理を渡します。

　認証用のハンドラもhttp.Handlerインタフェースに適合しているため、任意のHTTPハンドラをラップできます。逆に、この認証用ハンドラを別のハンドラでラップするということも可能です。

　このような関係のパターンを、より複雑なHTTPハンドラのシナリオに当てはめたのが図2-1です。それぞれのハンドラがhttp.Handlerインタフェースを実装しているため、どれもhttp.Handleメソッドに渡してHTTPリクエストを直接処理できます。あるいは、別のハンドラに処理を渡すことで機能を追加するといったことも可能です。例えばログハンドラでは、ラップされた内部のハンドラのServeHTTPメソッドが呼ばれる前後に何らかのログを記録できます。内部のハンドラはhttp.Handlerでありさえすればよく、他の任意のハンドラをログハンドラでラップできます。これはDecoratorパターンに相当します。

　どのハンドラを呼び出すべきか判断するロジックが使われることもあります。例えば認証ハンドラでは、内部のハンドラに処理を渡すか自らリクエストを処理する（認証のページへリダイレクトを行う）かを判断しています。

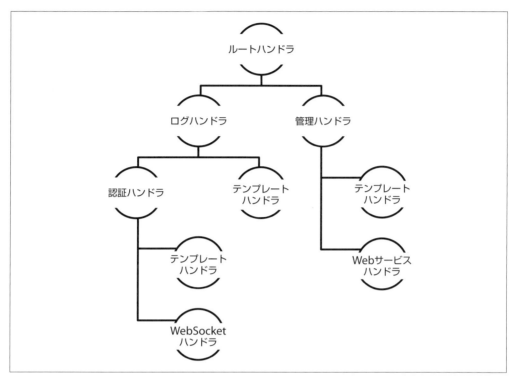

図2-1　各HTTPハンドラによる連鎖の関係

　説明が長くなってしまいました。実際のコードを記述してみましょう。chatフォルダーに、以下の内容でauth.goというファイルを作成してください。

```go
package main
import (
  "net/http"
)
type authHandler struct {
  next http.Handler
}
func (h *authHandler) ServeHTTP(w http.ResponseWriter, r *http.Request) {
  if _, err := r.Cookie("auth"); err == http.ErrNoCookie {
    // 未認証
    w.Header().Set("Location", "/login")
    w.WriteHeader(http.StatusTemporaryRedirect)
  } else if err != nil {
    // 何らかの別のエラーが発生
    panic(err.Error())
  } else {
    // 成功。ラップされたハンドラを呼び出します
    h.next.ServeHTTP(w, r)
```

```
      }
    }
    func MustAuth(handler http.Handler) http.Handler {
      return &authHandler{next: handler}
    }
```

*authHandler型はServeHTTPメソッドを持っており、http.Handlerインタフェースに適合しています。また、ラップ対象のハンドラがnextフィールドに保持されています。ヘルパー関数MustAuthを使うと、任意のhttp.Handlerをラップした*authHandlerを生成できます。これを使い、ルートのURLとの関連づけを変更しましょう。対象のコードを再掲します。

```
    http.Handle("/", &templateHandler{filename: "chat.html"})
```

まず、チャットのためのページだということを明示するために1つ目の引数を変更します。そして2つ目の引数では、MustAuth関数を使って*templateHandlerをラップします。

```
    http.Handle("/chat", MustAuth(&templateHandler{filename: "chat.html"}))
```

こうすると、まず*authHandlerのServeHTTPメソッドが実行され、認証が成功した場合にのみ*templateHandlerのServeHTTPメソッドが実行されるようになります。

*authHandlerのServeHTTPメソッドでは、authというクッキーの有無がチェックされます。なかった場合には、http.ResponseWriterに対してHeaderとWriteHeaderの各メソッドが呼び出され、ユーザーはログインのためのページにリダイレクトされます。

以下のコマンドを実行してアプリケーションを再起動し、http://localhost:8080/chatにアクセスしてみましょう。

```
    go build -o chat
    ./chat -addr=":8080"
```

以前の認証結果や、別のプロジェクトがlocalhostから提供したクッキーが残っている場合があります。開発の際にはクッキーをこまめに削除しましょう。

ブラウザのアドレスバーを見ると、/loginへのリダイレクトが即座に発生していることがわかります。このパスでの処理はまだ定義されていないため、「404 ページが見つかりません」のエラーが発生しています。

2.2 そこそこソーシャルなサインインのページ

本書はユーザーインタフェース設計ではなくGoプログラミングの解説書なので、アプリケーションの見た目についてはあまり重視していません。だからといって、アプリケーションが醜くてもよいということにはなりません。ここでは、機能的かつ見栄えもよいソーシャルなサインインのページを作成することにします。

レスポンシブWebデザインのために、Bootstrapというフロントエンドフレームワークが開発されています。ここでは、ユーザーインタフェースの互換性に関する問題の多くを解決し、同時に優れた外見を保つためのCSSとJavaScriptが含まれています。Bootstrapを使って開発されたWebサイトは、どこでも同じように表示できます（UIはさまざまな方法でカスタマイズできます）。アプリケーション開発の初期段階や、デザイナーのいないプロジェクトではBootstrapが特に役立つでしょう。

Bootstrapで採用されている規約に従うと、それぞれのWebサイトやアプリケーションごとのテーマを簡単に作成でき、これをコードの中にぴったり組み込めます。

ここではCDN（コンテンツ配信ネットワーク）上に公開されているBootstrapを利用するため、自分でBootstrapをダウンロードしたりホスティングしたりといった心配は必要ありません。ただし、たとえ開発中でもページの正しい描画のためにはインターネット接続が必要になります。

Bootstrapを自分でダウンロードしてホスティングしたいというなら、そうしてもかまいません。assetsフォルダーを用意してダウンロードしたファイルを置き、main関数に以下の行を追加してください。http.Handleを使ってアプリケーションがファイルを提供するようにしています。

```
http.Handle("/assets/", http.StripPrefix("/assets",
    http.FileServer(http.Dir("/assetsへのパス/"))))
```

http.StripPrefixとhttp.FileServerはともに、http.Handlerインタフェースに従ったオブジェクトを返します。先ほど実装したヘルパー関数MustAuthと同様に、Decoratorパターンが適用されています。

ログインのページのエンドポイント（端点）を、main.goで定義しましょう。

```
http.Handle("/chat", MustAuth(&templateHandler{filename: "chat.html"}))
http.Handle("/login", &templateHandler{filename: "login.html"})
http.Handle("/room", r)
```

明らかに、ログインのページではMustAuthメソッドは必要ありません。もしあったら、リダイレ

クトの無限ループが発生してしまいます。

そしてtemplatesフォルダーにlogin.htmlというファイルを作成し、以下のHTMLを記述してください。

```html
<html>
  <head>
    <title>ログイン</title>
    <link rel="stylesheet"
        href="//netdna.bootstrapcdn.com/bootstrap/3.1.1/css/bootstrap.min.css">
  </head>
  <body>
    <div class="container">
      <div class="page-header">
        <h1>サインインしてください</h1>
      </div>
      <div class="panel panel-danger">
        <div class="panel-heading">
          <h3 class="panel-title">チャットを行うにはサインインが必要です</h3>
        </div>
        <div class="panel-body">
          <p>サインインに使用するサービスを選んでください:</p>
          <ul>
            <li>
              <a href="/auth/login/facebook">Facebook</a>
            </li>
            <li>
              <a href="/auth/login/github">GitHub</a>
            </li>
            <li>
              <a href="/auth/login/google">Google</a>
            </li>
          </ul>
        </div>
      </div>
    </div>
  </body>
</html>
```

Webサーバーを再起動してhttp://localhost:8080/loginにアクセスすると、図2-2のように新しいサインインのページが表示されます。

図2-2　新しいサインインのページ

2.3　エンドポイントと動的なパス

　Goの標準ライブラリのhttpパッケージには、パスの文字列に対するパターンマッチングの機能が用意されています。しかしこの機能は不完全で、ごく基本的なものにすぎません。一方、例えばRuby on Railsでは、下のようにしてパスの中での動的な部分をとても簡単に定義できます。

```
"auth/:action/:provider_name"
```

　こうすると、パスにマッチした部分の値が取り出され、マップが生成されます。例えばauth/login/googleにアクセスした場合、params[:action]とparams[:provider_name]にはそれぞれloginとgoogleがセットされています。

　しかしGoのhttpパッケージでは、パスの接頭辞を指定したマッチングしかデフォルトでは行えません。下のように、末尾に/を追加すると接頭辞として扱われます。

```
"auth/"
```

　接頭辞以降の残りの部分については、自分で解析して必要なデータを取り出す必要があります。本書のアプリケーションでは次のように数種類のパスしか扱わないため、大きな問題にはならないでしょう。

- /auth/login/google
- /auth/login/facebook
- /auth/callback/google
- /auth/callback/facebook

より複雑なルーティングが必要な場合には、GowebやPatやRoutesあるいはmuxなど専用のパッケージが必要になります。組み込みの機能で十分なのは、きわめてシンプルな場合に限られます。

ログインの処理を行うために、新しいハンドラを定義します。auth.goに、このloginHandlerのコードを追加してください。

```go
// loginHandlerはサードパーティーへのログインの処理を受け持ちます。
// パスの形式： /auth/{action}/{provider}
func loginHandler(w http.ResponseWriter, r *http.Request) {
  segs := strings.Split(r.URL.Path, "/")
  action := segs[2]
  provider := segs[3]
  switch action {
  case "login":
    log.Println("TODO: ログイン処理", provider)
  default:
    w.WriteHeader(http.StatusNotFound)
    fmt.Fprintf(w, "アクション%sには非対応です", action)
  }
}
```

ここではstrings.Splitを使ってパスの文字列を分割し、取り出された値をactionとproviderにセットしています。actionの値が既知の場合、その値に対応したコード（アクション）が実行されます。未知の場合には、http.StatusNotFoundのステータスコード（404を表します）とともにエラーメッセージを返します。

ここでは厳密なエラー処理は行っていませんが、考慮するべきケースが1つあります。現状のコードではsegs[2]とsegs[3]が必ず存在すると仮定しているため、不完全なパスが指定されているとアプリケーションは異常終了します[*1]。
信頼性を高めるためには、例えば/auth/nonsenseのようなリクエストを受け取った場合にも異常終了せずに適切なエラーメッセージを返せるようにするべきです。

loginHandlerはhttp.Handlerインタフェースを実装しておらず、単なる関数にすぎません。このようにしているのは、他のハンドラと異なりloginHandlerでは内部状態を保持する必要がないためです。Goではこのようなハンドラも許されており、http.HandleFunc関数を使うとhttp.Handleと同様にパスの関連づけを行えます。main.goを次のように変更してください。

[*1] 監訳注：ランタイムパニックが発生しますが、net/httpパッケージの中でrecoverされているのでプログラム自体は異常終了はしません。クライアント側にはレスポンスが返らずコネクションが切断されます。

```
http.Handle("/chat", MustAuth(&templateHandler{filename: "chat.html"}))
http.Handle("/login", &templateHandler{filename: "login.html"})
http.HandleFunc("/auth/", loginHandler)
http.Handle("/room", r)
```

いつものように、アプリケーションをビルドして再起動しましょう。

```
go build -o chat
./chat -addr=":8080"
```

そして以下のURLにアクセスし、ターミナルに出力されたログを確認してください。

- http://localhost:8080/auth/login/google にアクセスすると、「TODO: ログイン処理 google」と出力されます。
- http://localhost:8080/auth/login/facebook にアクセスすると、「TODO: ログイン処理 facebook」と出力されます。

これで、マッチングに基づく動的なパスの指定が可能になりました。ただし、現時点では「これから実装しよう」というメッセージを表示しているだけです。続いては、実際の認証サービスとの統合をめざします。

2.4 OAuth2

OAuth2とは、認証と権限の付与のためのオープンな標準規格です。リソースの所有者が第三者のクライアントに対して、プライベートなデータ（現在の状況やツイートなど）にアクセスするための権限を移譲するためのしくみです。ここではアクセストークンというデータが送受信されます。プライベートなデータにはアクセスしないという場合でも、OAuth2は役に立ちます。既存の認証サービスでの認証情報を使って第三者のサイトにログインするということが可能になり、その際に認証情報が第三者のサイトに渡ることはありません。いま作成しているチャットアプリケーションは、この「第三者のサイト」に相当します。OAuth2に対応した認証サービスを利用して、ユーザーがサインインできるようにしてみましょう。

ユーザーの観点から見ると、OAuth2での処理の流れは次のようになります。

1. ユーザーはクライアントアプリケーション（ここではチャットアプリケーション）へのログインに利用する認証プロバイダー（ここではFacebookなど）を選びます。
2. ユーザーはその認証プロバイダーのWebサイトにリダイレクトされます。リダイレクト先のURLには、クライアントアプリケーションのID値が含まれます。ここで、ユーザーはクライアントアプリケーションによるアクセスを許可するかどうか尋ねられます。
3. ユーザーは認証プロバイダーに対してログインし、クライアントアプリケーションから求めら

れているアクセスを許可します。
4. ユーザーはクライアントアプリケーションへと再びリダイレクトされます。ここには認可コードと呼ばれるデータが含まれています。
5. 内部で、クライアントアプリケーションは認証プロバイダーに認可コードを送信します。認証プロバイダーはアクセストークンを返します。
6. クライアントアプリケーションはアクセストークンを含む認証済みのリクエストを行い、ユーザー情報や現在の状況などを取得します。

このようなしくみをすべて自分で実装する必要はありません。先人たちの努力によって、OAuth2を利用するためのオープンソースのライブラリがいくつか開発されています。

2.4.1　オープンソースのOAuth2パッケージ

Andrew Gerrandは、Goだけを使って実装されたOAuth2のパッケージとしてgoauth2を公開しています[*1]。彼はGoのバージョン1.0が公式にリリースされるより2年も前の2010年2月から、Goのコアチームで活動しています。

Rubyでさまざまな OAuth2 サービスにアクセスするための汎用的なソリューションとして、omniauthというプロジェクトがあります。goauth2にヒントを得て、omniauthをGoに移植したGomniauth (https://github.com/stretchr/gomniauth) もオープンソースで公開されています。将来的にOAuth3（あるいは、どんな名前であれ次世代の認証プロトコル）が現れても、詳細な実装についてはGomniauthが引き受けるため、ユーザーのコードには変更の必要はありません。

我々のチャットアプリケーションでは、Gomniauthを使ってGoogleやFacebookそしてGitHubのOAuth2サービスにアクセスすることにします。次のコマンドを実行して、Gomniauthをインストールしましょう。

```
go get github.com/stretchr/gomniauth/...
```

Gomniauthが依存しているパッケージの中には、Bazaarというリポジトリに置かれているものがあります[*2]。go getするにはあらかじめBazzar (http://wiki.bazaar.canonical.com) をインストールしておく必要があります。

---

*1　監訳注：もともとは code.google.com/p/goauth2 で、今は golang.org/x/oauth2 になっています。
*2　監訳注：github.com/stretchr/gomniauth/oauth2 が github.com/stretchr/codecs/services に依存しており、これが github.com/stretchr/codecs/bson に依存しており、これが labix.org/v2/mgo/bson に依存しています。labix.org/v2/mgo/bson が Bazaar リポジトリです。

2.5 アプリケーションを認証プロバイダーに登録する

認証プロバイダーを使ってサインインできるようにするためには、まず我々のアプリケーション（クライアントアプリケーション）を認証プロバイダーに登録する必要があります。ほとんどの認証プロバイダーは、何らかのWebアプリケーションやツールを使って簡単に登録できるようになっています。図2-3はGoogleでの例です。

図2-3　Googleでのアプリケーションの登録

クライアントアプリケーションを識別するために、クライアントIDと秘密の値が必要になります。OAuth2自体はオープンな標準ですが、認証プロバイダーの内部ではそれぞれ異なるルールやしくみが適用されています。ユーザーインタフェースやドキュメントを通じて、必要な作業について学びましょう。

本書執筆時点では、Google Developer Consoleでプロジェクトの選択のところからプロジェクトを選択もしくは作成し、［APIと認証］→［認証情報］→［認証情報を追加］→［OAuth 2.0クライアントID］をクリックするとGoogleへの登録ができます。［同意画面を設定］で、少なくともサービス名を設定して保存するとアプリケーションの選択になり、［ウェブアプリケーション］を選択しクライアントIDを作成します。

ほとんどの場合、セキュリティのためにリクエスト元のURLを限定する必要があります。我々のアプリケーションはhttp://localhost:8080でローカルに公開されているので、当面はこのURLを指定して登録することになります（［承認済みのJavaScript生成元］）。また、ここではリダイレクト先となるチャットアプリケーションのURLも指定します。ユーザーがサインインに成功すると、このURLにリダイレクトされます。`loginHandler`で、コールバック（折り返しの呼び出し）のためのアクションを定義しようとしていたことを思い出しましょう。Googleからのリダイレクト先は、http://

localhost:8080/auth/callback/googleになります（[承認済みのリダイレクトURI]）。

　登録が完了すると、認証プロバイダーごとのクライアントIDと秘密の値が生成されます。チャットアプリケーションの中で認証プロバイダーをセットアップする際にこれらのデータが必要になるので、忘れずにメモしておきましょう[*1]。

> 実際のドメイン名を使ってアプリケーションを公開する際には、新しいクライアントIDと秘密の値を取得するか、認証プロバイダーに新しいURLを通知する必要があります。いずれの場合でも、セキュリティのためには開発向けと実運用向けでクライアントIDを使い分けることが望まれます。

2.6　外部アカウントでのログインの実装

　認証プロバイダーのサイトで作成したプロジェクトやクライアントあるいはアカウントを利用するために、Gomniauthに対して利用先の認証プロバイダーと認証方法を指定します。ここではGomniauthの本体パッケージに含まれる`WithProviders`関数を使います。`main.go`の`main`関数で、`flag.Parse`を呼び出している行に続けて以下のコードを入力しましょう。

```
// Gomniauthのセットアップ
gomniauth.SetSecurityKey("セキュリティキー")
gomniauth.WithProviders(
  facebook.New("クライアントID", "秘密の値", "http://localhost:8080/auth/callback/facebook"),
  github.New("クライアントID", "秘密の値", "http://localhost:8080/auth/callback/github"),
  google.New("クライアントID", "秘密の値", "http://localhost:8080/auth/callback/google"),
)
```

　「クライアントID」と「秘密の値」の部分は、それぞれの認証プロバイダーで取得したものに置き換えてください。3つ目の引数は、認証プロバイダーに対して指定したものと同じコールバックのURLです。このURLには`callback`というアクション名が含まれています。まだ実装してはいませんが、このアクションの中で認証の際のレスポンスを解釈することになります。いつものように、必要なパッケージはすべてインポートしましょう。

```
import (
  "github.com/stretchr/gomniauth/providers/facebook"
  "github.com/stretchr/gomniauth/providers/github"
  "github.com/stretchr/gomniauth/providers/google"
)
```

[*1]　監訳注：認証情報のページで、`client_secret`をJSONデータとしてダウンロードできます。

GomniauthでSetSecurityKeyの呼び出しが必要になるのは、クライアントとサーバーとの間で処理の進行状況をやり取りする際にデジタル署名を行うためです。このデジタル署名によって、第三者が通信内容を改変するのを防げます。セキュリティキーを知らない第三者は、同じデジタル署名を生成できません。上のコードの「セキュリティキー」の部分は、自分で決めた文字列またはランダムな値に変更してください。

2.6.1 ログイン

　Gomniauthの設定が済んだので、次はユーザーが/auth/login/{provider}にアクセスした際に各認証プロバイダーの認証用ページへとリダイレクトされるようにしましょう。auth.goで、loginHandler関数を次のように書き換えてください。

```go
func loginHandler(w http.ResponseWriter, r *http.Request) {
  segs := strings.Split(r.URL.Path, "/")
  action := segs[2]
  provider := segs[3]
  switch action {
  case "login":
    provider, err := gomniauth.Provider(provider)
    if err != nil {
      log.Fatalln("認証プロバイダーの取得に失敗しました:", provider, "-", err)
    }
    loginUrl, err := provider.GetBeginAuthURL(nil, nil)
    if err != nil {
      log.Fatalln("GetBeginAuthURLの呼び出し中にエラーが発生しました:", provider, "-", err)
    }
    w.Header().Set("Location",loginUrl)
    w.WriteHeader(http.StatusTemporaryRedirect)
  default:
    w.WriteHeader(http.StatusNotFound)
    fmt.Fprintf(w, "アクション%sには非対応です", action)
  }
}
```

　ここでは主に2つの処理を行っています。まずgomniauth.Provider関数を使い、URLの中で指定されている値（googleやgithubなど）に対応する認証プロバイダーのオブジェクトを取得します。続いてGetBeginAuthURLメソッドを呼び出し、認証のプロセスを開始するためのURLを取得します。

GetBeginAuthURLで指定されている2つの引数は、それぞれ内部状態とオプション項目の指定に使われます。本書のチャットアプリケーションでは、これらの指定はいずれも必要ありません。
1つ目の引数は内部状態を表すデータのマップで、エンコードされたものがデジタル署名とともに認証プロバイダーへと送信されます。認証プロバイダーは内部状態の値にかか

わらず、コールバック用のエンドポイントにデータを送り返します。認証のプロセスが始まる前に、ユーザーを元のページへとリダイレクトさせたい場合などに利用できます。チャットアプリケーションでは/chatというエンドポイントしか用意しておらず、内部状態に応じて処理を切り替える必要はありません。

2つ目の引数は、追加のオプション設定を表すマップです。これを認証プロバイダーに送信することによって、認証の処理の一部を変更できるようになっています。例えばscopeパラメーターに自分で値を指定すれば、認証プロバイダーから追加の情報を取得するための許可を求めることができます。オプション設定の項目は認証プロバイダーごとに異なるため、詳細についてはOAuth2や各認証プロバイダーのドキュメントを参考にしてください。

GetBeginAuthURLがエラーを返さず成功したら、受け取ったURLへとリダイレクトを行います。下のコマンドを実行し、アプリケーションを再ビルドして実行しましょう。

```
go build -o chat
./chat -addr=":8080"
```

http://localhost:8080/chatにアクセスし、チャットアプリケーションのメインのページを開きます。まだログインしていないので、サインインのページにリダイレクトされます。ここで例えばGoogleのアカウントでログインするためのリンクをクリックすると、Googleが用意したサインインのページが表示されます（まだGoogleにログインしていない場合）。サインインを行うと、図2-4のようにアカウントに関する情報へのアクセスを許可するかどうか尋ねられます。

図2-4　アカウント情報へのアクセスの可否を尋ねるページ

チャットアプリケーションを利用する他のユーザーも、同様の流れに基づいて処理が行われます。

［許可］をクリックすると、再びリダイレクトが発生して我々のアプリケーションのコードに処理が戻ります。ただし、現状のコードでは「アクション callback には非対応です」というエラーが発生してしまいます。コールバックの際に呼び出される機能が、`loginHandler` にまだ実装されていないためです。

2.6.2　認証プロバイダーからのレスポンスの解釈

認証プロバイダーのWebサイトでどちらの判断を下しても、ユーザーは我々のアプリケーションにリダイレクトされ、コールバックのアクションが呼び出されます。

実際のリダイレクト先URLは次のようになっています。認証プロバイダーから提供された認可コードが含まれています。

```
http://localhost:8080/auth/callback/google?code=4/Q92xJBQfoX6PHhzkjhgtyfLc0Ylm.QqV4u9AbA9sYguyfbjFEsNoJKMOjQI
```

この認可コードを我々のアプリケーションの中で解釈する必要はありません。このOAuth2のURLでの処理はGomniauthが受け持ってくれます。具体的には、OAuth2の仕様に従って認可コードをGoogleなどのサーバーとの間で交換し、アクセストークンを取得します。我々はコールバックのハンドラの実装に専念できます。ただし、ユーザーのプライベートなデータにアクセスするためには認可コードの送受信とアクセストークンの取得が必要だということは知っておいて損はないでしょう。セキュリティの強化のために、このような手順が（ブラウザとサーバーの間ではなく）2つのサーバーの間で行われています。

`auth.go` の `switch` 文ではURLに含まれるアクション名に基づいて処理を行っていますが、ここに場合分けを追加しましょう。デフォルトの処理の直前に、以下のコードを追加してください。

```go
case "callback":
  provider, err := gomniauth.Provider(provider)
  if err != nil {
    log.Fatalln("認証プロバイダーの取得に失敗しました", provider, "-", err)
  }

  creds, err :=
      provider.CompleteAuth(objx.MustFromURLQuery(r.URL.RawQuery))
  if err != nil {
    log.Fatalln("認証を完了できませんでした", provider, "-", err)
  }

  user, err := provider.GetUser(creds)
  if err != nil {
    log.Fatalln("ユーザーの取得に失敗しました", provider, "- ", err)
  }
```

```
  authCookieValue := objx.New(map[string]interface{}{
    "name": user.Name(),
  }).MustBase64()
  http.SetCookie(w, &http.Cookie{
    Name: "auth",
    Value: authCookieValue,
    Path: "/"})
  w.Header()["Location"] = []string{"/chat"}
  w.WriteHeader(http.StatusTemporaryRedirect)
```

　ユーザーがアクセスを許可した後に認証プロバイダーがリダイレクトを行う際、そのURLにはcallbackというアクション名が含まれています。先ほどのコードと同様に認証プロバイダーのオブジェクトを取得し、これに対してCompleteAuthメソッドを呼び出します。http.Requestオブジェクト（ユーザーのブラウザから現在行われているGETリクエストを表します）に含まれるRawQueryの値を解析し、その結果をobjx.Mapにセットします。このobjx.MapはGomniauthで使われる汎用のマップ型です。CompleteAuthメソッドは解析結果を元に、認証プロバイダーとの認証のプロセスを完了させます。成功すると、ユーザーの情報にアクセスするための認証情報が発行されます。認証プロバイダーのオブジェクトに対してGetUserメソッドを呼び出すと、Gomniauthはこの認証情報を使ってユーザーの情報を取得します。

　ユーザーの情報はJSONデータとして返されます。ここに含まれるNameフィールドの値をBase64形式でエンコードし、authというクッキーに保持します。以降のリクエストではこのクッキーが使われます。

Base64形式でエンコードされたデータでは、特殊な文字や予期しない文字が含まれないことが保証されます。URLやクッキーの中にデータをセットしたい場合に便利です。なお、Base64形式でエンコードされたデータは暗号化されているように見えますが、実際には暗号化されていません。エンコードされたデータはとても簡単に復元できます。復元を行うオンラインのツールもあります。

　クッキーにデータをセットしたら、ユーザーを本来のアクセス先であるチャットのページへとリダイレクトします。

　下のコマンドをもう一度実行して/chatのページにアクセスすると、今度はサインアップのフローの後にチャットのページに戻ります。ほとんどのブラウザには開発者向けツールが付属しており、サーバーから送られたクッキーの内容を確認できます[*1]。

＊1　監訳注：Chromeの場合、Shift + Ctrl + CでDevTools（デベロッパーツール）を起動して、Resourcesの中のCookiesでクッキーを見ることができます。

```
go build -o chat
./chat -addr=":8080"
```

筆者の環境では、クッキーに含まれるauthの値はeyJuYW1lIjoiTWF0IFJ5ZXIifQ==でした。これは、{"name":"Mat Ryer"}をBase64形式でエンコードしたものです。筆者はチャットアプリケーション上ではこの名前を入力していません。Googleのアカウントを使ってサインインする際に、GomniauthがGoogleに対して名前を要求しています。なお、今回のユーザー名のように付随的な情報であれば署名なしのクッキーを使っても問題はありません。しかし、署名なしのクッキーのデータはアクセスや改変が容易なため、セキュリティ上重要な情報には利用してはいけません。

2.6.3 自分のユーザー名の表示

手始めとしてユーザー名をクッキーに格納してみましたが、技術者ではないユーザーにとってはユーザー名が存在することすら気づかないことでしょう。もっとわかりやすい場所にユーザー名を示す必要があります。そこで、*templateHandlerのServeHTTPメソッドを改善し、テンプレートのExecuteメソッドにユーザー名のデータを渡すことにします。こうすれば、テンプレートのアノテーションを通じてHTMLの中にユーザー名を埋め込むことができます。

main.goの中で、*templateHandlerのServeHTTPメソッドを次のように変更しましょう。

```
func (t *templateHandler) ServeHTTP(w http.ResponseWriter, r *http.Request) {
  t.once.Do(func() {
    t.templ =
      template.Must(template.ParseFiles(filepath.Join("templates",
        t.filename)))
  })
  data := map[string]interface{}{
    "Host": r.Host,
  }
  if authCookie, err := r.Cookie("auth"); err == nil {
    data["UserData"] = objx.MustFromBase64(authCookie.Value)
  }

  t.templ.Execute(w, data)
}
```

テンプレートに対して*http.Requestをそのまま渡すのではなく、map[string]interface{}型のdataオブジェクトを用意しています。このオブジェクトには、HostとUserData（authクッキーの値がある場合のみ）の2つのフィールドが含まれます。マップの型宣言に続いて波カッコを記述すると、マップの生成と同時に値のセットも行えます。このdataオブジェクトが、テンプレートのExecuteメソッドの第2引数として使われます。

テンプレートのHTMLを修正し、ユーザー名が表示されるようにします。chat.htmlで、chatboxというIDのフォームを次のように変更してください。

```
<form id="chatbox">
  {{.UserData.name}}:<br/>
  <textarea></textarea>
  <input type="submit" value="送信" />
</form>
```

`{{.UserData.name}}`というアノテーションによって、この位置にユーザー名が挿入されます。

ここではobjxパッケージを利用しています。go get github.com/stretchr/objxを実行するのと、このパッケージをインポートするのを忘れないようにしましょう。

下のコマンドを実行してアプリケーションを再起動すると、チャットの領域の上に自分の名前が表示されているはずです。

```
go build -o chat
./chat -addr=":8080"
```

2.6.4　メッセージの表示の拡張

現状のチャットアプリケーションでは、クライアントとサーバーとの間でバイトのスライス（`[]byte`）を送受信しているだけです。したがって、チャットルームのforwardチャネルは`chan []byte`型として定義されています。メッセージ自身に加えて送信者の名前や時刻も送れるようにするには、forwardチャネルを拡張するとともに送受信側の双方でWebSocketの操作方法を変える必要があります。

バイトのスライスに代わる新しい型を定義します。chatフォルダーに`message.go`というファイルを作成し、以下のコードを入力してください。

```go
package main
import (
  "time"
)
// messageは1つのメッセージを表します。
type message struct {
  Name string
  Message string
  When time.Time
}
```

`Name`フィールドはユーザー名を表し、`When`フィールドはメッセージが送信された時刻を表します。これらのフィールドが、メッセージ自身を表す文字列とともにカプセル化されています。

`client`型はブラウザとの通信を受け持っており、新しいコードではメッセージ以外のデータも送

受信しなければなりません。ブラウザ上で実行されるチャットクライアントはJavaScriptアプリケーションであり、Goの標準ライブラリには優れたJSONの実装が含まれています。そこで、JSONを使ってメッセージと追加の情報を表現することにしましょう。修正する必要があるのはclient.goのreadとwriteの各メソッドです。readではWebSocketのReadJSONメソッドを利用してmessage型をデコードし、writeではWriteJSONメソッドを呼び出してエンコードを行います。

```go
func (c *client) read() {
  for {
    var msg *message
    if err := c.socket.ReadJSON(&msg); err == nil {
      msg.When = time.Now()
      msg.Name = c.userData["name"].(string)
      c.room.forward <- msg
    } else {
      break
    }
  }
  c.socket.Close()
}
func (c *client) write() {
  for msg := range c.send {
    if err := c.socket.WriteJSON(msg); err != nil {
      break
    }
  }
  c.socket.Close()
}
```

ブラウザからサーバーに送信するメッセージには、Messageフィールドの値だけ含まれていればかまいません。WhenとNameの各フィールドについては、上のサーバー側のコードの中で値がセットされます。

ここまでのコードをビルドしようとすると、いくつかエラーが発生します。最大の理由は、chan []byteというチャネル（forwardとsend）を使って*messageオブジェクトを送信しているという点にあります。チャネルの型を変えないかぎり、これは不可能です。room.goでforwardフィールドの型をchan *messageに修正し、client.goのsendフィールドにも同じ変更を行いましょう。

チャネルの型が変わったので、チャネルの初期化処理を行っているコードにも変更が必要です。とりあえず再ビルドを行い、発生したエラーに基づいて修正を行ってもかまいません。room.goで、以下の変更を行ってください。

- forward: make(chan []byte)をforward: make(chan *message)に変更します。
- r.tracer.Trace("メッセージを受信しました： ", string(msg))をr.tracer.Trace("メッセージを受信しました： ", msg.Message)に変更します。

- send: make(chan []byte, messageBufferSize) を send: make(chan *message, messageBufferSize) に変更します。

　また、コンパイラはクライアント側にユーザーのデータがないことについてエラーを発生させています。client型では、クッキーに追加されたユーザーのデータを知ることはできません。この意味では、コンパイラの指摘はもっともです。client構造体の定義を修正し、次のようにuserDataというmap[string]interface{}型のフィールドを追加してください。

```go
// clientはチャットを行っている1人のユーザーを表します。
type client struct {
  // socketはこのクライアントのためのWebSocketです。
  socket *websocket.Conn
  // sendはメッセージが送られるチャネルです。
  send chan *message
  // roomはこのクライアントが参加しているチャットルームです。
  room *room
  // userDataはユーザーに関する情報を保持します
  userData map[string]interface{}
}
```

　ユーザーのデータはクライアントから送られるクッキーに含まれており、http.Requestオブジェクトのcookieメソッドを使ってアクセスできます。room.goに記述されたServeHTTPを、以下のように書き換えます。

```go
func (r *room) ServeHTTP(w http.ResponseWriter, req *http.Request) {
  socket, err := upgrader.Upgrade(w, req, nil)
  if err != nil {
    log.Fatal("ServeHTTP:", err)
    return
  }

  authCookie, err := req.Cookie("auth")
  if err != nil {
    log.Fatal("クッキーの取得に失敗しました:", err)
    return
  }
  client := &client{
    socket: socket,
    send: make(chan *message, messageBufferSize),
    room: r,
    userData: objx.MustFromBase64(authCookie.Value),
  }
  r.join <- client
  defer func() { r.leave <- client }()
  go client.write()
  client.read()
}
```

*http.Request型のCookieメソッドを使ってユーザーのデータを取り出し、これをクライアントに渡しています。エンコードされたクッキーの値をマップのオブジェクトへと復元するために、objx.MustFromBase64関数が使われています。

WebSocket上で送受信されるデータの型を[]byteから*messageに変更したので、JavaScriptのコードの側でも単なる文字列ではなくJSONオブジェクトを受け取って解釈するように修正が必要です。また、ユーザーがメッセージを送信した時にサーバーへと送られるデータもJSONです。まずはchat.htmlで、socket.sendを呼び出している部分を以下のように書き換えます。

```javascript
socket.send(JSON.stringify({"Message": msgBox.val()}));
```

JSON.stringifyを使ってJSONオブジェクト（Messageフィールドだけが含まれます）を文字列に変換し、これをサーバーに送信します。サーバー側のGoのコードはこのJSON文字列をmessageオブジェクトへと変換します。クライアント側のJSONオブジェクトとサーバー側のmessageオブジェクトとの間で、フィールドの名前は一致します。

続いてコールバック関数socket.onmessageも修正し、JSON文字列を受け取るようにします。そして送信者の名前をページに表示させます。

```javascript
socket.onmessage = function(e) {
  var msg = eval("("+e.data+")");
  messages.append(
    $("<li>").append(
      $("<strong>").text(msg.Name + ": "),
      $("<span>").text(msg.Message)
    )
  );
}
```

JSON文字列をJavaScriptのオブジェクトに変換するにはeval関数が使われています[*1]。このオブジェクトから必要なフィールドの値を取り出し、ページの要素を組み立てます。

下のコマンドを実行してアプリケーションを再起動し、可能なら2つの異なるアカウントを使って複数のブラウザからアクセスしてみましょう。友人にテストを手伝ってもらってもかまいません。

```
go build -o chat
./chat -addr=":8080"
```

チャットの様子を図2-5に示します。

---

*1 監訳注：evalよりもJSON.parseを使ったほうがよいでしょう。
```javascript
var msg = JSON.parse(e.data)
```

図2-5　チャットアプリケーション

2.7　まとめ

　この章では、チャットアプリケーションに便利かつ必須の機能を追加しました。チャットに参加する際に、OAuth2の認証プロバイダーを使った認証を求めるようにしました。ObjxやGomniauthといったオープンソースのパッケージを利用した結果、複数のサーバーが関わることに伴う複雑さを大幅に軽減できました。

　`http.Handler`型をラップする際に、URLのパスのパターンをいくつか定義しました。どのパスでは認証が必要で、どのパスでは必要ないかを簡単に指定できました。ヘルパー関数`MustAuth`を使うと、ラップした型をシンプルな方法で簡単に生成でき、コードが乱雑になったり混乱を招いたりすることはありません。

　クッキーとBase64形式のエンコードを使えば、ブラウザ内でユーザーについての情報を（安全ではありませんが）確実に保持できます。このデータは通常の接続にも、WebSocketを使った接続にも利用できます。UI上にユーザーの名前を表示するために、テンプレートから利用できるデータを増やしました。

　WebSocket上で追加の情報を送受信する必要があったため、チャネルで使われるデータをネイティブな型から独自の`*message`型に変えました。この変更は簡単に行えます。単なるバイトのスライスではなくJSONオブジェクトをWebSocket経由でやり取りする方法も紹介しました。Goは型に関して安全であり、チャネルで使われる型を指定できます。そのため、例えば`chan *message`型のチャネルで`message`のポインタ以外のものを送信しようとするとコンパイラが誤りを指摘してくれます。そしてエラーは事前に防がれます。

　発言者を表示するというのはユーザビリティにとって大きな進歩ですが、Webの世界ではごく普通に行われていることです。これだけでは、よりビジュアルなエクスペリエンスに慣れている今日のユーザーを引きつけるのは難しいかもしれません。例えば、現状のアプリケーションではチャット相

手の画像を表示させることはできません。そこで次の章では、これを実現して各ユーザーが自己表現を容易にするための方法を複数紹介します。

　余裕がある読者は、message型に含まれているtime.Timeのフィールドを利用し、メッセージの送信時刻も表示できるようにしてみましょう。

3章
プロフィール画像を追加する3つの方法

前の章では、ユーザーにOAuth2プロトコルを使ったサインインを求め、メッセージの送信者の名前がアプリケーション上に表示されるようにしました。続いてこの章では、チャットのエクスペリエンスをより魅力的にするためにプロフィール画像も表示されるようにします。

メッセージ本文に加えてユーザーの写真あるいはアバターを表示するための方法は複数考えられます。本書では以下の3つの方法を紹介します。

- 認証サービスから提供されるアバターの画像を利用します。
- GravatarというWebサービスを利用し、ユーザーのメールアドレスを元に画像を検索して取得します。
- ユーザーがチャットアプリケーションにアップロードした画像を利用します。

1つ目と2つ目の方法では、画像のホスティングを第三者（認証サービスやGravatar）に任せることができます。我々のアプリケーションにとっては、ストレージのコストや消費される帯域幅を節約できるため有力な選択肢です。3つ目の方法では、ユーザーの画像を我々がホスティングしなければなりません。

これらの方法は排他的なものではありません。実運用の際には、複数の方法が組み合わせて利用されることになるでしょう。章末で、適切なアバターが見つかるまで複数の方法を順次試すような柔軟な設計を紹介します。

この章ではアジャイルな設計を取り入れ、最小限の機能を繰り返し追加していくという形式をとります。機能追加のたびに、ブラウザ上で実際に利用可能な実装をしていきます。その過程の中で、必要に応じてリファクタリングを行い、なぜそういう設計にしたのかを説明していきます。

具体的には、この章では以下のような点について解説します。

- 認証サービスから追加の情報を取得するための正しい方法。これについては標準規格が定義されていません
- 我々のコードに抽象化を取り入れるべきタイミング

- Goのデータのない型によって節約される処理時間とメモリ消費量
- 既存のインタフェースを再利用し、同じやり方でコレクションや個々のオブジェクトを扱う方法
- WebサービスGravatarの利用方法
- GoでMD5アルゴリズムを使ってハッシュ値を算出する方法
- HTTP経由でファイルをアップロードしてサーバー側に保管する方法
- GoのWebサーバーで静的なファイルを提供する方法
- ユニットテストがコードのリファクタリングを促進するという考え方
- 構造体からインタフェースへと機能を抜き出すべきタイミングと、その方法

3.1　認証サーバーからのアバターの取得

　ほとんどの認証サーバーでは、ユーザーの画像を登録することができます。画像は保護されたリソースとして提供されており、以前にユーザー名を取得したのと同じやり方で利用できます。認証サーバーから画像のURLを取得し、認証を行ったユーザーのクッキーに保存します。このURLはWebSocket上でもやり取りされ、すべてのクライアントがメッセージの送信者の画像を表示できるようになります。

3.1.1　アバターのURLの取得

　ユーザーのプロフィール画像を取得するための方法は、OAuth2の仕様では定められていません。つまり、それぞれの認証プロバイダーが独自の方法でプロフィール画像を提供しています。例えばGitHubでのユーザーのリソースでは、アバターのURLはavatar_urlというフィールドにセットされています。一方Googleでは、同等のフィールドはpictureという名前がつけられています。Facebookではさらに複雑で、pictureというオブジェクトの中のurlというフィールドにアバターのURLが記述されます。ただし、これらの違いはGomniauthが吸収してくれます。認証プロバイダーのオブジェクトに対してGetUserを呼び出すと、一般的なフィールドについては統一されたインタフェースを通じて取得できます。

　アバターの画像を表示できるようにするためには、まずアバターのURLをクッキーに保存する必要があります。auth.goを開きましょう。callbackアクションに記述されているswitch文の中で、authCookieValueを生成している部分のコードを次のように書き換えてください。

```
authCookieValue := objx.New(map[string]interface{}{
  "name": user.Name(),
  "avatar_url": user.AvatarURL(),
}).MustBase64()
```

AvatarURLメソッドを呼び出すと、利用している認証プロバイダーにかかわらず適切なURLの値が返されます。このURLをavatar_urlフィールドにセットし、クッキーとして保存します。

GomniauthではUserという型のインタフェースが定義されており、それぞれの認証プロバイダー向けにこのインタフェースの実装が用意されています。これらの実装は認証サーバーから返される汎用的な`map[string]interface{}`型のデータを保持しており、メソッド呼び出しを受けると各認証プロバイダーごとの適切なフィールドの値を返します。このように、実装の詳細を知らなくても必要な情報にアクセスできるというのは、Goのインタフェースの優れた活用例の1つです。

3.1.2 アバターのURLの送信

次に、`message`型を変更してアバターのURLを保持できるようにします。`message.go`で、以下のように`AvatarURL`という文字列のフィールドを追加します。

```go
type message struct {
  Name string
  Message string
  When time.Time
  AvatarURL string
}
```

現状のコードでは、このフィールドの値はまだ空です。`client.go`の`read`メソッドで、`Name`フィールドについて行っているのと同様の方法で`AvatarURL`にも値をセットします。

```go
func (c *client) read() {
  for {
    var msg *message
    if err := c.socket.ReadJSON(&msg); err == nil {
      msg.When = time.Now()
      msg.Name = c.userData["name"].(string)
      if avatarURL, ok := c.userData["avatar_url"]; ok {
        msg.AvatarURL = avatarURL.(string)
      }
      c.room.forward <- msg
    } else {
      break
    }
  }
  c.socket.Close()
}
```

ここでは、クッキーの内容を表す`userData`の中に該当するフィールドがあればその値を取り出し、`message`の中のフィールドにセットしています。すべての認証サービスがアバターのURLに対

応しているとはかぎらないため、値が存在するかどうかのチェックを合わせて行っています。この値が存在しなかった場合に、string型変数にnilを代入してしまうことは避けなければなりません[*1]。

3.1.3 UI上にアバターを表示する

以上のコードで、クライアント側のJavaScriptに対してWebSocketを通じてアバターのURLを送信できるようになりました。このURLを使い、メッセージの隣にアバターの画像を表示させてみましょう。chat.htmlで、socket.onmessageのコードを変更します。

```
socket.onmessage = function(e) {
  var msg = JSON.parse(e.data)
  messages.append(
    $("<li>").append(
      $("<img>").css({
        width:50,
        verticalAlign:"middle"
      }).attr("src", msg.AvatarURL),
      $("<strong>").text(msg.Name + ": "),
      $("<span>").text(msg.Message)
    )
  );
}
```

メッセージを受け取ったら、そこに含まれているAvatarURLフィールドの値を元にimgタグを生成します。jQueryのcssメソッドを使い、画像の幅を50ピクセルに変更しています。巨大な画像がユーザーインタフェースを崩してしまうのを防ぐためです。同時に、画像の上下方向の位置をメッセージの中央と指定しています。

過去にログインしたことがある状態でアプリケーションのコンパイルと起動を行うと、authクッキーはアバターのURLがないまま残されています。すでにログインしているため再びログインを要求されることはなく、avatar_urlを追加するためのコードは実行されません。クッキーを削除してページを再読み込みすれば、この問題は解消されます。しかし、コードを変更するたびにクッキーの削除や再読み込みを行うというのは面倒です。そこで、ログアウトの機能を追加するという正しい解決策をとることにします。

3.1.4 ログアウト

ユーザーをログアウトさせるには、クッキーを削除した上でチャットのページにリダイレクトするというのが最も簡単です。クッキーがないため、ユーザーはログインのページへとさらにリダイレク

[*1] 監訳注：string型にnilを代入しようとするのはコンパイルエラーです。c.userData["avatar_url"]の値は、userDataの中にavatar_urlがなければnilになります（nilはinterface{}の値になりうる）が、その値を.(string)でstring型に変換しようとするとランタイムエラーになります。avatarURL, ok := c.userData["avatar_url"]とすると、userDataの中にavatar_urlがなければokがfalseになります。

トされることになります。main.goで、以下のようにHandleFuncの呼び出しを追加します。

```
http.HandleFunc("/logout", func(w http.ResponseWriter, r *http.Request) {
  http.SetCookie(w, &http.Cookie{
    Name: "auth",
    Value: "",
    Path: "/",
    MaxAge: -1,
  })
  w.Header()["Location"] = []string{"/chat"}
  w.WriteHeader(http.StatusTemporaryRedirect)
})
```

ここでは`http.SetCookie`を使い、クッキーの`MaxAge`の値を-1と指定しています。こうすると、ブラウザ上のクッキーは即座に削除されます。クッキーを削除しないブラウザもあるため、`Value`の値（ユーザーについてのデータが格納されていました）を空文字列で上書きしています。

ここで、アプリケーションの信頼性を少し高める修正が可能です。auth.goで、`*authHandler`の`ServeHTTP`メソッドの先頭行に着目します。クッキーがない場合だけでなく、空の値がセットされている場合にも対処するようにします。

```
if cookie, err := r.Cookie("auth"); err == http.ErrNoCookie ||
    cookie.Value == ""
```

以前のコードでは、`r.Cookie`が返すクッキーの値を無視していました。ここではこの値を（もし存在するなら）保持し、`Value`の値が空かどうかチェックしています。

次に進む前に、クッキーの削除をより容易に行うためにサインアウトのためのリンクを用意します。これがあれば、アプリケーションのユーザーもログアウトできるようになります。chat.htmlで、フォーム（IDは`chatbox`）にシンプルなHTMLを追加して/logoutへのリンクを記述します。

```
<form id="chatbox">
  {{.UserData.name}}:<br/>
  <textarea></textarea>
  <input type="submit" value="送信" />
  または <a href="/logout">サインアウト</a>
</form>
```

再びアプリケーションのビルドと再起動を行い、ブラウザを開いてhttp://localhost:8080/chatにアクセスしてみましょう。

```
go build -o chat
./chat -addr=:8080
```

すでにログイン中の場合はログアウトしてからログインしなおしてください。メッセージを送信す

ると、図3-1のようにアバターの画像がメッセージとともに表示されます。

図3-1　アバターの表示

3.1.5　アプリケーションの見た目を改善する

　現状のアプリケーションはあまり美しくありません。そろそろ、外見についても改善するべき時です。2章では、Bootstrapライブラリを使ってログインのページを作成しました。そこで、チャットのページでもBootstrapを利用するようにしてみましょう。このためには、chat.htmlに対して3点の変更が必要です。Bootstrapをインクルードしてページ上でのCSSのスタイルを変更すること、フォームのマークアップを変更すること、そしてメッセージの表示方法を変更することです。

　まず、ページの先頭にあるstyleタグを変更するとともに、その前にBootstrapをインクルードするlinkタグを追加しましょう。

```
<link rel="stylesheet"
    href="//netdna.bootstrapcdn.com/bootstrap/3.1.1/css/bootstrap.min.css">
<style>
  ul#messages { list-style: none; }
  ul#messages li { margin-bottom: 2px; }
  ul#messages li img { margin-right: 10px; }
</style>
```

次に、bodyタグの先頭（scriptタグの前）にあるマークアップを次のように変更してください。

```
<div class="container">
  <div class="panel panel-default">
    <div class="panel-body">
      <ul id="messages"></ul>
    </div>
  </div>
```

```html
<form id="chatbox" role="form">
  <div class="form-group">
    <label for="message">{{.UserData.name}}からメッセージを送信</label>
    または<a href="/logout">サインアウト</a>
    <textarea id="message" class="form-control"></textarea>
  </div>
  <input type="submit" value="送信" class="btn btn-default" />
</form>
</div>
```

このマークアップは、Bootstrapでの標準的なやり方に従ってさまざまな項目に適切なクラスを指定しています。例えばform-controlクラスを使うと、フォーム内の要素にきれいなスタイルを設定できます。それぞれのクラスの詳細については、Bootstrapのドキュメントを参照してください。

3点目の変更として、JavaScriptのコード（socket.onmessage）を修正します。画像のtitle属性に、送信者の名前を指定します。こうすると、画像の上にマウスカーソルをホバーすると名前が表示されるようになります。常に名前が表示され続けるということはありません。

```javascript
socket.onmessage = function(e) {
  var msg = JSON.parse(e.data);
  messages.append(
    $("<li>").append(
      $("<img>").attr("title", msg.Name).css({
        width:50,
        verticalAlign:"middle"
      }).attr("src", msg.AvatarURL),
      $("<span>").text(msg.Message)
    )
  );
}
```

アプリケーションを再ビルドして実行し、ブラウザ上で再読み込みを行ってください。

```
go build -o chat
./chat -addr=:8080
```

新しい表示は図3-2のようになります。

図3-2　Bootstrapを利用したチャットのページ

　わずかな変更で、アプリケーションの見た目を劇的に改善できました。

3.2　Gravatarの利用

　ユーザーのメールアドレスとプロフィール画像をGravatar（http://www.gravatar.com/）というWebサービスに登録すると、任意のWebサイトでこのプロフィール画像を表示できます。我々のチャットアプリケーションでも、Gravatarが用意したAPIのエンドポイントに対してGET形式のリクエストを送信するだけで画像を取得できます。認証サービスが提供する画像の代わりに、Gravatarに登録された画像を使うようにしてみましょう。

3.2.1　アバターのURLを取得するプロセスの抽象化

　我々のアプリケーションでは、アバターのURLを取得する方法が3つ用意されることになります。それぞれをクリーンに実装するために、取得の処理を抽象化するべき時が来ました。抽象化とは、何らかの概念を個々の実装の中からくくり出すことを意味します。例えばhttp.Handlerは、入力と出力を備えたハンドラをうまく抽象化しています。個々のハンドラで行われているアクションの詳細には関知せず、任意の処理を可能にしています。

　アバターのURLを取得するという処理を抽象化してみましょう。Goで抽象化を行うには、まずインタフェースを定義します。以下のようなコードが記述された、avatar.goというファイルを作成してください。

```
package main
import (
  "errors"
)
// ErrNoAvatarはAvatarインスタンスがアバターのURLを返すことができない
// 場合に発生するエラーです。
var ErrNoAvatarURL = errors.New("chat: アバターのURLを取得できません。")
// Avatarはユーザーのプロフィール画像を表す型です。
type Avatar interface {
  // GetAvatarURLは指定されたクライアントのアバターのURLを返します。
  // 問題が発生した場合にはエラーを返します。特に、URLを取得できなかった
  // 場合にはErrNoAvatarURLを返します。
  GetAvatarURL(c *client) (string, error)
}
```

このAvatarインタフェースでは、GetAvatarURLというメソッドが定義されています。アバターのURLを取得しようとするオブジェクトは、このメソッドを実装している必要があります。引数としてクライアントを表す値を受け取り、該当するユーザーのURLを調べます。戻り値は2つあります。取得に成功した場合のURL文字列と、問題が発生した場合のエラーです[*1]。

生じる可能性のある問題としてまず考えられるのは、Avatarが取得できるデータの中にアバターのURLが含まれていないというものです。この場合、GetAvatarURLは2つ目の戻り値としてエラーErrNoAvatarURLを返します。ここでは、ErrNoAvatarURLはAPIの一部を構成しています。これはGetAvatarURLが返す可能性のある値の1つであり、我々のコードを呼び出す開発者はこのエラーに対して明確に対応しなければなりません。このような要件は、メソッドに対するコメントとして記述します。Goでは、設計上の判断を表明する方法は他にありません。

エラーを表す値は冒頭でerrors.Newを使って初期化され、ErrNoAvatarURL変数にセットされます。つまり、このオブジェクトが生成されるのは1回だけです。問題が発生した場合には、エラーのオブジェクトへのポインタが渡されているだけであり負荷はとても低くなっています。一方、同様の目的で使われているJavaの例外処理のしくみでは、例外のオブジェクトが高いコストを伴って毎回生成され、処理のフローの一部として機能しています。

3.2.1.1　認証サービスを使ったAvatarの実装

TDD（テスト駆動開発）のアプローチを取り入れ、手動でのテストを行わなくてもコードが正しく機能することを確認できるようにします。chatフォルダーにavatar_test.goというファイルを作成し、以下のコードを入力しましょう。

[*1] 監訳注：Getという接頭辞は必要なければつけないほうが望ましいです（https://golang.org/doc/effective_go.html#Getters）。

```go
package main
import "testing"
func TestAuthAvatar(t *testing.T) {
  var authAvatar AuthAvatar
  client := new(client)
  url, err := authAvatar.GetAvatarURL(client)
  if err != ErrNoAvatarURL {
    t.Error("値が存在しない場合、AuthAvatar.GetAvatarURLは" +
      "ErrNoAvatarURLを返すべきです")
  }
  // 値をセットします
  testUrl := "http://url-to-avatar/"
  client.userData = map[string]interface{}{"avatar_url": testUrl}
  url, err = authAvatar.GetAvatarURL(client)
  if err != nil {
    t.Error("値が存在する場合、AuthAvatar.GetAvatarURLは" +
      "エラーを返すべきではありません")
  } else {
    if url != testUrl {
      t.Error("AuthAvatar.GetAvatarURLは正しいURLを返すべきです")
    }
  }
}
```

このファイルには、まだ実装されていないAuthAvatar型のGetAvatarURLメソッドへのテストが記述されています。まず、ユーザーのデータを含まないclient型の値を渡し、ErrNoAvatarURLエラーが返されることを確認します。続いて、適当なURLをセットした上でGetAvatarURLを再び呼び出し、今度は正しい値が返されるかどうかチェックします。ただし、現状のコードをビルドしようとしてもAuthAvatar型がないため失敗します。そこで、AuthAvatar型を定義します。

実装に取りかかる前に、authAvatarはAuthAvatar型だと宣言されているだけで何も値が代入されていない（つまり初期値のまま）という点について考えてみましょう。これは間違いではなく、Goではゼロ値による初期化が行われるので不定な状態にはなりません。またAuthAvatarには内部状態がなく、型情報だけが必要なので、この型の値を初期化する時は時間もメモリの消費もありません。

avatar.goに戻ります。テストを成功させるために、ファイルの末尾に次のコードを追加してください。

```go
type AuthAvatar struct{}
var UseAuthAvatar AuthAvatar
func (_ AuthAvatar) GetAvatarURL(c *client) (string, error) {
  if url, ok := c.userData["avatar_url"]; ok {
    if urlStr, ok := url.(string); ok {
      return urlStr, nil
    }
  }
```

```
    return "", ErrNoAvatarURL
}
```

ここでは AuthAvatar を空の構造体として定義しており、GetAvatarURL メソッドの実装も定義されています。また、AuthAvatar 型ですが値は初期値のままの UseAuthAvatar という変数を用意しました。後でこの変数を、Avatar 型として定義されているフィールドにセットします。

通常、メソッドのレシーバー（メソッド名の前にカッコつきで記述されている部分）には変数がセットされます。こうすることによって、メソッド本体の中でその変数にアクセスできます。しかし今回の例では、このオブジェクトはフィールドがないのでレシーバーを参照する必要がありません。このような場合、変数としてアンダースコアを記述するとこの変数への参照を行わないようにできます[*1]。このアンダースコアには、変数が利用できないということを開発者が忘れないようにしてくれる役割もあります。

他の部分については、実装はかなりシンプルです。avatar_url の値を探し、それが文字列であることを確認してから返します。何か問題が発生したら、API として定義した ErrNoAvatarURL エラーを返します。

テストの準備ができました。ターミナルで chat フォルダーに移動し、次のコマンドを実行してください。

```
go test
```

問題が生じなければテストは成功します。正しく動作する Avatar の実装ができました。

3.2.1.2　実装の利用

この実装を利用する側では、ヘルパー変数として実装のオブジェクトを直接参照することも、必要の都度このインタフェースのインスタンスを生成して機能を呼び出すこともできます。しかし、このようなやり方ではせっかくの抽象化の効果が発揮されません。代わりに、機能が必要な箇所では Avatar インタフェースの型を参照するというのが望ましい方法です。

今回のチャットアプリケーションでは、アバターの URL を取得する方法はチャットルームごとに 1 つとします。room 型の定義を変更し、Avatar オブジェクトを保持するようにします。room.go で、room 構造体の定義に以下のフィールドを追加してください。

```
// avatar はアバターの情報を取得します。
avatar Avatar
```

そして newRoom 関数も変更し、Avatar の実装を渡せるようにします。room インスタンスを生成する際に、受け取った Avatar の実装を avatar フィールドにセットしています。

[*1]　監訳注：もしくは変数名を記述しなくてもかまいません。
```
func (AuthAvatar) GetAvatarURL(c *client) (string, error) {...}
```

```go
// newRoomはすぐに利用できるチャットルームを生成して返します。
func newRoom(avatar Avatar) *room {
  return &room{
    forward: make(chan *message),
    join:    make(chan *client),
    leave:   make(chan *client),
    clients: make(map[*client]bool),
    tracer:  trace.Off(),
    avatar:  avatar,
  }
}
```

ここでプロジェクトのビルドを試みると、main.goでnewRoomを呼び出している部分からコンパイルエラーが発生します。Avatar型の値を引数として渡していないためです。以前に定義したUseAuthAvatarを渡すように、該当の部分を修正します。

```
r := newRoom(UseAuthAvatar)
```

ここではAuthAvatarのインスタンスを生成していないため、メモリ使用量が増えることはありません[*1]。現状のコードでは、アプリケーション全体の中でチャットルームが1つしかないため、あまり大きなメリットは感じられないかもしれません。しかし、チャットルームが大量に生成されているような状況では大幅なメモリの節約が見込まれます。UseAuthAvatarという変数の名前には、上のnewRoomの呼び出しのコードが「AuthAvatarを利用してチャットルームを新規作成する」と読み下せるようになる効果があります。同時に、我々のコードの意図を明確に示しています。

インタフェースを設計する際に、コードの読みやすさについて配慮することは重要です。例えば、引数として真偽値を受け取るメソッドについて考えてみましょう。引数の名前を知らずにtrueやfalseの値を渡すだけだとしたら、その引数の本当の意味を知ることはできません。次の例のように、ヘルパーとして機能する定数を用意できないか検討しましょう。

```go
func move(animated bool) { /* ... */ }
const Animate = true
const DontAnimate = false
```

以下のコードの中でどれがわかりやすいかを考えれば、ヘルパーのメリットは明らかです。

```
move(true)
move(false)
move(Animate)
move(DontAnimate)
```

---

*1 監訳注：AuthAvatar自体はサイズが0でも、インタフェース型のAvatarは具体的な型が何かを知る必要があるため若干のサイズを必要とします。

上記のコードは以下のようにも書けます。

```
type Mover bool
const (
  Animate = Mover(true)
  DontAnimate = Mover(false)
)
func (m Mover) move() { .. }

Animate.move()
DontAnimate.move()
```

残りの作業は、Avatarを利用するようにclientを書き換えることだけです。client.goのread メソッドを次のように変更してください。

```
func (c *client) read() {
  for {
    var msg *message
    if err := c.socket.ReadJSON(&msg); err == nil {
      msg.When = time.Now()
      msg.Name = c.userData["name"].(string)
      msg.AvatarURL, _ = c.room.avatar.GetAvatarURL(c)
      c.room.forward <- msg
    } else {
      break
    }
  }
  c.socket.Close()
}
```

roomが持つavatarインスタンスに対して、アバターのURLを要求しています。以前のコードでは、userDataを自分で解釈していました。

アプリケーションをビルドして実行すると、(若干のリファクタリングはありますが)ふるまいやユーザーエクスペリエンスはまったく変化していないことがわかります。AuthAvatarが以前と同じ処理を行ってくれるためです。

続いては、2つ目のAvatarの実装をroomに追加します。

3.2.1.3 Gravatarを使った実装

Gravatar用のAvatarも、行う処理はAuthAvatarとほぼ同じです。異なる点は、Gravatarでホスティングされているプロフィール画像のURLを取得するということだけです。ここでも、まずテストを追加しましょう。追加先はavatar_test.goです。

```
func TestGravatarAvatar(t *testing.T) {
  var gravatarAvatar GravatarAvatar
```

```
    client := new(client)
    client.userData =
        map[string]interface{}{"email": "MyEmailAddress@example.com"}
    url, err := gravatarAvatar.GetAvatarURL(client)
    if err != nil {
      t.Error("GravatarAvatar.GetAvatarURLはエラーを返すべきではありません")
    }
    if url !=
        "//www.gravatar.com/avatar/0bc83cb571cd1c50ba6f3e8a78ef1346" {
      t.Errorf("GravatarAvatar.GetAvatarURLが%sという誤った値を返しました", url)
    }
  }
```

Gravatarでは、メールアドレスのハッシュ値を元にしてプロフィール画像のID値が生成されています。そこで、クライアントをセットアップする際にはuserDataにメールアドレスが必ず含まれるようにします。続いて、GravatarAvatar型の値に対して以前と同じGetAvatarURLメソッドを呼び出します。そして正しいURLが返されることを確認します。このメールアドレスとURLの組み合わせは、Gravatarのドキュメントでも使われている正当なものです。我々のコードが正しい処理を行っているかテストする際に、このように既知のデータを利用するというのは悪くない戦略です。

本書に掲載されているすべてのソースコードはGitHubで公開されています。https://github.com/matryer/goblueprintsからコードをダウンロードしてビルドすれば、コードを入力する手間を省けます。なお、URLなどをハードコードするというのはよいことではありませんが、本書では読みやすさやわかりやすさを重視してハードコードを行っている箇所があります。このような点については、必要に応じて各自で修正してください。

go testを実行しても、現時点ではテスト対象の型がまだないため当然エラーが発生します。avatar.goに戻り、以下のコードを追加してください。ioパッケージやcrypto/md5、fmt、stringsなどをインポートする必要もあります。

```
  type GravatarAvatar struct{}
  var UseGravatar GravatarAvatar
  func (_ GravatarAvatar) GetAvatarURL(c *client) (string, error) {
    if email, ok := c.userData["email"]; ok {
      if emailStr, ok := email.(string); ok {
        m := md5.New()
        io.WriteString(m, strings.ToLower(emailStr))
        return fmt.Sprintf("//www.gravatar.com/avatar/%x", m.Sum(nil)), nil
      }
    }
    return "", ErrNoAvatarURL
  }
```

ここでは`AuthAvatar`と同じパターンが使われています。まず空の構造体を用意し、利用を容易にするための`UseGravatar`変数そして`GetAvatarURL`メソッドの実装が定義されています。このメソッドでは、Gravatarからのガイドラインに基づいた処理が行われています。メールアドレスに含まれる大文字を小文字に変換し、その結果に対してMD5アルゴリズムを適用してハッシュ値を算出します。そしてこのハッシュ値をGravatarのURLに埋め込みます。

標準ライブラリの開発者たちの努力のおかげで、Goではハッシュ値をとても簡単に算出できます。`crypto`パッケージには、暗号化やハッシュ値の計算の機能が豊富に用意されており、いずれも利用は簡単です。上のコードでは、MD5ハッシュを使っています。`md5.New`の返す`hash.Hash`は`io.Writer`インタフェースを実装しているため、`io.WriteString`メソッドを使って文字列を与えることができます。`Sum`を呼び出すと、その時点までに書き込まれた文字列を使ってハッシュ値が計算され、その結果が返されます。

上のコードでは、アバターのURLが必要になるたびにハッシュ値を計算しています。このようなやり方は非効率であり、スケーラビリティもありません。本書では、実際に動くものを作るということを最適化よりも優先しています。もちろん、より効率的な実装に作り変えてもかまいません。

再びテストを実行すると、新しいコードが正しく機能しているということがわかります。しかし現状のコードでは、authクッキーにメールアドレスの値は含まれていません。auth.goの中で`authCookieValue`に値をセットしている箇所を探し、Gomniauthからメールアドレスを取得してクッキーに追加しましょう。

```
authCookieValue := objx.New(map[string]interface{}{
  "name": user.Name(),
  "avatar_url": user.AvatarURL(),
  "email": user.Email(),
}).MustBase64()
```

最後に、roomに対して`AuthAvatar`の代わりにGravatar版の実装を使うよう指定する必要があります。main.goで`newRoom`を呼び出している部分を、次のように変更します。

```
r := newRoom(UseGravatar)
```

チャットアプリケーションを再コンパイルして起動し、ブラウザからアクセスしてみましょう。クッキーに保持されている情報を変更したので、一旦サインアウトしてからサインインしなおす必要があります。そうしないと、変更の効果が現れません。

認証サービスとGravatarとで別のプロフィール画像が登録されているなら、Gravatarでの画像が使われたことがわかるでしょう。ブラウザに付属のデベロッパーツールを使うと、図3-3のようにimgタグのsrc属性で画像のURLを確認できます。

図3-3　デベロッパーツールで画像のURLを確認する

　Gravatarのアカウントを持っていないユーザーに対しては、プロフィール画像の代わりにデフォルトのアイコンが表示されます。

3.3　アバターの画像をアップロードする

　3つ目つまり最後のアプローチでは、アップロードされたプロフィール画像を利用します。ユーザーが自身のハードディスクからプロフィール画像をアップロードします。ユーザーと画像ファイルを関連づけ、該当する画像をメッセージとともに表示するための方法を実装する必要があります。

3.3.1　ユーザーの識別

　ユーザーを混同なく識別するために、Gravatarで利用されているのと同じアプローチを取り入れることにします。つまり、ユーザーのメールアドレスからハッシュ値を算出し、その結果の文字列を識別子（ID値）として扱います。このID値は、他のユーザー固有のデータとともにクッキーに保存されます。こうすると、GravatarAuthで繰り返しハッシュ値を算出しなくても済むという追加のメリットもあります。

　auth.goで`authCookieValue`オブジェクトを生成している部分のコードを、次のように変更してください。

```
m := md5.New()
io.WriteString(m, strings.ToLower(user.Email()))
userID := fmt.Sprintf("%x", m.Sum(nil))
// データを保存します
authCookieValue := objx.New(map[string]interface{}{
  "userid": userID,
  "name": user.Name(),
  "avatar_url": user.AvatarURL(),
  "email": user.Email(),
}).MustBase64()
```

ここではメールアドレスのハッシュ値を計算し、結果をuseridフィールドにセットするという処理が追加されています。この処理はユーザーがログインした時に発生します。つまり、この値はGravatar版でも利用でき、メッセージごとにハッシュ値を計算しなくてもよくなります。Gravatar版からこのハッシュ値を利用できるようにするために、まずテストのコードを変更しましょう。avatar_test.goで、以下の行を削除します。

```
client.userData = map[string]interface{}{
  "email": "MyEmailAddress@example.com"
}
```

同じ位置に、次のコードを挿入してください。

```
client.userData = map[string]interface{}{
  "userid": "0bc83cb571cd1c50ba6f3e8a78ef1346",
}
```

今後のコードではemailフィールドを使用しないため、これを削除しています。そして、代わりに新しいuseridフィールドに適切な値をセットしています。ただし、現時点のコードでgo testを実行してもテストは失敗します。

テストを成功させるには、avatar.goでGravatarAuth型のGetAvatarURLメソッドを下のように変更します。

```
func (_ GravatarAvatar) GetAvatarURL(c *client) (string, error) {
  if userid, ok := c.userData["userid"]; ok {
    if useridStr, ok := userid.(string); ok {
      return "//www.gravatar.com/avatar/" + useridStr, nil
    }
  }
  return "", ErrNoAvatarURL
}
```

ここではふるまいは変更されておらず、しかも結果的には最適化が行われたということにもなります。このようなことがあるため、初期段階では早まった最適化を行うべきではありません。非効率な箇所を早期に発見しても、そのコードがずっと使われ続けるとはかぎりません。最適化のための努力が無駄になるということもあります。

3.3.2 アップロードのフォーム

ユーザーにアバターのファイルをアップロードしてもらうためのしくみとして、ユーザー自身のハードディスクをブラウズする機能とファイルをサーバーに送信する機能が必要です。ここでは新しいテンプレートベースのページを利用します。templatesフォルダーにupload.htmlというファイルを作成し、以下のように入力してください。

```html
<html>
  <head>
    <title>アップロード</title>
    <link rel="stylesheet"
        href="//netdna.bootstrapcdn.com/bootstrap/3.1.1/css/bootstrap.min.css">
  </head>
  <body>
    <div class="container">
      <div class="page-header">
        <h1>画像のアップロード</h1>
      </div>
      <form role="form" action="/uploader"
          enctype="multipart/form-data" method="post">
        <input type="hidden" name="userid" value="{{.UserData.userid}}" />
        <div class="form-group">
          <label for="message">ファイルを選択</label>
          <input type="file" name="avatarFile" />
        </div>
        <input type="submit" value="アップロード" class="btn " />
      </form>
    </div>
  </body>
</html>
```

ここでもBootstrapを利用し、見た目を他のページと同様のきれいなものにしています。ただしこのページの中で重要なのは、ファイルをアップロードするためのユーザーインタフェースを提供するHTMLのフォームです。action属性では、まだ実装されていない/uploaderというアクションが指定されています。そしてHTTP上でバイナリデータを送信するために、enctype属性にはmultipart/form-dataという値を指定します。続いて記述されるinput要素のtype属性の値はfileであり、ここにアップロード対象のファイルへの参照が保持されます。なお、非表示（hidden）のinput要素で、マップUserDataに含まれるuseridの値を指定しています。この値を通じて、サーバーは誰がファイルをアップロードしたのかを判断します。name属性の値を間違えないようにしましょう。サーバー側のハンドラの実装では、この名前でデータを参照しています。

このテンプレートを、/uploadというパスに関連づけます。main.goに次の行を追加してください。

```
http.Handle("/upload", &templateHandler{filename: "upload.html"})
```

3.3.3 アップロードされたファイルの処理

ユーザーがファイルを選択して［アップロード］ボタンを押すと、ブラウザはユーザーのID値とファイルのデータを/uploaderに送信します。ただし、現時点のコードではデータはどこにも保存されません。送信されるバイト列を受け取り、サーバー側に新規ファイルとして保存するようなHandlerFuncをこれから実装します。chatフォルダーの中に、アバターの画像ファイルを保存するためのavatarsというサブフォルダーを作成してください。

次にupload.goという新規ファイルをchatフォルダーに作成して、次のコードを入力します。パッケージ（io、io/ioutil、net/http、path/filepath）のインポートも必要です。

```go
func uploaderHandler(w http.ResponseWriter, req *http.Request) {
  userId := req.FormValue("userid")
  file, header, err := req.FormFile("avatarFile")
  if err != nil {
    io.WriteString(w, err.Error())
    return
  }
  defer file.Close()
  data, err := ioutil.ReadAll(file)
  if err != nil {
    io.WriteString(w, err.Error())
    return
  }
  filename := filepath.Join("avatars", userId+filepath.Ext(header.Filename))
  err = ioutil.WriteFile(filename, data, 0777)
  if err != nil {
    io.WriteString(w, err.Error())
    return
  }
  io.WriteString(w, "成功")
}
```

ここでuploaderHandlerはhttp.RequestのFormValueメソッドを使い、HTMLフォームの隠しフィールドとして送信されたユーザーIDの値を読み取っています。続いてreq.FormFileを呼び出し、アップロードされたバイト列を読み込むためのio.Reader型の値を取得します。このメソッドは3つの値を返します。1つ目の値はファイル自体を表し、io.Reader型であるとともにインタフェースmultipart.Fileを実装しています。2つ目はmultipart.FileHeaderオブジェクトで、ファイルに関するメタデータ（ファイル名など）が保持されています。3つ目はエラーを表すオブジェクトです。nilであってほしいものです。

multipart.Fileインタフェースを実装したオブジェクトがio.Readerでもあるということの意味について考えてみましょう。http://golang.org/pkg/mime/multipart/#Fileで公開されているドキュメントをざっと読むと、multipart.Fileはいくつかの汎用的なインタフェースを埋め込んだものだ

ということがわかります。つまり、multipart.File型の値はio.Readerを必要としている変数に代入することができます。multipart.Fileを実装したオブジェクトはすべて、io.Readerも実装していることになるためです。

新しい概念を表現する際に、標準ライブラリのインタフェースを利用するというのはとても望ましいやり方です。多くのコンテキストで新しいインタフェースを利用できるようになるためです。同様に、コードの中で利用するインタフェースは可能なかぎりシンプルなものであるべきです。標準ライブラリで定義されたインタフェースを利用できるなら、なおよいでしょう。例として、ファイルの内容を読み込むためのメソッドを作成しているという状況について考えてみましょう。このメソッドのユーザーに対して、multipart.File型の値を要求するということも可能ではあります。しかし、ここで代わりにio.Reader型の値を求めるようにすれば、コードの柔軟性を大幅に高めることができます。ユーザーが定義した型も含めて、Readメソッドが実装されていればどんなオブジェクトでも受け取れるためです。

ioutil.ReadAllメソッドは、末端に到達するまでio.Readerからすべてのバイト列を読み込みます。つまり、クライアントから送られたバイト列を受け取っているのはこのメソッドです。次にfilepath.Joinとfilepath.Extを使い、useridの値を元に保存先のファイル名の文字列を生成します。ファイル名の拡張子は、元のファイルと同じもの（multipart.FileHeaderを使って元のファイル名が取得できます）にします。

ioutil.WriteFileメソッドを呼び出し、avatarsフォルダーに新規ファイルを作成してデータを保存します。Gravatarと同じやり方で、ファイル名に含まれるuseridの値でユーザーと画像を関連づけています。0777という値は、すべてのユーザーに対してこのファイルへのすべてのアクセス権を与えるということを意味します。どのようなアクセス権を与えればよいかわからないという場合には、この値をデフォルト値として使うのもよいでしょう[*1]。

いずれかの処理でエラーが発生した場合、レスポンスとしてエラーの内容が書き出されます。デバッグの際にはこの情報が参考になるでしょう。エラーがなかった場合、「成功」というメッセージが書き出されます。

main.goのfunc mainに次の行を追加し、上の新しいハンドラの関数を/uploaderに関連づけましょう。

    http.HandleFunc("/uploader", uploaderHandler)

下のコマンドを実行してアプリケーションを再起動します。一旦ログアウトしてからログインしな

[*1] 監訳注：このデータを、サーバー上の他のユーザー（chatのユーザーは関係ない）が書き込みできる必要がなければ0644、読み込みも必要なければ0600のほうがよいでしょう。

おし、新しいauthクッキーの値が使われるようにしましょう。

```
go build -o chat
./chat -addr=:8080
```

　http://localhost:8080/uploadにアクセスし、［参照］をクリックします。ハードディスク上のファイルを選択して［アップロード］をクリックしたら、サーバー側のchat/avatarsフォルダーをチェックしてみましょう。ファイルがアップロードされ、useridに基づいた名前がつけられているはずです。

3.3.4　画像の提供

　サーバー上に画像の保管場所を用意できたので、次は保管された画像を各ユーザーのブラウザへと提供しましょう。net/httpパッケージに含まれている、組み込みのファイルサーバーを利用します。main.goに以下のコードを追加してください。

```
http.Handle("/avatars/",
    http.StripPrefix("/avatars/",
        http.FileServer(http.Dir("./avatars"))))
```

　実際には1行で記述できますが、読みやすさのために分割して表記しています。以前にも利用したhttp.Handleは、/avatars/というパスへのリクエストとハンドラを関連づけています。ここでは興味深いコードが使われています。http.StripPrefixとhttp.FileServerはともにhttp.Handler型の値を返します。このコードでは、2章で紹介したDecoratorパターンが取り入れられています。http.StripPrefix関数は、http.Handlerを受け取ってパスを変更（接頭辞の部分を削除）し、次のhttp.Handlerつまりhttp.FileServerに処理を渡しています。このhttp.FileServerは、静的なファイルの提供やファイルの一覧の作成、404エラーの生成などの機能を備えています。http.Dir関数は、公開しようとしているフォルダーを指定するために使われます。

　http.StripPrefixを使わなかった場合、リクエストのパスから/avatars/の部分が取り除かれません。この場合、実際のavatarsフォルダーの中にavatarsというサブフォルダーがあると解釈されます。つまり、/avatars/filenameにアクセスしても./avatars/avatars/filenameへのアクセスとみなされてしまいます。

　プログラムを再ビルドし、ブラウザでhttp://localhost:8080/avatars/にアクセスしてみましょう。avatarsフォルダーに置かれているファイルのリストが表示されます。画像ファイルへのリンクをクリックすると、画像の表示かダウンロードが始まります。まだファイルが置かれていないなら、http://localhost:8080/uploadにアクセスして画像をアップロードし、その後でリストのページにアクセスしなおしてください。

3.3.5 ローカルファイル向けのAvatarの実装

ファイルシステムに保存されたアバターを利用するために、あと1つ作業が残されています。Avatarインタフェースを実装した型を用意し、先ほど確認した画像のURLを参照するようにします。

まずはテストです。avatar_test.goに以下の関数を追加してください。

```go
func TestFileSystemAvatar(t *testing.T) {

    // テスト用のアバターのファイルを生成します
    filename := filepath.Join("avatars", "abc.jpg")
    ioutil.WriteFile(filename, []byte{}, 0777)
    defer func() { os.Remove(filename) }()

    var fileSystemAvatar FileSystemAvatar
    client := new(client)
    client.userData = map[string]interface{}{"userid": "abc"}
    url, err := fileSystemAvatar.GetAvatarURL(client)
    if err != nil {
        t.Error("FileSystemAvatar.GetAvatarURLはエラーを返すべきではありません")
    }
    if url != "/avatars/abc.jpg" {
        t.Errorf("FileSystemAvatar.GetAvatarURLが%sという誤った値を返しました", url)
    }
}
```

行われている検証の内容はGravatarAvatarへのテストとあまり変わりありませんが、コードは少し複雑になっています。avatarsフォルダーにテスト用のファイルを生成し、テストの終了後に削除するという処理が追加されました。

deferというキーワードとともに指定されたコードは、同じ関数内での処理の結果がどのようになった場合でも必ず実行されます[*1]。たとえテストのコードが異常終了したとしても、deferのついたコードは確実に呼び出されます。

他の部分のコードはシンプルです。client.userDataのuseridフィールドに値をセットし、GetAvatarURLが正しい値を返すかどうか確認します。もちろん、テストは失敗します。avatar.goに次のコードを追加し、テストを成功させましょう。

```go
type FileSystemAvatar struct{}
var UseFileSystemAvatar FileSystemAvatar
func (_ FileSystemAvatar) GetAvatarURL(c *client) (string, error) {
    if userid, ok := c.userData["userid"]; ok {
        if useridStr, ok := userid.(string); ok {
```

[*1] 訳注：log.Fatalやlog.Fatalln、os.Exitなどプロセスを終了する関数が呼ばれた場合は例外です（「5.4 得票数のカウント」参照）。

```
            return "/avatars/" + useridStr + ".jpg", nil
        }
    }
    return "", ErrNoAvatarURL
}
```

useridの値を元にして、画像のURL文字列が生成されています。現時点のコードはJPEG形式の画像の提供にしか対応しておらず、.jpgという拡張子がハードコードされています。

JPEGにしか対応しないというのは中途半端にも思えますが、アジャイルという観点からは完全に理にかなったアプローチです。JPEGに対応しているという状態は、どんな画像にも対応していない状態よりも改善しています。

続いてmain.goを修正し、新しいAvatarの実装が使われるようにします。

```
    r := newRoom(UseFileSystemAvatar)
```

いつものようにアプリケーションを再ビルドし、まだ画像をアップロードしていないならhttp://localhost:8080/uploadにアクセスしてJPEG画像を送信しましょう。動作確認のために、認証サービスやGravatarに登録しているものと違うものを使うとよいでしょう。画像をアップロードしたらhttp://localhost:8080/chatに移動し、メッセージを送信します。アップロードされた画像がメッセージとともに表示されるはずです。

プロフィール画像を変更するには、/uploadのページで新しい画像をアップロードしなおします。そして/chatのページに戻り、メッセージを送信してみましょう。

3.3.5.1　他形式のファイルへの対応

JPEG形式以外のファイルにも対応できるように、FileSystemAvatar型のGetAvatarURLメソッドをより賢くしてみます。

固定的な文字列を組み合わせる代わりに、ioutil.ReadDirメソッドを使ってすべてのファイルのリストを取得し、この中から適切なファイルを探すという処理を行います。このリストにはディレクトリも含まれているため、IsDirメソッドを使って処理対象からディレクトリを除外しています。

それぞれのファイルについて、ファイル名がuseridフィールドの値で始まるかどうかをチェックします（画像ファイルへの名前づけの方法を思い出しましょう）。このチェックにはfilepath.Match[*1]が使われます。マッチしている場合、そのファイルが正しい画像ファイルだということになり、該当するファイルのパスが返されます。マッチしたファイルがなかった場合には、他の実装と同

[*1]　監訳注：原著ではpath.Matchを使っていますが、pathパッケージはURLなどのパスに使い、ファイルシステムのパスにはfilepathを使うべきです。

様に ErrNoAvatarURL エラーが返されます[*1]。

avatar.go で、該当の部分のコードを以下のように変更してください。

```go
func (_ FileSystemAvatar) GetAvatarURL(c *client) (string, error) {
  if userid, ok := c.userData["userid"]; ok {
    if useridStr, ok := userid.(string); ok {
      if files, err := ioutil.ReadDir("avatars"); err == nil {
        for _, file := range files {
          if file.IsDir() {
            continue
          }
          if match, _ := filepath.Match(useridStr+"*", file.Name());
              match {
            return "/avatars/" + file.Name(), nil
          }
        }
      }
    }
  }
  return "", ErrNoAvatarURL
}
```

念のため、avatars フォルダーを一旦空にしてからプログラムを再ビルドしましょう。今度は、JPEG 以外の形式の画像をアップロードしても正しく表示されます。

3.3.6　リファクタリングと最適化

ここで Avatar 型の使われ方について考えてみましょう。メッセージが送信されるたびに、GetAvatarURL が呼び出されています。また、現在のコードではこのメソッドが呼ばれるたびに avatars フォルダー内のすべてのファイルが探索されます。おしゃべり好きなユーザーがこのアプリケーションを利用したら、短い間におびただしい回数のファイル処理が行われることになります。明らかに、これはリソースの無駄遣いです。遅かれ早かれ、スケーラビリティの問題にもつながることでしょう。

メッセージの送信のたびに毎回アバターの URL を取得するのではなく、ログインの時に一度だけ取得を行い、auth クッキーに URL を保存するようにしてみます。ただし現状の Avatar インタフェースでは、GetAvatarURL メソッドは client オブジェクトを受け取るようになっています。ユーザー認証の時点では、client オブジェクトはまだ生成されていません。

[*1] 監訳注：filepath.Glob を使えばもっと簡単にできます。詳細は付録 B を参照してください。

ここで、そもそもAvatarインタフェースの設計が誤りだったという考え方もできます。しかし、そんなことはありません。それぞれの時点で、入手可能なすべての情報を元にして我々はベストの判断を行ってきました。だからこそ、きちんと動作するチャットアプリケーションをとても迅速に作成できたのです。開発のプロセスを通じてソフトウェアは進化し、常に変化を続けるものです。コードのライフサイクルの中で、まったく変化しないということはあり得ません。

3.3.6.1　具象型をインタフェースに置き換える

`GetAvatarURL`は、呼び出される時点ではまだ利用できない値に依存しているということがわかりました。そこで、何らかの対策が必要になります。例えば、必要なフィールドを個別に引数として渡すという変更が考えられます。しかし、こうするとインタフェースが不安定なものになってしまいます。いずれかの`Avatar`の実装で新しい種類の情報が必要になるたびに、メソッドのシグネチャーを変更しなければならなくなるためです。代わりに、`Avatar`の実装が必要とする情報をカプセル化した新しい型を定義することにします。こうすれば、特定のケースへの依存を避けられます。

`auth.go`を開き、以下のコードを先頭に（もちろん、`package`文に続いて）追加してください。

```
import gomniauthcommon "github.com/stretchr/gomniauth/common"
type ChatUser interface {
  UniqueID() string
  AvatarURL() string
}
type chatUser struct {
  gomniauthcommon.User
  uniqueID string
}
func (u chatUser) UniqueID() string {
  return u.uniqueID
}
```

`import`文では、Gomniauthの`common`パッケージをインポートし、`gomniauthcommon`という名前をつけています。現状のコードではパッケージ名の競合は発生していないため、ここまでする必要はありません。しかし、こうすればコードをわかりやすくできます[*1]。

また、上のコードでは`ChatUser`という新しいインタフェースが定義されています。ここには、`Avatar`の実装がURLを生成するために必要な情報が保持されます。続いて、このインタフェースを実装した`chatUser`（小文字で始まっています）構造体が定義されます。ここでは、型の埋め込み（type embedding）というとても興味深いGoの機能が使われています。`gomniauth/common.User`という型が埋め込まれ、`chatUser`は自動的にGomniauthの`User`インタフェースを実装したことに

[*1]　監訳注：そもそも`common`や`lib`、`util`などはよくないパッケージ名であると考えられています。

なります。

　ChatUserインタフェースでは2つのメソッドが要求されているのに、chatUserではそのうち1つしか実装されていないことに気づいたでしょうか。これは、GomniauthのUserインタフェースでもAvatarURLメソッドが定義されているためです。GomniauthのUserフィールドに適切な値がセットされていれば、インスタンス化されたchatUser構造体はGomniauthのUserインタフェースと我々のChatUserインタフェースをともに実装しているということになります。

3.3.6.2　TDDに基づいたインタフェースの変更

　Avatarインタフェースとその実装を変更して、新しいChatUser型を利用するようにしましょう。TDDに従った開発では、この変更はまずテストのコードに対して行い、コンパイルエラーを発生させます。そしてそのエラーを修正し、テストが失敗するのを確認してからこれを成功させるための変更を行います。

　avatar_test.goに記述されているTestAuthAvatarを、以下のように変更してください。

```go
func TestAuthAvatar(t *testing.T) {
  var authAvatar AuthAvatar
  testUser := &gomniauthtest.TestUser{}
  testUser.On("AvatarURL").Return("", ErrNoAvatarURL)
  testChatUser := &chatUser{User: testUser}
  url, err := authAvatar.GetAvatarURL(testChatUser)
  if err != ErrNoAvatarURL {
    t.Error("値が存在しない場合、AuthAvatar.GetAvatarURLは " +
        "ErrNoAvatarURLを返すべきです")
  }
  testUrl := "http://url-to-avatar/"
  testUser = &gomniauthtest.TestUser{}
  testChatUser.User = testUser
  testUser.On("AvatarURL").Return(testUrl, nil)
  url, err = authAvatar.GetAvatarURL(testChatUser)
  if err != nil {
    t.Error("値が存在する場合、AuthAvatar.GetAvatarURLは " +
        "エラーを返すべきではありません")
  } else {
    if url != testUrl {
      t.Error("AuthAvatar.GetAvatarURLは正しいURLを返すべきです")
    }
  }
}
```

先ほどのコードで行ったのと同様に、gomniauthtestとしてgomniauth/testパッケージをインポートする必要があります。

新しいインタフェースを定義する前にこのインタフェースを利用したコードを記述するというのは、我々の思考の健全さを確かめる方法として適しています。これはTDDがもたらすもう1つのメリットでもあります。上のテストでは、Gomniauthに含まれるTestUserを生成してChatUser型の値にセットしています。そしてこのchatUserをGetAvatarURLメソッドに渡し、以前の例と同様にアサーションを行っています。

GomniauthのTestUserでは、Testifyパッケージに含まれるモック関連の機能が利用されています。詳細についてはhttps://github.com/stretchr/testifyで確認してください。OnとReturnの両メソッドは、特定のメソッドが呼び出された際のふるまいをTestUserに対して指示するためのものです。上のテストではこれらが2回使われています。1つ目ではAvatarURLがエラーを返し、2つ目では同じくAvatarURLがtestUrlを返すとされています。テストの中でカバーしようとしている2つの実行結果が、両メソッドによって再現されています。

TestGravatarAvatarとTestFileSystemAvatarのテストについては、変更はとても簡単です。これらはUniqueIDメソッドにのみ依存しており、このメソッドが返す値は容易にコントロールできるためです。

avatar_test.goで、残る2つのテストを以下のように書き換えましょう。

```go
func TestGravatarAvatar(t *testing.T) {
  var gravatarAvatar GravatarAvatar
  user := &chatUser{uniqueID: "abc"}
  url, err := gravatarAvatar.GetAvatarURL(user)
  if err != nil {
    t.Error("GravatarAvatar.GetAvatarURLはエラーを返すべきではありません")
  }
  if url != "//www.gravatar.com/avatar/abc" {
    t.Errorf("GravatarAvatar.GetAvatarURLが%sという誤った値を返しました", url)
  }
}
func TestFileSystemAvatar(t *testing.T) {
  // テスト用のアバターのファイルを生成します
  filename := filepath.Join("avatars", "abc.jpg")
  ioutil.WriteFile(filename, []byte{}, 0777)
  defer func() { os.Remove(filename) }()

  var fileSystemAvatar FileSystemAvatar
  user := &chatUser{uniqueID: "abc"}
  url, err := fileSystemAvatar.GetAvatarURL(user)
  if err != nil {
    t.Error("FileSystemAvatar.GetAvatarURLはエラーを返すべきではありません")
  }
  if url != "/avatars/abc.jpg" {
```

```
        t.Errorf("FileSystemAvatar.GetAvatarURLが%sという誤った値を返しました", url)
    }
}
```

もちろん、このテストのコードはコンパイルさえできません。Avatarインタフェースをまだ修正していないためです。このインタフェースが持つGetAvatarURLメソッドのシグネチャーを変更し、client型ではなくChatUser型を受け取るようにします。

```
GetAvatarURL(ChatUser) (string, error)
```

内部的なchatUser構造体ではなく、大文字で始まるChatUserインタフェースが使われています。GetAvatarURLメソッドが受け取れる型を、より柔軟にするということが意図されています。

このコードのビルドを試みても、まだコンパイルは成功しません。GetAvatarURLメソッドのすべての実装が、依然としてclientオブジェクトを受け取るとされているからです。

3.3.6.3　既存の実装への修正

このようにしてインタフェースを変更すると、コンパイルエラーという形で変更の影響範囲を自動的に判定でき便利です。もちろん、他人が利用するパッケージではインタフェースの変更はもっと慎重に行うべきです。

ともかく、ここでは3つの実装について新しいインタフェースに準拠するように修正します。それぞれのメソッドの中で、新しいChatUser型を利用するようにします。まず、FileSystemAvatarでの実装は次のようになります。

```go
func (_ FileSystemAvatar) GetAvatarURL(u ChatUser) (string, error) {
    if files, err := ioutil.ReadDir("avatars"); err == nil {
        for _, file := range files {
            if file.IsDir() {
                continue
            }
            if match, _ := filepath.Match(u.UniqueID()+"*", file.Name()); match {
                return "/avatars/" + file.Name(), nil
            }
        }
    }
    return "", ErrNoAvatarURL
}
```

clientのuserDataフィールドにアクセスする代わりに、ChatUserインタフェースのUniqueIDメソッドが呼び出されています。

AuthAvatarへの変更は以下のとおりです。

```
func (_ AuthAvatar) GetAvatarURL(u ChatUser) (string, error) {
  url := u.AvatarURL()
  if url != "" {
    return url, nil
  }
  return "", ErrNoAvatarURL
}
```

新しいコードはとてもシンプルです。必要なコードの量を減らすというのは、常によいことです。AvatarURLメソッドを呼び出してURLを取得し、空でなかった場合にはこの値を返し、空の場合にはErrNoAvatarURLエラーを返します。

最後にGravatarAvatarでの実装についても、次のように変更しましょう。

```
func (_ GravatarAvatar) GetAvatarURL(u ChatUser) (string, error) {
  return "//www.gravatar.com/avatar/" + u.UniqueID(), nil
}
```

3.3.6.4 グローバル変数とフィールド

ここまでのコードでは、room型がAvatarの実装をフィールドとして保持していました。こうすれば、チャットルームごとに異なるアバターを利用できます。しかし、ユーザーにとってはどのアバターが利用されるかわからないという問題があります。現状の実装ではチャットルームは1つしかないので、まずはグローバル変数を使ったアプローチでアバターの実装を選択できるようにしてみます。

グローバル変数とは、型定義の外で定義されている変数を指します。パッケージ内のどこからでもアクセスでき、公開されていればパッケージ外からのアクセスも可能です。アバターの実装の種類といったシンプルな設定項目を保持したいなら、グローバル変数を利用するのが簡単です。main.goで、import文の後に以下の行を追加してみましょう。

```
// 現在アクティブなAvatarの実装
var avatars Avatar = UseFileSystemAvatar
```

ここではavatarsというグローバル変数が定義されています。ユーザーのアバターのURLが必要な際に、この値が使われます。

3.3.6.5 新しい設計の実装

すべてのメッセージについてGetAvatarURLを呼び出している部分のコードを、(authクッキー経由で) userDataにキャッシュされている値を取得するように変更します。client.goの中で、msg.AvatarURLに値をセットしているコードを、次のように変更してください。

```
    if avatarURL, ok := c.userData["avatar_url"]; ok {
      msg.AvatarURL = avatarURL.(string)
    }
```

続いてauth.goのloginHandlerの中で、provider.GetUserを呼び出しているコードを探してください。そしてauthCookieValueに値をセットしている部分の直前までのコードを、以下のように置き換えてください。

```
    user, err := provider.GetUser(creds)
    if err != nil {
      log.Fatalln("ユーザーの取得に失敗しました", provider, "-", err)
    }

    chatUser := &chatUser{User: user}
    m := md5.New()
    io.WriteString(m, strings.ToLower(user.Email()))
    chatUser.uniqueID = fmt.Sprintf("%x", m.Sum(nil))
    avatarURL, err := avatars.GetAvatarURL(chatUser)
    if err != nil {
      log.Fatalln("GetAvatarURLに失敗しました", "-", err)
    }
```

ここではchatUser型の値を生成し、Userフィールド（埋め込まれた型です）にGomniauthから取得したuserをセットしています。そしてMD5アルゴリズムを使ってユーザーIDのハッシュ値を算出し、uniqueIDフィールドに保持しています。

ここまでの作業のおかげで、早期にavatars.GetAvatarURLを呼び出してアバターのURLを取得できるようになりました。auth.goでauthCookieValueを生成している部分を変更し、アバターのURLをクッキーの中にキャッシュするようにします。メールアドレスについては、使われなくなったので保存する必要はありません。

```
    authCookieValue := objx.New(map[string]interface{}{
      "userid": chatUser.uniqueID,
      "name":   user.Name(),
      "avatar_url": avatarURL,
    }).MustBase64()
```

Avatarの実装によって行われる処理（すべてのファイルの探索など）がどんなに大変なものであっても、ユーザーがログインした時に1回だけ呼び出されるようになり、負荷は大幅に軽減されました。以前のコードのように、メッセージを送信するたびに処理が行われるようなことはありません。

3.3.6.6　コードの整理とテスト

最後に、リファクタリングをして蓄積されてきた余分なコードを取り除きましょう。

Avatarの実装をチャットルームに保持することはなくなったので、該当のフィールドやその参照

をroom型の定義から削除します。room.goでroom構造体の定義からavatar Avatarの行を削除
し、newRoomメソッドを次のように変更してください。

```
func newRoom() *room {
  return &room{
    forward: make(chan *message),
    join: make(chan *client),
    leave: make(chan *client),
    clients: make(map[*client]bool),
    tracer: trace.Off(),
  }
}
```

他のコードへの影響を知るために、こまめにコンパイルを行いましょう。コンパイルエ
ラーを通じて、影響の範囲がわかります。

また、main.goでnewRoom関数に渡している引数も削除します。現在のコードでは、この引数で
はなくグローバル変数が使われています。

以上の変更を行っても、エンドユーザーにとってのエクスペリエンスに変わりはありません。一般
的に、リファクタリングによって変更されるのは内部での処理だけです。公開のインタフェースは変
化せず、安定が保たれます。

golintやgo vetなどのツールをあわせて実行し、コードがベストプラクティスに従っ
ていることやGoでのマナーに反していないことを確認するとよいでしょう。例えば、コ
メントの不足や不適切な関数名などを検出できます。

3.4　3つの実装の統合

この章の締めくくりとして、すべてのAvatarの実装を切り替えながらURLを取得するようなし
くみを作ることにします。1つ目の実装がErrNoAvatarURLエラーを返したら2つ目の実装を呼び出
すというように、利用可能なURLが見つかるまで順にそれぞれの実装が使われます。

avatar.goでAvatar型が定義されている部分に続けて、次の型定義を追加してください。

```
type TryAvatars []Avatar
```

TryAvatarsはAvatarオブジェクトのスライスです。下のようにGetAvatarURLメソッドを追加
できます。

```go
func (a TryAvatars) GetAvatarURL(u ChatUser) (string, error) {
  for _, avatar := range a {
    if url, err := avatar.GetAvatarURL(u); err == nil {
      return url, nil
    }
  }
  return "", ErrNoAvatarURL
}
```

これによって、TryAvatarsもAvatarインタフェースを満たした実装になります。つまり、個々の実装を呼び出す代わりにTryAvatarsを呼び出せるようになりました。ここでは、スライスに含まれるそれぞれのAvatarオブジェクトに対してGetAvatarURLが呼び出されています。その結果エラーが発生しなかった場合には、URLが呼び出し元に返されます。エラーが発生したら、スライス内の次のAvatarオブジェクトが使われます。すべてのAvatarに対して問い合わせを行っても値を取得できなかった場合、インタフェースの定義に従ってErrNoAvatarURLが返されます。

続いてmain.goでグローバル変数avatarsの定義を変更し、先ほどの新しい実装に置き換えます。

```go
var avatars Avatar = TryAvatars{
  UseFileSystemAvatar,
  UseAuthAvatar,
  UseGravatar}
```

ここではスライスでもあるTryAvatars型の値を生成し、3つのAvatarの実装をセットしています。ここに記述されている順に、URLの取得が試みられます。つまり、ここではまずユーザーが画像をアップロードしているかチェックされます。なかった場合には、次に認証サービスに画像が登録されているかどうかのチェックが行われます。どちらにも画像がない場合、GravatarのURLが生成されます。Gravatarにも画像の登録がないという場合には、Gravatarが提供するデフォルトの画像が表示されます。

新しい機能の動作を確認するには、以下のようにします。

1. 次のコマンドを実行し、アプリケーションのビルドと再起動を行います。
   ```
   go build -o chat
   ./chat -addr=:8080
   ```
2. http://localhost:8080/logoutにアクセスし、一旦ログアウトします。
3. avatarsフォルダーに置かれている画像ファイルをすべて削除します。
4. http://localhost:8080/chatにアクセスしてログインします。
5. メッセージを送信し、その時に表示されるプロフィール画像を覚えておきます。
6. http://localhost:8080/uploadに移動し、別のプロフィール画像をアップロードします。
7. ログアウトしてログインしなおします。
8. 再びメッセージを送信します。新しいプロフィール画像が使われるようになります。

3.5 まとめ

　この章では、我々のチャットアプリケーションにプロフィール画像を表示させるための方法を3つ紹介しました。まず、認証サービスに対して画像のURLを要求しました。ユーザーのデータに対してGomniauthによる抽象化が行われており、ユーザーがメッセージを送信するたびに画像がユーザーインタフェース上に現れます。Goでのデフォルトであるゼロ値による初期化のしくみを利用すれば、インスタンスをまったく生成しなくてもAvatarインタフェースの実装を切り替えながら利用できます。

　ユーザーがログインすると、クッキーにデータが保存されます。アプリケーションを修正しても、クッキーは変更されずに残ります。そこでログアウトの機能を追加し、クッキーへの変更がすぐに反映されるようにしました。この機能はエンドユーザーも利用できます。また、Bootstrapを使うようにコードを少し変更するだけで、アプリケーションの外見を劇的に向上させました。

　GravatarのAPIを利用するために、MD5アルゴリズムを使ったハッシュ値の計算も行いました。認証サービスから提供されるメールアドレスの文字列からハッシュ値を算出し、プロフィール画像のURLの一部として利用します。メールアドレスがGravatarに登録されておらず、画像を利用できない場合には、デフォルトの画像が代わりに表示されます。つまり、画像がないせいでレイアウトが崩れるということはありません。

　続いて画像をアップロードするためのフォームを用意し、ファイルサーバーの機能と組み合わせました。avatarsフォルダーに置かれたファイルをHTTP経由で公開するために、標準ライブラリに含まれるhttp.FileServerというハンドラを利用しました。ただし、このしくみにはファイルシステムへのアクセスが過度に発生し非効率だという問題がありました。そこで、ユニットテストの助けを借りながらリファクタリングを行いました。当初はメッセージが送信されるたびにGetAvatarURLメソッドが呼び出されていましたが、リファクタリング後のコードではログイン時に1回だけしか呼び出されないようになり、スケーラビリティが大幅に向上しました。

　インタフェースを構成する要素の1つとして、ErrNoAvatarURLというエラーの値を定義しました。このエラーは、URLの値を取得できなかった場合に返されます。スライス型TryAvatarsを定義した際に、このエラーが大きな役割を果たしました。また、このスライス型にもAvatarインタフェースを実装したため、3つの方法の実装を順に試しながらURLを取得するという処理がとても簡単になりました。ここではまずファイルシステムに対して取得が試みられ、なければ認証サービス、そしてGravatarがチェックされます。ここでユーザーに対する追加の負担はありません。URLが存在せずErrNoAvatarURLが返された場合、自動的に次の実装が呼び出されます。

　きちんと使えるチャットアプリケーションができたので、友人を招待して実際にチャットしてみましょう。しかしその前に、アプリケーションが利用するドメイン名を決める必要がありそうです。次の章では、このトピックに取り組みます。

4章
ドメイン名を検索するコマンドラインツール

　ここまでの章で作成してきたチャットアプリケーションは今にも世界を席巻しようとしていますが、まずはインターネット上でアプリケーションを公開する場を決めなければなりません。友人を会話に招待する前に、Goのコードを実行してサービスを提供するための、正当かつキャッチーで利用可能なドメイン名を選んで取得する必要があります。ドメイン名取得サービスのサイトで何時間も費やして空きドメインを探す代わりに、いくつかのコマンドラインツールを作成して探索を助けてもらうことにします。これらのツールの開発を通じて、Goの標準ライブラリを使ったターミナル上でのインタラクションや他のアプリケーションの呼び出しについても学びます。コマンドラインツールでのパターンやベストプラクティスもいくつか紹介します。

　この章で学ぶ事柄は以下のとおりです。

- コマンドライン上だけで動作するアプリケーションのビルド方法。コードは1行でもかまいません
- 標準入出力を利用した他のアプリケーションと組み合わせ可能にするための方法
- サードパーティーによるRESTとJSONのAPIにアクセスする方法
- Goのコードで標準入力と標準出力のパイプを利用する方法
- ストリーム形式の入力元から1行ずつデータを読み込む方法
- WHOISクライアントを作成してドメインに関する情報を取得する方法
- セキュリティ上重要なデータやデプロイ先ごとに異なる情報を環境変数として保持する方法

4.1　パイプに基づくコマンドラインツールの設計

　作成しようとしているのは、標準入出力（stdinとstdoutとも呼ばれます）を使ってユーザーや他のツールとやり取りを行うコマンドラインツール群です。それぞれのツールは標準入力からデータを1行ずつ読み込み、何らかの処理を行い、その結果を1行ずつ標準出力に書き出します。書き出されたデータはユーザー向けに表示されたり、次のツールに渡されたりします。

デフォルトでは、標準入力はユーザーのキーボードに関連づけられ、標準出力はターミナルのウィンドウに関連づけられています。これらはいずれも、<や>のメタ文字を使ってリダイレクトが可能です。NUL（Windowsの場合）や/dev/null（Unixの場合）に出力先をリダイレクトすれば、出力結果を捨てることができます。ファイルにリダイレクトすれば、出力結果をファイルに保存できます。パイプ記号（|）を使えば、あるプログラムからの出力を別のプログラムへの入力として渡せます。このパイプのしくみを使い、さまざまなツールを組み合わせて実行できます。例えばプログラムoneからの出力をプログラムtwoに渡すには、次のようにしてコマンドを実行します。

```
one | two
```

これから作成するツールは行単位で処理を行い、1行に1つずつ記述された文字列（各行は改行文字で区切られます）を解釈していきます。パイプやリダイレクトを指定しない場合、標準入力と標準出力を使ってターミナル上で直接やり取りできます。テストやデバッグの際に便利です。

4.2　5つのシンプルなプログラム

ここでは5つの小さなプログラムを作成し、最後にこれらすべてを組み合わせて実行します。それぞれの概要は以下のとおりです。

`sprinkle`
　　Web向きな語句（sprinkle word）をいくつか生成し、空いているドメイン名が見つかる確率を高めます。

`domainify`
　　受け取った文字列を、ドメイン名として利用できる正当なものに変換します。不正な文字を削除し、空白文字をハイフンに変換し、適切なトップレベルドメイン（.comや.netなど）を末尾に追加します。

`coolify`
　　受け取った語の母音を加工することによって、Web 2.0風のしゃれた語に変換します。

`synonyms`
　　サードパーティーのAPIを使って類語を探します。

`available`
　　WHOISサーバーを利用し、ドメイン名が利用可能かどうかをチェックします。

1つの章で5つもプログラムを作るのかと思われたかもしれません。しかし、Goではきちんと機能するプログラムもとても小さく書けるので心配は無用です。

4.2.1 sprinkle

　最初に作成するプログラムでは、受け取った語に別の言葉を連結し、まだ使われていないドメイン名がより多く見つかるようにします。多くの企業も同様のアプローチに基づいて、コアとなるメッセージを含む.comのドメイン名を取得しています。例えばchatという語を渡すと、このプログラムはchatappという言葉を返すかもしれません。talkを渡せば、lets talkが返されるかもしれません。

　ここではmath/randパッケージを使っています。コンピューターによるふるまいの予測可能性を下げ、プログラムにランダム性を与えています。我々のシステムを実際以上に賢く見せることができるでしょう。

　sprinkleプログラムでは次のようなコードが必要になります。

- さまざまな文字列の変換方法（末尾にappを加える、先頭にgetを加える、など）を配列として表現します。元の語が現れる場所に特別な文字を使った文字列によって変換方法を示します。
- bufioパッケージを使って標準入力から語を読み込み、変換された語をfmt.Printlnで標準出力に書き出します。
- math/randパッケージを使い、変換方法をランダムに選択します。

これから作成するプログラムはすべて、$GOPATH/srcディレクトリに置くことにします。例えば読者のGOPATHが~/Work/projects/goを指しているなら、プログラムのディレクトリは~/Work/projects/go/srcの中に作ることになります。

　$GOPATH/srcディレクトリにsprinkleというサブディレクトリを作成し、この中にmain.goというファイルを作成します。そして、以下のコードを入力してください。

```
package main
import (
  "bufio"
  "fmt"
  "math/rand"
  "os"
  "strings"
  "time"
)
const otherWord = "*"
var transforms = []string{
  otherWord,
  otherWord,
  otherWord,
  otherWord,
```

```
        otherWord + "app",
        otherWord + "site",
        otherWord + "time",
        "get" + otherWord,
        "go" + otherWord,
        "lets " + otherWord,
}
func main() {
        rand.Seed(time.Now().UTC().UnixNano())
        s := bufio.NewScanner(os.Stdin)
        for s.Scan() {
          t := transforms[rand.Intn(len(transforms))]
          fmt.Println(strings.Replace(t, otherWord, s.Text(), -1))
        }
}
```

　以降のコードでは、読者が自身で適切にimport文を記述するものとします。記述の手助けとなるヒントを付録Aで紹介しています。

　sprinkleのプログラムは上のコードだけです。定数と変数そしてmain関数の3つが定義されています。mainはsprinkleへの入り口となる関数で、必ず記述しなければなりません。otherWordという文字列の定数は、変換後の文字列のどこに元の語が現れるかを示すための目印です。例えばotherWord+"extra"のようにコードを記述すれば、元の語の末尾に続けてextraが追加されるということが明確になります。

　変換方法はtransformsという文字列のスライスに格納されています。例えば末尾にappを加えたり、先頭にletsを加えたりする変換が定義されています。このような変換を自分で追加してもかまいません。クリエイティブな変換方法を探しましょう[*1]。

　main関数では、まず乱数の元となるシードという値を現在の時刻から生成しています。コンピューターは真にランダムな乱数を作り出すことはできないのですが、シードとして異なる値を与えることによってランダムなように見える値を生成できます。時刻をナノ秒単位で表現した値を使っているのは、プログラムを実行するたびに異なる値を得るためです（システムクロックがリセットされるようなことはないものとします）。

　続いてbufio.NewScannerによってbufio.Scannerオブジェクトが生成されます。このオブジェクトは、os.Stdinつまり標準入力のストリームからデータを読み込むように指定されています。この章で作成するプログラムはすべて標準入力から読み込み、標準出力に書き出しているため、上のようなコードが共通のパターンとして使われています。

[*1] 訳注：同じ変換方法が複数回出現しているのは、ランダムな選択にヒットする確率を高めるためです。

bufio.Scannerは入力元として任意のio.Readerを指定できます。したがって、標準入力以外にもさまざまな入力元を利用できます。例えばこのプログラムへのユニットテストでは、独自のio.Readerの型を定義してbufio.Scannerに与えるといったことが可能です。こうすれば、標準入力のふるまいを再現する必要はありません[*1]。

デフォルトでは、bufio.Scannerは特定の区切り文字（改行文字など）で区切られたバイト列を1つずつ読み込みます。区切り方を関数として自分で定義することも、あらかじめ標準ライブラリに用意されているものを利用することもできます。例えばbufio.ScanWordsでは、改行文字ではなく空白文字で区切ることによって単語を1つずつ読み込めます。我々のプログラムではそれぞれの行には1つの単語（または短い語句）が含まれることになっているため、デフォルトの行単位の区切りを問題なく利用できます。

bufio.ScannerのScanメソッドを呼び出すと、次のブロック（つまり次の行）のデータが入力元から読み込まれます。そして、データが見つかったか否かを表す真偽値が返されます。この戻り値はforループの継続条件として使われます。データがあればScanはtrueを返し、forループは実行されます[*2]。入力データの末尾に到達すると、Scanがfalseを返すためループは終了します。読み込まれたバイト列は、bufio.Scannerに対してBytesメソッドを呼び出すと取得できます[*3]。また、Textメソッドを使うとバイト列（スライス）を文字列に変換してくれるためさらに便利です。

1行分のデータが読み込まれるたびに、rand.Intnを使ってスライスtransformsの中から項目がランダムに選択されます。そしてotherWordの文字列は元の語で置き換えられます。最後にfmt.Printlnが呼び出され、置き換えの結果がデフォルトの標準出力に書き出されます。

下のコマンドを実行してプログラムをビルドし、実際に使ってみましょう[*4]。

```
go build -o sprinkle
./sprinkle
```

ここでは読み込み元としてパイプやリダイレクトを指定していないため、ターミナルからユーザーの入力を待ち受けるというデフォルトのふるまいになります。例えばchatと入力し、リターンキーを押してみましょう。プログラムは読み込んだ文字列の末尾にある改行文字を検出し、文字列を変換して出力します。何回かchatと入力した場合の実行例を示します。

[*1] 監訳注：strings.NewReader、bytes.NewReaderなどがよく使われます。
[*2] 監訳注：forループの後で、Errメソッドでエラーがあったかチェックするとよいでしょう。
[*3] 監訳注：Bytesが返すのは内部バッファのスライスなので、次にScanを呼び出すと内容が更新されてしまいます。その代わりコピーは行われません。Textが返すのはバイト列から生成された文字列なので、Scanを呼び出した後に違う文字列に変わってしまうことはありません。ただし、コピーが行われます。
[*4] 監訳注：go buildのように（-oオプションを使わなければ）現在のフォルダー名と同じ名前のコマンドが現在のフォルダーに作られます。go installとすれば、$GOPATH/binに作られます。$GOPATH/binをPATH環境変数に加えておくと便利です。

```
chat
gochat
chat
lets chat
chat
chat
```

ターミナルの実行中はScanメソッドがfalseを返すことがないため、ループは無限に繰り返されプログラムは終了しません[*1]。パイプやリダイレクトが使われている場合は、入力元のプログラムが終了したりファイルが末尾に到達したりすると読み込みは終了します。今回の例では、終了するにはCtrl + Cを押します。

次のプログラムに進む前に、別の入力元も指定してみましょう。echoコマンドを実行して文字列を生成し、パイプを使ってこの文字列をsprinkleに渡します。

```
echo "chat" | ./sprinkle
chattime
```

今回は、語を1回変換して出力するだけでプログラムは終了します。echoコマンドが1行分の出力を行うだけで終了し、パイプが閉じられるためです。

1つ目のツールはこれで完成です。シンプルですが、きちんと機能します。

4.2.1.1 練習問題（変換方法のカスタマイズ）

配列transformsの内容をハードコードするのではなく、テキストファイルやデータベースなどから読み込んでカスタマイズできるようにしてみましょう。

4.2.2 domainify

sprinkleから出力される語の中には、ドメイン名として利用できない文字（空白文字など）が含まれていることがあります。そこで、domainifyという別のプログラムを作成することにします。受け取った文字列をドメイン名として適切なものに変換し、末尾にトップレベルドメイン（TLD）を追加します。sprinkleフォルダーが置かれているのと同じ場所にdomainifyフォルダーを作成し、以下のコードを含むmain.goというファイルを作成してください[*2]。

```
package main
var tlds = []string{"com", "net"}
const allowedChars = "abcdefghijklmnopqrstuvwxyz0123456789_-"
func main() {
  rand.Seed(time.Now().UTC().UnixNano())
  s := bufio.NewScanner(os.Stdin)
```

[*1] 監訳注：UnixならCtrl + D、WindowsならCtrl + Zで入力の終わりを表せます。
[*2] 監訳注：必要なパッケージをインポートするのを忘れないようにしましょう。

```
    for s.Scan() {
      text := strings.ToLower(s.Text())
      var newText []rune
      for _, r := range text {
        if unicode.IsSpace(r) {
          r = '-'
        }
        if !strings.ContainsRune(allowedChars, r) {
          continue
        }
        newText = append(newText, r)
      }
      fmt.Println(string(newText) + "." + tlds[rand.Intn(len(tlds))])
    }
  }
```

domainifyとsprinkleの共通点に気づかれたでしょうか。rand.Seedを使って乱数のシード値をセットし、os.StdinをラップしてNewScannerメソッドを呼び出し、入力データがなくなるまでデータを1行ずつ読み込み続けています。

読み込まれた文字列は、まず小文字に変換されます。そしてnewTextという名前の、rune型のスライスが用意されます。strings.ContainsRuneメソッドを使い、allowedCharsに含まれる文字だけをnewTextに追加してゆきます。空白文字があった場合（unicode.IsSpaceを使って判定します）には、ドメイン名として利用可能なハイフンに置き換えます。

文字列に対してrangeを実行すると、それぞれの文字の位置を表すインデックスの値と、文字を数値として表したrune型の値（int32の別名です）の2つが返されます。runeと文字そして文字列については、http://blog.golang.org/stringsで詳しく解説されています[*1]。

newTextをruneのスライスから文字列へと変換し、末尾に.comまたは.netを追加します。最後に、fmt.Printlnを使って文字列を出力します。

ビルドと実行には次のコマンドを使います。

```
go build -o domainify
./domainify
```

下のような文字列を入力し、処理結果を確認してみましょう。

- Monkey

[*1] 監訳注：インデックスは、文字列の中の何バイト目かを表しています。文字列はUTF-8として解釈されるので、インデックスの値は、何文字目かを表しているわけではありません。

- `Hello Domainify`
- `"What's up?"`
- `One (two) three!`

例えば`One (two) three!`と入力すると、one-two-three.comのような処理結果を得られるでしょう。

次に、sprinkleとdomainifyを組み合わせて実行してみます。ターミナルで1つ上のフォルダー（$GOPATH/src）に移動し、次のコマンドを実行しましょう。

`./sprinkle/sprinkle | ./domainify/domainify`

ここではまずsprinkleが実行され、そこからの出力がdomainifyに渡されます。sprinkleへの入力元とdomainifyからの出力先はともにターミナルです。例えば、何回かchatと入力してみましょう。以前の処理結果と似ているけれども、正しいドメイン名として利用できる文字列が出力されるはずです。このようにパイプを使うことによって、複数のコマンドラインツールを組み合わせて実行できるようになります。

4.2.2.1　練習問題（トップレベルドメインのカスタマイズ）

トップレベルドメインとして.comと.netしか指定できないというのはかなり不自由です。コマンドラインフラグを通じて、トップレベルドメインのリストを指定できるようにしてみましょう。

4.2.3　coolify

chatなどのような一般的な言葉を使ったドメイン名は、すでに使われていることがほとんどです。そこで、語のうち母音の部分に手を加えてみましょう。例えばaを削除したchtや、逆に追加したchaatなどは使われている確率がやや下がるでしょう。さほどクールというわけではなく、若干時代遅れの方法ではあるのですが、元の言葉に似せながら未使用のドメイン名を獲得する方法として有力です。

3つ目のプログラムcoolifyは、入力として語を受け取り、母音の部分を変化させたものを書き出します。

sprinkleやdomainifyと同様にcoolifyフォルダーを作成し、以下のようにmain.goを作成してください。

```go
package main
const (
  duplicateVowel bool = true
  removeVowel bool = false
)
func randBool() bool {
  return rand.Intn(2) == 0
}
```

```go
func main() {
  rand.Seed(time.Now().UTC().UnixNano())
  s := bufio.NewScanner(os.Stdin)
  for s.Scan() {
    word := []byte(s.Text())
    if randBool() {
      var vI int = -1
      for i, char := range word {
        switch char {
        case 'a', 'e', 'i', 'o', 'u', 'A', 'E', 'I', 'O', 'U':
          if randBool() {
            vI = i
          }
        }
      }
      if vI >= 0 {
        switch randBool() {
        case duplicateVowel:
          word = append(word[:vI+1], word[vI:]...)
        case removeVowel:
          word = append(word[:vI], word[vI+1:]...)
        }
      }
    }
    fmt.Println(string(word))
  }
}
```

このコードもsprinkleやdomainifyに似ていますが、やや複雑です。コードの先頭で、duplicateVowelとremoveVowelという2つの定数が宣言されています。これらは後の部分のコードをより読みやすくするために使われます。具体的には、2つ目のswitch文で母音を削除するかどうかの判定にこれらの定数が使われています。単にtrueやfalseを使うだけの場合と比べて、我々の意図を明確に表現できます。

次に、ヘルパー関数randBoolが定義されます。この関数は、trueまたはfalseをランダムに返します。内部ではrandパッケージを使って乱数を発生させ、その値がゼロかどうか判断しています。ここでの乱数の値はゼロか1のいずれかなので、50パーセントの確率でtrueが返されることになります。

main関数の冒頭部分は、ここまでの2つのプログラムと同様です。rand.Seedメソッドにシード値を与え、標準入力からbufio.Scannerを生成し、ループの中で1行ずつデータを読み込んでいます。そしてrandBoolを呼び出し、変換を行うか否かを決定しています。つまり、coolifyが変換を行う確率はほぼ半分です。

文字列中のそれぞれのruneについて、母音かどうか判定します。ここでもrandBoolを呼び出し、trueが返された場合にのみ母音の文字の位置を変数vIにセットしています。falseが返された場合

にはその文字はスキップされ、以降の文字へとチェックが進みます。こうすることによって、ランダムな位置の母音が変換されるようになります。常に同じ変換結果が返されるということを防げます。

変換対象の母音が決まったら、三たびrandBoolを呼び出して具体的な処理を選択します。

冒頭で定義した定数がここで使われます。これらの定数を使わない場合、switch文は以下のようになります。

```
switch randBool() {
case true:
  word = append(word[:vI+1], word[vI:]...)
case false:
  word = append(word[:vI], word[vI+1:]...)
}
```

このようなコードでは、trueやfalseの意味がわからないため処理内容の理解が難しくなります。ここでduplicateVowel（母音を重ねる）とremoveVowel（母音を削除する）という定数が用意されていれば、randBoolが返す値の意味を誰もが理解できます。

上記のコードは次のように書いたほうがより明確になるでしょう。

```
func duplicateVowel(word []byte, i int) []byte {
  return append(word[:i+1], word[i:]...)
}

func removeVowel(word []byte, i int) []byte {
  return append(word[:i], word[i+1:]...)
}

...

  if randBool() {
    word = duplicateVowel(word, vI)
  } else {
    word = removeVowel(word, vI)
  }
```

　スライスに続けてドットを3つ記述すると、スライス中の各項目を独立した引数として渡すことができます[*1]。あるスライスの内容を別のスライスに追加する際に、このようなコードがよく使われます。case節の中で、母音を追加または削除するという処理がスライスに対して行われています。スライスを再作成し、append関数を使って元の語の一部を含む新たな語を生成しています。図4-1で、スライスの中でどの部分が使われるかを示します。

[*1]　監訳注：引数として、そこで可変長引数を受け取るようになっている場合です。

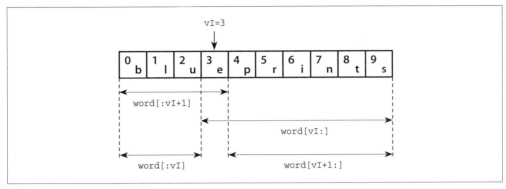

図4-1 スライスの一部を指す記法

　例えばblueprintsという言葉を読み込ませて、eの文字が変換対象として選ばれたとします。この場合、vIの値は3になります。コードの中で使われているそれぞれのスライスは、表4-1のようになります。

表4-1　それぞれのスライスが指す値

スライス	値	意味
word[:vI+1]	blue	語の先頭から、選択されている母音までを含むスライス（コロンに続けて記述された値の直前までが取り出されるため、選択されている母音の文字自体も含めるには1を加算する必要がある）
word[vI:]	eprints	選択されている母音の位置から、語の末尾までを含むスライス
word[:vI]	blu	語の先頭から、選択されている母音の直前までを含むスライス
word[vI+1:]	prints	選択されている母音の次にある文字から、語の末尾までを含むスライス

　変換を行ったら、その結果をfmt.Printlnで出力します。

　次のコマンドを実行してcoolifyをビルドし、実際に試してみましょう。

```
go build -o coolify
./coolify
```

　例えばblueprintsと何度か入力すると、下のような変換が行われます。

```
blueprnts
bleprints
bluepriints
blueprnts
blueprints
bluprints
```

　次に、パイプを使ってsprinkleやdomainifyをcoolifyと組み合わせてみます。ターミナルで、cdコマンドを使って上のフォルダーに移動し、以下のようにコマンドを実行してください。

```
./sprinkle/sprinkle | ./coolify/coolify | ./domainify/domainify
```

すると、まず入力された値に別の語が追加され、続いて母音が変換されます。そしてその結果がさらに、ドメイン名として適切なものへと変換されます。いくつか単語を入力し、どのようなドメイン名が提案されるか調べてみましょう。

4.2.4 synonyms

ここまでのプログラムはいずれも、入力された語に対して変換を行うだけのものでした。より実用的なシステムにするために、4つ目のプログラムではサードパーティーのAPIを使って類語を取得します。これを使えば、元の意味を保ったままでさまざまな異なるドメイン名を提案できるようになります。sprinkleやdomainifyなどとは異なり、ここで作成するsynonymsは入力された語に対して複数の処理結果を返します。このことによるパイプのアーキテクチャーへの影響はありません。ここまでに作成したプログラムはいずれも、複数行の入力を受け取れるためです。

synonymsはBig Huge Thesaurus（https://words.bighugelabs.com）を利用します。ここではとてもクリーンでシンプルなAPIが提供されています。GET形式のHTTPリクエストを1回送信するだけで、類語を検索できます。

今後このAPIが変更されたり消滅してしまったりした場合（これがインターネットというものです）には、https://github.com/matryer/goblueprintsで代替のコードを紹介する予定です。

Big Huge ThesaurusのAPIを利用するには、APIキーと呼ばれる値が必要です。上記のWebサイトにサインアップすると取得できます。

4.2.4.1 環境変数を使った設定

APIキーは設定にとって重要な情報であり、他人と共有するべきではありません。この値はコードの中に定数として記述することもできますが、こうするとコードを共有しようとした際にAPIキーも共有しなければなりません。オープンソースプロジェクトでは特に、このことは不都合です。また、APIキーの期限が切れたり別のAPIキーを使いたくなったりした場合に再コンパイルが必要になります。

ここでのよりよい解決策は、APIキーの値を環境変数に保持するというものです。こうすれば、必要に応じて簡単に変更することもできます。開発向けと実運用向けで異なるAPIキーを利用するということも可能になります。この際にシステムレベルでの変更は必要ありません。また、環境変数のしくみはすべてのオペレーティングシステムに用意されているため、クロスプラットフォーム性という観点からも好都合です。

BHT_APIKEYという環境変数を作成し、値としてAPIキーを指定しましょう。

例えばbashシェルを使っているなら、~/.bashrcなどのファイルに次のようなexportコマンドを記述します。

```
export BHT_APIKEY=abc123def456ghi789jkl
```

Windowsでは、コンピューターのプロパティを開いて［システムの詳細設定］の中にある［環境変数］で指定を行います。

4.2.4.2 取得したデータの解釈

ブラウザでhttp://words.bighugelabs.com/apisample.php?v=2&format=jsonにアクセスすると、loveという語の類語を検索した場合に返されるJSONデータの例を確認できます。具体的には次のようになります。

```
{
  "noun":{
    "syn":[
      "passion",
      "beloved",
      "dear"
    ]
  },
  "verb":{
    "syn":[
      "love",
      "roll in the hay",
      "make out"
    ],
    "ant":[
      "hate"
    ]
  }
}
```

このAPIを実際に利用すると、上の例よりもずっと多くの語が返されます。ただ、ここで重要なのはデータ構造です。このレスポンスには、verb（動詞）やnoun（名詞）ごとに分類された語が含まれています。それぞれの分類の中で、さらにsyn（synonym、類語）とant（antonym、対義語）に分類された語が配列として格納されています。このデータの中で、我々にとって関心があるのは類語だけです。

上のJSON形式の文字列をコードの中で利用できるような形に変換するには、encoding/jsonパッケージを利用します。これを使い、独自のデータ構造へとデコードします。我々のプロジェクト

以外でも利用できるように、データの取得と解釈はツールのコードに埋め込まず、再利用可能なパッケージとして定義することにします。他のプログラムと同様に、$GOPATH/srcにthesaurusフォルダーを作成します。そしてbighuge.goファイルを作成し、以下のコードを入力してください。

```go
package thesaurus
import (
  "encoding/json"
  "errors"
  "net/http"
)
type BigHuge struct {
  APIKey string
}
type synonyms struct {
  Noun *words `json:"noun"`
  Verb *words `json:"verb"`
}
type words struct {
  Syn []string `json:"syn"`
}
func (b *BigHuge) Synonyms(term string) ([]string, error) {
  var syns []string
  response, err := http.Get("http://words.bighugelabs.com/api/2/" +
      b.APIKey + "/" + term + "/json")
  if err != nil {
    return syns, fmt.Errorf("bighuge: %qの類語検索に失敗しました: %v", term, err)
  }
  var data synonyms
  defer response.Body.Close()
  if err := json.NewDecoder(response.Body).Decode(&data); err != nil {
    return syns, err
  }
  syns = append(syns, data.Noun.Syn...)
  syns = append(syns, data.Verb.Syn...)
  return syns, nil
}
```

BigHuge型にはAPIキーのフィールドと、APIにアクセスして受け取ったレスポンスを解釈して返すSynonymsメソッドとが定義されています。コードの中で興味深いのは、synonymsとwordsという2つの構造体です。これらはJSON形式のレスポンスをGoのデータとして保持するために使われます。synonymsには名詞と動詞がwords型のフィールドとして保持されます。words型にはSynというフィールドがあり、ここにそれぞれの語がスライスとしてセットされます。フィールドの定義に続けてバッククオート(`)で囲まれているのはタグと呼ばれ、encoding/jsonパッケージに対してJSONでのフィールドとGoでのフィールドの関連づけを指定するために使われます。このプログラムでは両者の名前が異なるため、タグの指定は必須です。

JSONではすべて小文字の名前が使われるのが一般的ですが、Goのプログラムでは先頭が大文字の名前を使う必要があります。それぞれのフィールドをエクスポートし、encoding/jsonパッケージに存在を知らせる必要があるためです。フィールド名がすべて小文字だと、encoding/jsonパッケージに無視されてしまいます。ただし、synonymsとwordsという2つの型自体についてはエクスポートの必要はありません。

　Synonymsは語を引数として受け取ります。この語とAPIキーを含むURLを生成し、類語検索のAPIのエンドポイントに対してhttp.Getを使ってリクエストを行います。何らかの理由でこのリクエストが失敗した場合、エラーを表す値が生成されて呼び出し元に返されます[*1]。

　リクエストに成功した場合、レスポンスの本体（io.Reader型）をjson.NewDecoderメソッドに渡し、バイト列からsynonyms型へとデコードを行って結果をdata変数にセットします。リソースをきちんと解放するために、レスポンスの本体を閉じるCloseが最後に呼び出されるようにしています。また、動詞と名詞の中から類語だけを取り出してスライスsynsにまとめています（Goに組み込みのappend関数が使われます）[*2]。

　上のコードではBigHuge Thesaurusのサービスを利用していますが、他の選択肢も考えられます。そこで、より汎用的なインタフェースとしてThesaurusを定義し、thesaurusパッケージに追加することにします。thesaurusフォルダーにthesaurus.goというファイルを作成し、以下のインタフェース定義を記述してください。

```
package thesaurus
type Thesaurus interface {
  Synonyms(term string) ([]string, error)
}
```

　このシンプルなインタフェースには、メソッドが1つだけ定義されています。検索語（term）を文字列として受け取り、類語を含む文字列のスライスかエラー（処理に失敗した場合）を返します。BigHuge型はすでにこのインタフェースに準拠しています。誰か別の開発者が、他のサービス（Dictionary.comやMerriam-Websterなど）を利用したThesaurusの実装を作成することもできます。

　続いて、この新しいパッケージを利用するプログラムを作成します。$GOPATH/srcフォルダーにsynonymsというサブフォルダーを作成し、以下のコードを含むファイルmain.goを追加しましょう。

```
package main
```

[*1] 監訳注：404 not foundなどのHTTPでのエラーレスポンスの場合は、ここではエラーにならず、response.StatusCodeをチェックすることによってわかります。

[*2] 監訳注：data.Nounやdata.Verbはnilになることがあるので、Synにアクセスする前にnilチェックが必要です。

```go
func main() {
  apiKey := os.Getenv("BHT_APIKEY")
  thesaurus := &thesaurus.BigHuge{APIKey: apiKey}
  s := bufio.NewScanner(os.Stdin)
  for s.Scan() {
    word := s.Text()
    syns, err := thesaurus.Synonyms(word)
    if err != nil {
      log.Fatalf("%qの類語検索に失敗しました: %v\n", word, err)
    }
    if len(syns) == 0 {
      log.Fatalf("%qに類語はありませんでした\n")
    }
    for _, syn := range syns {
      fmt.Println(syn)
    }
  }
}
```

上のコードでは省略している import 文を追加すれば、類語検索プログラムの完成です。ここには Big Huge Thesaurus の API が組み込まれています。

このプログラムの main 関数では、まず os.Getenv が呼び出されて環境変数 BHT_APIKEY の値が取得されます。万全を期すなら、この環境変数に値が正しくセットされていることを確認し、そうでない場合にはエラーを発生させるほうがよいでしょう。とりあえず今回のコードでは、すべてが適切に設定されているという前提で処理を進めます。

続いて、os.Stdin から 1 行ずつデータを読み込むというおなじみの処理が行われます。読み込んだ語を渡して Synonyms メソッドを呼び出し、類語のリストを取得しています。このメソッドの呼び出しが失敗した場合、log.Fatalf が呼び出されます。標準エラー出力にエラーの内容が書き出され、1 という終了コード（ゼロ以外の値はエラーを表します）を返してプログラムは終了します。

下のコマンドを使い、プログラムをビルドして実行します。例えば chat といった語を入力し、どのような類語があるか調べてみましょう。

```
go build -o synonyms
./synonyms
chat
confab
confabulation
schmooze
New World chat
Old World chat
conversation
thrush
wood warbler
chew the fat
shoot the breeze
```

```
chitchat
chatter
```

このAPIでは実際のデータに対して検索が行われているため、上とは異なる検索結果が返されるかもしれません。いずれにせよ、重要なのは語句を入力として渡すと類語のリストが1行ずつ出力されるという点です。

ここまでに作成してきたプログラムを、さまざまな順番で組み合わせて呼び出してみましょう。最終的な組み合わせ方法については後ほど紹介します。

4.2.4.3　ドメイン名の提案

ここまでに作成した4つのプログラムを組み合わせるだけでも、ドメイン名を提案するツールとして十分に便利です。その際に必要なのは、それぞれのプログラムの入力と出力をパイプでつなぐことだけです。ターミナルで上位フォルダーに移動し、次のようにコマンド（実際には1行）を実行してみましょう。

```
./synonyms/synonyms | ./sprinkle/sprinkle | ./coolify/coolify |
./domainify/domainify
```

先頭に指定されているsynonymsは、ターミナルつまりユーザーのキー操作を入力として受け取ります。また、末尾のdomainifyは処理結果をターミナルに出力します。そしてそれぞれのプログラムは、語のリストを受け取って何らかの処理を行い、その結果を次のプログラムに渡します。

ユーザーが最初に入力した語を元に、ドメイン名がいくつか提案されます。ユーザーがchatと入力してリターンキーを押した場合の出力例を示します。

```
getcnfab.com
confabulationtim.com
getschmoozee.net
schmosee.com
neew-world-chatsite.net
oold-world-chatsite.com
conversatin.net
new-world-warblersit.com
gothrush.net
lets-wood-wrbler.com
chw-the-fat.com
```

提案されるドメイン名の数は、類語の数と等しくなります。入力として与えた以上の出力を返すのがsynonymsだけだからです。

現時点では、提案されたドメイン名がすでに使われてしまっているかどうかわからないという最大の問題点が残されています。つまり、提案されたドメイン名が存在するか1つ1つ自分でチェックしなければなりません。続いて作成するのは、この操作を自動化してくれるプログラムです。

4.2.5　available

最後のプログラムavailableは、指定されたドメイン名の詳細についてWHOISサーバーに問い合わせます。ここで何も情報が返されなければ、そのドメイン名は未使用つまり取得可能ということになります。しかし面倒なことに、WHOISの仕様（http://tools.ietf.org/html/rfc3912）はとても小さく、ドメインに関する問い合わせへのレスポンスについて何も定めていません。したがって、レスポンスの形式はサーバーごとに異なり、これらすべての形式に対応するのは非常に面倒です。そこで今回は、ある1つのWHOISサーバーだけを対象にします。ここでは、指定されたドメインについての情報がない場合のレスポンスにNo matchというメッセージが含まれることがわかっています。

よりきちんとしたツールでは、WHOISでのメッセージの構造（そしてエラーメッセージ）をしっかり定義したインタフェースが必要になります。そして、さまざまなWHOISサーバーに対応して複数の実装が作られることになると思われます。おそらく読者の想像どおりに、これは大変な作業です。オープンソース形式で開発するのがよいでしょう。

他のツールと同じように、$GOPATH/srcにavailableフォルダーを作成します。この中にmain.goというファイルを作成し、下のコードを入力してください。

```
package main

func exists(domain string) (bool, error) {
  const whoisServer string = "com.whois-servers.net"
  conn, err := net.Dial("tcp", whoisServer+":43")
  if err != nil {
    return false, err
  }
  defer conn.Close()
  conn.Write([]byte(domain + "\r\n"))
  scanner := bufio.NewScanner(conn)
  for scanner.Scan() {
    if strings.Contains(strings.ToLower(scanner.Text()), "no match") {
      return false, nil
    }
  }
  return true, nil
}
```

このexistsでは、WHOISの仕様で定義されている数少ない事柄の1つが実装されています。す

なわち、whoisServerで指定されたサーバーのポート43に対して、net.Dialを使って接続を開きます。そして、最後にこの接続が閉じられるようにしています。この関数がどのように終了したか（成功、失敗、異常終了）にかかわらず、deferとともに指定されたコードは最後に必ず実行されます。そして接続が開かれたら、ドメイン名と\r\n（復帰と改行を表す文字）を送信します。仕様で定義されているのはここまでで、以降の処理は我々に任されています。

ここでは、レスポンスの中にno matchという文字列が含まれるかどうかチェックします。この結果を通じて、ドメインの存在を確認しています。ドメインが存在するということは、WHOISサーバーがそのドメインに関する情報を持っているということです。いつものbufio.Scannerのメソッドを使い、レスポンスを1行ずつ読み込んでいます。接続を表すnet.ConnをNewScannerメソッドに渡すことができるのは、net.Connがio.Readerでもあるからです。大文字と小文字を区別しなくてもよいようにstrings.ToLowerを使って大文字を小文字に変換し、strings.Containsを使ってno matchという文字列が含まれるかどうか調べます。含まれる場合は、このドメイン名は存在しないということになるのでfalseを返します。含まれない場合はtrueを返します。

com.whois-servers.netで提供されているWHOISサービスでは、.comと.netのTLDに対応しています（domainifyプログラムで2つしかTLDを利用していないのには、このような事情もあったのです）。より多くのTLDに対応できるかどうかは、WHOISサーバー次第です。

main関数を追加し、この中でexists関数を呼び出してドメインが利用可能か調べてみましょう。下のコードで使われている○と×は、どうしても必要というわけではありません。これらの文字に非対応のターミナルを使っているなら、OKとNGなどに置き換えてもよいでしょう。

以下のコードを、main.goに追加します。

```go
var marks = map[bool]string{true: "○", false: "×"}
func main() {
  s := bufio.NewScanner(os.Stdin)
  for s.Scan() {
    domain := s.Text()
    fmt.Print(domain, " ")
    exist, err := exists(domain)
    if err != nil {
      log.Fatalln(err)
    }
    fmt.Println(marks[!exist])
    time.Sleep(1 * time.Second)
  }
}
```

ここでは、os.Stdinからやって来るデータを1行ずつ読み込み、fmt.Printを使ってドメイン名を出力します。まだ改行はしたくないので、fmt.Printlnは使いません。exists関数にドメイン名を渡して利用可能かどうかチェックし、その結果を出力します。ここでは改行が必要なので、出力にはfmt.Printlnを使います。

最後に、WHOISサーバーの負荷の上昇を避けるためにtime.Sleepを使って処理を1秒間休止します。

ほとんどのWHOISサーバーでは、過負荷の状態を避けるために何らかの方法でリクエストの制限を行っています。制限を受けないようにするために、クライアント側で処理のペースを落とすというのは理にかなっています。一方、これはユニットテストの際にも有意義です。テストのたびに、読者のコンピューターのIPアドレスからWHOISサーバーへのアクセスが集中して発生するというのは望ましい状態ではないはずです。最も適切なのは、実際のWHOISサーバーの代わりに模擬的なレスポンスを返してくれるオブジェクト（スタブと呼ばれます）を用意することです。

コードの先頭にあるマップmarksは、返された真偽値を人間が読んで理解できる文字列に変換するという便利な役割を果たしています。これがあれば、fmt.Println(marks[!exist])という1行だけでレスポンスの内容をわかりやすく表示できます。我々にとってはドメイン名が空いているかどうかに関心がありますが、existはドメイン名が空いていない場合にtrueになります。そのため、existを否定した値を元に処理を行っています。

○と×の文字を問題なく利用できるのは、GoのコードにはUTF-8を用いると定められているためです。これらの文字を入力するには、Webで検索してコピー＆ペーストするのが最も簡単です[*1]。特殊文字を入力するための方法が、プラットフォームごとに用意されていることもあります。

main.goのimport文を適切に記述したら、下のコマンドを使ってavailableを実行します。

```
go build -o available
./available
```

availableが起動したら、いくつかドメイン名を入力してみましょう。

```
packtpub.com
packtpub.com ×
google.com
google.com ×
madeupdomain1897238746234.net
madeupdomain1897238746234.net ○
```

現在すでに使われているドメイン名については、末尾に×が表示されます。適当な英数字を組み合わせたドメイン名（最後の例）は、使われていないため○が表示されました。

[*1] 訳注：日本語環境では、IMEによる変換結果の文字を使ってもよいでしょう。

4.3 5つのプログラムをすべて組み合わせる

以上で5つのプログラムが完成しました。これらをすべて組み合わせ、我々のチャットアプリケーションが利用できるドメイン名を探してみましょう。最もシンプルな方法は、これまでに行ってきたようにターミナル上でパイプを使って入出力を連結するというものです。

ターミナルを開いて5つのプログラムの親フォルダーに移動し、次のコマンド（実際には1行）を実行してください。

```
./synonyms/synonyms | ./sprinkle/sprinkle | ./coolify/coolify |
./domainify/domainify | ./available/available
```

そして何か語を入力すると、これに基づいていくつかドメイン名が提案され、それぞれが利用可能かどうかチェックされます。

例えばchatと入力すると、以下のような処理が行われます。

1. chatという語がsynonymsに渡され、類語のリストが取得されます。
    - confab
    - confabulation
    - schmooze

2. 結果がsprinkleに渡され、Web向きの語が先頭や末尾に追加されます。
    - confabapp
    - goconfabulation
    - schmoozetime

3. 結果がcoolifyに渡され、母音が変化します（しないこともあります）。
    - confabaapp
    - goconfabulatioon
    - schmooozetime

4. 結果がdomainifyに渡され、ドメイン名として正当な文字列に変換されます。
    - confabaapp.com
    - goconfabulatioon.net
    - schmoozetime.com

5. 最後に、結果がavailableに渡され、ドメイン名が使用済みかどうかをWHOISサーバーに問い合わせます。
    - confabaapp.com ×
    - goconfabulatioon.net ○
    - schmooze-time.com ○

4.3.1　すべてを実行するためのプログラム

　プログラムをパイプでつなぐというしくみ自体はエレガントですが、ユーザーインタフェースとしてはあまりエレガントではありません。ツールを実行しようとするたびに、プログラム名とパイプの組み合わせからなるとても長い文字列を入力しなければなりません。そこで、別のGoプログラムを作成し、この中でos/execパッケージを使ってそれぞれのプログラムを実行するようにします。ここまでの例と同様に、それぞれのプログラムの入出力はパイプでつながっています。

　5つのプログラムのフォルダーと同じところにdomainfinderフォルダーを作成し、この中にサブフォルダーlibも作成してください。このlibに5つのプログラムのバイナリを置こうとしていますが、プログラムを変更するたびに手動でコピーを行うのは面倒です。そこで、ビルドを行ってバイナリをlibに置くというスクリプトを用意することにします[*1]。

　domainfinderフォルダーの中のbuild.sh（Unixマシンの場合。Windowsではbuild.bat）というファイルに、以下のコードを入力してください。

```
#!/bin/bash
echo domainfinderをビルドします...
go build -o domainfinder
echo synonymsをビルドします...
cd ../synonyms
go build -o ../domainfinder/lib/synonyms
echo availableをビルドします...
cd ../available
go build -o ../domainfinder/lib/available
echo sprinkleをビルドします...
cd ../sprinkle
go build -o ../domainfinder/lib/sprinkle
echo coolifyをビルドします...
cd ../coolify
go build -o ../domainfinder/lib/coolify
echo domainifyをビルドします...
cd ../domainify
go build -o ../domainfinder/lib/domainify
echo 完了
```

　このスクリプトは、まだ作成していないdomainfinderも含めてすべてのプログラムをビルドします。domainfinderを除き、バイナリはlibフォルダーに置かれます。Unixではchmod +x build.shなどのコマンドを使い、スクリプトを実行可能にする必要があります。ターミナル上でこのスクリプトを実行し、5つのバイナリがlibフォルダーに置かれているか確認しましょう。

[*1]　監訳注：go installすれば、ビルドして生成されたコマンドは$GOPATH/binに置かれるので、$GOPATH/binにあるコマンドを使うようにすればこのようなスクリプトは不要です。

利用可能なGoのソースファイルがないというエラーについては、今は無視してもかまいません。domainfinderをビルドしようとした際に、.goファイルがなかったためにこのエラーが発生するでしょう。

domainfinderフォルダーに、以下のコードを含むmain.goというファイルも作成してください。

```go
package main
var cmdChain = []*exec.Cmd{
  exec.Command("lib/synonyms"),
  exec.Command("lib/sprinkle"),
  exec.Command("lib/coolify"),
  exec.Command("lib/domainify"),
  exec.Command("lib/available"),
}
func main() {
  cmdChain[0].Stdin = os.Stdin
  cmdChain[len(cmdChain)-1].Stdout = os.Stdout

  for i := 0; i < len(cmdChain)-1; i++ {
    thisCmd := cmdChain[i]
    nextCmd := cmdChain[i+1]
    stdout, err := thisCmd.StdoutPipe()
    if err != nil {
      log.Panicln(err)
    }
    nextCmd.Stdin = stdout
  }

  for _, cmd := range cmdChain {
    if err := cmd.Start(); err != nil {
      log.Panicln(err)
    } else {
      defer cmd.Process.Kill()
    }
  }

  for _, cmd := range cmdChain {
    if err := cmd.Wait(); err != nil {
      log.Panicln(err)
    }
  }
}
```

os/execパッケージは、Goプログラムから外部のプログラムやコマンドを実行する際に必要な機能がすべて用意されています。まず、スライスcmdChainには*exec.Cmdで表されるコマンドが実行の順に格納されています。

main関数の先頭で、1つ目のプログラムつまり`synonyms`にとっての標準入力のストリーム（`Stdin`）を、`domainfinder`にとっての標準入力（`os.Stdin`）に接続しています。そして、最後のプログラムつまり`available`にとっての標準出力のストリーム（`Stdout`）を、`domainfinder`にとっての標準出力（`os.Stdout`）に接続しています。ここまでのプログラムと同様に、データは標準入力から読み込まれ、処理結果は標準出力に書き出されるということになります。

次のブロックのコードでは、プログラムをつなげるための処理が行われます。それぞれのプログラムの標準出力が、直後のプログラムの標準入力と接続されます。

それぞれのプログラムがどこからデータを読み込み、どこに処理結果を書き出すかを示したのが**表4-2**です。

表4-2 各プログラムの入力元と出力先

プログラム	入力元（Stdin）	出力先（Stdout）
synonyms	domainfinderのStdin	sprinkle
sprinkle	synonyms	coolify
coolify	sprinkle	domainify
domainify	coolify	available
available	domanify	domainfinderのStdout

そしてそれぞれのコマンドの`Start`メソッドを呼び出し、プログラムをバックグラウンドで実行します。なお、`Run`メソッドを使ってもコマンドを実行できます。しかし、`Run`を呼び出すとコマンドが終了するまで呼び出し元のコードはブロックしてしまいます。今回のプログラムでは5つのコマンドを同時に実行してデータを受け渡しする必要があるため、`Run`は適していません。`Start`が失敗した場合、`log.Panicln`が呼び出されてパニックを発生させています。一方成功した場合には、`defer`を使って最後にコマンドのプロセスを終了するように指定しています。こうすることによって、main関数つまり`domainfinder`プログラムの終了時に、すべてのコマンドが終了していることが保証されます[1]。

コマンドの実行中には、それぞれのコマンドに対して再びループを実行して終了を待ちます。`domainfinder`自体が誤って早期に終了し、実行を終えていないコマンドを強制終了してしまうということを避けるためです。

`build.sh`または`build.bat`をもう一度実行してみましょう。以前と同じ機能を、`domainfinder`プログラムを使ってはるかに簡単に呼び出せるようになりました。

---

[1] 監訳注：`log.Panicln`の代わりに`log.Fatalln`を呼ぶと`defer`で設定した処理は実行されません。

4.4 まとめ

　この章ではモジュール性の高い小さなコマンドラインツールをいくつか作成し、これらを組み合わせると強力な処理が可能になるということを示しました。各ツール間に密結合の関係はないため、単体でも便利に利用できます。例えばavailableを実行してキーボードからドメイン名を入力すれば、そのドメイン名が空いているかどうかわかります。また、synonymsはコマンドライン版の類語検索ツールとしても利用できます。

　標準入力と標準出力のストリームを使うとプログラム間のデータの流れを定義できることや、パイプを使うとこの流れを簡単に組み替えられるということも学びました。

　Big Huge Thesaurusを使って類語を調べるツールでは、RESTに基づくAPIにアクセスしてJSON形式のレスポンスを取得し解釈するという処理を簡単に実現できました。当初はコードをシンプルにするために抽象化は行いませんでしたが、抽象化されたThesaurus型も定義しました。この型を独立したパッケージに置き、共有を容易にしました。WHOISサーバーにアクセスする例では、HTTPではなく生のTCPを使って通信を行いました。

　math/randパッケージを使うと、処理結果に多様性あるいは予測不可能性を与えられることもわかりました。(擬似的な)乱数に基づいて処理内容を選択すれば、実行のたびに異なる処理結果を得られます。

　最後に、総括的なプログラムとしてdomainfinderを作成しました。すべてのツールをまとめて呼び出すことができ、シンプルでクリーンかつエレガントなユーザーインタフェースが実現されました。

5章
分散システムと柔軟なデータの処理

　この章では、スキーマがなく構造の定まっていないデータと分散型のテクノロジーを使ってビッグデータの問題に取り組みます。ここで得られたスキルは他の課題にも適用できるでしょう。作成しようとしているシステムは、Twitterなどを使ったオンライン投票の時代がやって来ることを予感させてくれます。TwitterのストリーミングAPIを使い、ハッシュタグを含むツイートなどを検索します。その結果を投票に見立てて集計します。必要に応じて、スケールアウトしてシステムを強化することも可能です。ユースケースは面白みのあるものですが、この章で主眼を置いているのはコアのコンセプトや利用するテクノロジー自体です。これから紹介するアイデアは、現実に即した機能が求められるすべてのシステムに直接適用できるはずです。

スケールアウトあるいは水平方向のスケールとは、システムにノード（物理的なマシンなど）を追加して可用性やパフォーマンスまたは容量などを増やそうという試みです。Googleなどのビッグデータを扱う企業では、安価で入手しやすい（コモディティと呼ばれます）ハードウェアを追加してスケーラビリティを向上させています。Googleのソフトウェアやソリューションは、このしくみに適した形で作られています。一方、スケールアップあるいは垂直方向のスケールでは、個々のノードから利用できるリソースを追加することがめざされます。例えばマシンにメモリを追加したり、プロセッサのコア数を増やすといったことがスケールアップに該当します。

この章では次のようなトピックについて解説します。

- NoSQLの分散データベース。特に、MongoDBとのインタラクション
- 分散メッセージキュー。特に、Bit.lyのNSQとgo-nsqパッケージを使ったイベントのパブリッシュとサブスクライブ
- TwitterのストリーミングAPIを使ったツイートのライブ表示や、長期間のネットワーク接続の管理

- 内部で多くのgoroutineを実行しているプログラムを、適切に終了させる方法
- メモリ消費量の少ないチャネルを使ってシグナルを送受信する方法

5.1 システムの設計

基本的な設計を図として表現するというのはよいことです。多数のコンポーネントがそれぞれ異なる方法でやり取りを行うような、分散システムでは特に有意義です。ただし、ここであまり多くの時間を費やすべきではありません。詳細について行き詰まった場合などに、設計が変わることはよくあります。図5-1のような大まかな図を描き、それぞれの構成要素がどのように組み合わされるのか検討しましょう。

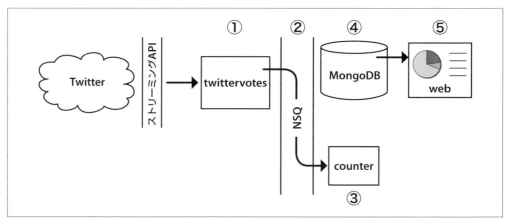

図5-1 システムの概要

この図では、作成しようとしているシステムの基本的な概要が示されています。

- Twitterは、みんなが大好きなソーシャルメディアネットワークです。
- TwitterのストリーミングAPIは、長期間のネットワーク接続を使ってツイートをほぼリアルタイムに表示するために使われます[*1]。
- twittervotesはこれから作成するプログラムです。ツイートを読み込み、投票データをメッセージキューにプッシュします。必要なツイートのデータを取得し、内容を元に投票対象を判別してNSQに書き込みます。
- NSQはオープンソースのリアルタイム分散メッセージングプラットフォームです。スケーラビリティを意識した設計になっており、Bit.lyが開発と保守を行っています。NSQインスタ

[*1] 翻訳時点では、残念ながらTwitterのストリーミングAPIは日本語にきちんと対応していません（https://dev.twitter.com/streaming/overview/request-parameters#track）。

ンスの間でメッセージを搬送し、関心を示しているすべてのユーザーに投票データを知らせます。
- counterも我々が作成するプログラムです。メッセージキュー上で投票結果を監視し、受け取ったデータを定期的にMongoDBデータベースに格納します。NSQから受け取った投票データをメモリ上で集計し、定期的にデータベース上の永続化されたデータも更新します。
- MongoDBはオープンソースのドキュメント指向データベースです。ここでもスケーラビリティが考慮されています。
- webはWebサーバーのプログラムです。次の章で作成する、リアルタイムの投票結果を公開する機能で使われます。

ツイートを読み込み投票を集計してユーザーインタフェース上にプッシュするという一連の処理を、1つのGoプログラムとして実装することも不可能ではありません。しかし、このようなやり方は実証実験としては優れているかもしれませんが、スケーラビリティは非常に限られています。我々の設計では、どのコンポーネントも必要に応じてスケールアウトが可能になっています。投票数は少ないけれども投票結果にアクセスするユーザーが多いという場合には、twittervotesとcounterのインスタンスは増やさずにwebとMongoDBのノードを増やすということが可能です。逆のシチュエーションにももちろん対応できます。

このデザインにはもう1つ長所があります。多数のコンポーネントのインスタンスが同時に動作しているため、1台のマシンが(システムのクラッシュや停電などによって)動作しなくなったとしても他のマシンが処理を引き受けられます。近年のアーキテクチャーでは、システムを地理的に分散させて自然災害からの影響を防ぐということがよく行われています。我々のアプリケーションでも、同様の対策を適用できます。

この章では、Goとの親和性(例えばNSQはGoだけを使って実装されています)やパッケージあるいはドライバーへの十分なテストという観点からいくつかの特定のテクノロジーを採用しています。しかし概念的には、読者がよいと思った任意のものを利用できます。

5.1.1 データベースの設計

MongoDBデータベースにはballots(投票)という名前をつけることにします。ここにはpolls(得票)というコレクションが1つ含まれています。このコレクションには、タイトルや選択肢そして得票数といった調査項目に関する詳細のデータが1つのJSONドキュメントとして保持されます。調査項目のデータは次のようになります。

```
{
  "_id": "???",
  "title": "調査のテスト",
  "options": ["one", "two", "three"],
  "results": {
```

```
        "one": 100,
        "two": 200,
        "three": 300
    }
}
```

`_id`はMongoDBによって自動生成され、それぞれの投票を識別するために使われます。`options`フィールドには、選択肢が文字列の配列として保持されます。具体的にはTwitterのハッシュタグなどが使われます。`results`フィールドはマップで、キーは選択肢であり値はその選択肢の得票数に対応します。

5.2　実行環境のインストール

この章で作成するコードは、外部の環境に依存しています。ビルドに先立って、依存しているシステムについてセットアップを行う必要があります。

https://github.com/matryer/goblueprints/blob/master/chapter5/README.mdに　追加のメモを用意しているので、依存しているシステムのインストールで問題が発生した場合に参考にしてください。

ほとんどの場合で、我々のプログラムを実行する前にmongodやnsqdなどのサービスを起動しておく必要があります。我々が作成しようとしているのは分散システムであり、複数のプログラムが同時に実行されて協力しながら動作します。例えばターミナルのウィンドウを複数開き、それぞれでサービスを起動します。

5.2.1　NSQ

NSQはメッセージキューの一種です。あるプログラムが別のプログラムに対して、メッセージあるいはイベントを送信できます。送信先のプログラムは複数でもよく、同一マシン上でもネットワーク接続された他のノード上にあってもかまいません。NSQを使うと、メッセージが配信されることを保証できます。つまり、すべての送信先に配信されるまでメッセージはNSQの内部にキャッシュされます。我々のプログラムに当てはめて考えると、例えばcounterプログラムを停止しても投票結果が失われることはありません。一方、fire and forget（送信したら忘れる）という形式のメッセージキューもあります。その場合、一定時間内に送信されなかった情報はもはや古いものとみなされて破棄されます。そして送信者は、受信者がメッセージを受け取るかどうかを気にしません。

メッセージキューという抽象化を行うと、システムを構成する各コンポーネントを分散させて実行できるようになります。この際の条件は、コンポーネントがネットワーク越しにメッセージキューにアクセスできるということだけです。コンポーネントのプログラムは他者から切り離されるため、特

定の目的を持ったマイクロサービスとして扱えます。大きな一枚岩のプログラムの中でデータが流れる様子を設計するのではなく、個々のマイクロサービスでの入力と出力を定義する必要があります。

NSQはメッセージをバイト列として送受信します。つまり、データをバイト列へとエンコードする方法は我々が決める必要があります。例えばJSON形式でエンコードを行ってもよく、必要なら何らかのバイナリ形式を使ってもかまいません。今回はデータのフィールドが1つだけのため、選択肢の文字列を追加のエンコードなしにそのまま送信することにします。

http://nsq.io/deployment/installing.htmlをブラウザで開き（あるいは「NSQ インストール」で検索）、読者の環境ごとの手順に従ってインストールを行ってください。コンパイル済みのバイナリをダウンロードしても、ソースコードからビルドしてもかまいません。homebrewがインストールされているなら、次のコマンドを実行するだけでNSQをインストールできます。

```
brew install nsq
```

インストールが完了したら、NSQのbinフォルダーをPATH環境変数に追加します。こうすると、NSQのツールをターミナルから簡単に実行できるようになります。

NSQが正しくインストールされたか確認するには、ターミナルを開いてnsqlookupdを実行します。正しくインストールされているなら、下のようなメッセージが表示されます。

```
nsqlookupd v0.3.6 (built w/go1.5.1)
HTTP: listening on [::]:4161
TCP: listening on [::]:4160
```

ここで表示されているデフォルトのポート番号を使い、NSQとのインタラクションを行います。以降のコードの中にもこれらのポート番号が使われるので、覚えておきましょう。

とりあえず、Ctrl + Cを押してnsqlookupdを終了させましょう。必要になった時に、再び起動させることにします。

我々にとって、NSQの中でキーとなるツールはnsqlookupdとnsqdの2つです。nsqlookupdは、NSQの分散環境のトポロジーに関する情報を管理しているデーモンプログラムです。特定のトピックに書き込みを行うすべてのnsqdを把握しており、これに関するクライアントからの問い合わせに応答できます。一方nsqdは、NSQでの重要な処理を受け持つデーモンプログラムです。参加者の間でメッセージを送受信したり、メッセージを待ち行列に入れたりします。NSQに関する基礎あるいはその他の情報は、http://nsq.io/で公開されています。

5.2.1.1　NSQドライバーとGo

NSQのツールはGoを使って記述されています。もちろん、Bit.lyの開発チームはNSQとのインタラクションを簡単に行えるようにするためのGoのパッケージを用意しています。これを入手するために、ターミナルで以下のコマンドを実行してください。

```
go get github.com/bitly/go-nsq
```

5.2.2 MongoDB

MongoDBはドキュメント指向のデータベースです。JSON形式のドキュメントが格納され、そこに含まれるデータに対して問い合わせが行われるというのが一般的です。それぞれのドキュメントはコレクションとしてグループ化されています。ドキュメント内のデータにスキーマは必要ありません。OracleやMicrosoft SQL ServerあるいはMySQLといった伝統的なRDBMSでの行とは異なり、各ドキュメントの形式が異なっていてもまったく問題はありません。例えばpeopleというコレクションの中に、次のような3つのJSONドキュメントが同時に含まれることもあります。

```
{"name":"マット","lang":"en","points":57}
{"name":"ローリー ","position":"スクラムマスター "}
{"position":"従来型管理職","exists":false}
```

このように、MongoDBはとても柔軟です。異なる構造のデータが共存でき、そのせいでパフォーマンスが低下したり記憶領域が浪費されるといったことはありません。ソフトウェアが時とともに進化すると予想される（ほぼ必ずそうなるでしょう）場合にも、この柔軟性が大きな効果を発揮します。

また、MongoDBはスケーラビリティが高く、しかも我々のアプリケーションでのように単一のマシンへのインストールも容易です。アプリケーションを実運用向けに公開する際には、データベースの分割（shard）や複製（replication）を伴うより複雑なシステムが使われるかもしれません。しかし当面の間は、mongodを実行するだけでも十分です。

http://www.mongodb.org/downloadsにアクセスし、最新バージョンのMongoDBを入手してインストールしましょう。先ほどと同様に、binフォルダーをPATH環境変数に追加してください。

インストールが成功したか確認するには、mongodコマンドを実行します。確認が済んだら、Ctrl + Cを押して終了してください。

```
mongod --dbpath /tmp
```

5.2.2.1 Go用のMongoDBドライバー

MongoDBとのインタラクションを簡単に行えるように、Gustavo Niemeyerはmgo（マンゴーと読みます）パッケージを開発してhttp://gopkg.in/mgo.v2で公開しています。下のgo getコマンドを実行すると取得できます。

```
go get gopkg.in/mgo.v2
```

5.2.3 実行環境の起動

必要なものは以上の手順ですべてインストールできました。これから、実行環境を起動してみます。具体的には、以下の操作を行います。

- `nsqlookupd`を起動し、我々の`nsqd`インスタンスを発見できるようにする
- `nsqd`を起動し、どの`nsqlookupd`を利用するか指定する
- `mongod`を起動してデータ関連のサービスを実行する

それぞれのデーモンプログラムは異なるターミナルのウィンドウで実行するのがよいでしょう。こうすれば、Ctrl + Cを押すだけでプログラムを終了できます。

この5.2.3節の解説は以降にも何度か読み返すことになるかと思います。ページ番号を覚えておくとよいでしょう。

まず、ターミナルのウィンドウで下のコマンドを実行します。

`nsqlookupd`

ここで表示されるTCPポートの番号（デフォルトは4160）を覚えておきましょう。別のターミナルのウィンドウを開き、次のコマンドを実行してください。

`nsqd --lookupd-tcp-address=localhost:4160`

`--lookupd-tcp-address`フラグの値は、`nsqlookupd`を起動した時に表示されたTCPポートの番号と同じものを指定します。`nsqd`を起動すると、`nsqlookupd`と`nsqd`のウィンドウにメッセージが表示されます。2つのプロセスが何らかのやり取りを行っていることがわかります。

ターミナルのウィンドウをもう1つ開き、次のコマンドを実行してMongoDBを起動してください。

`mongod --dbpath ./db`

`--dbpath`フラグには、データの保管先を指定します。好きな場所を指定できますが、存在しないフォルダーは指定できません。

`--dbpath`で指定したフォルダーを削除すれば、既存のデータをすべて消去して何もない状態からアプリケーションを開始できます。開発中にはこのような削除が役立つでしょう。

実行環境の用意が整ったので、アプリケーションの作成に取りかかりましょう。

5.3 Twitterからの投票

$GOPATH/srcフォルダー（すでに他のプロジェクトが作成されているかもしれません）に、この章のための`socialpoll`というサブフォルダーを作成してください。このフォルダー自体がGoのパッ

ケージやプログラムを直接表すわけではありませんが、3つのコンポーネントがこのフォルダーの中で定義されることになります。まずはsocialpollの中にtwittervotesというフォルダーを作成し、いつものようにmain.goを記述してください。なお、mainパッケージのコードにmain関数が含まれていない場合にはコンパイルが失敗します。

```
package main
func main(){}
```

twittervotesには以下のような機能が追加されます。

- mgoを使ってMongoDBデータベースからすべての投票結果を読み込み、それぞれのドキュメントに含まれる配列optionsからすべての選択肢を取り出します。
- TwitterのストリーミングAPIを使い、接続の開始や管理を行うとともに各選択肢に言及したツイートを検索します。
- 検索にマッチしたツイートについて、選択肢の文字列をNSQに送信します。
- Twitterへの接続が閉じられる（これは長時間の接続ではよくあることで、TwitterのストリーミングAPIの仕様でも実際にそう定義されています）ことがあります。この場合には、すぐに再接続のリクエストを行ってサーバーの負荷を上げるようなことはせず、少しの間隔を空けてから再接続を行って処理を継続します。
- 定期的にMongoDBから最新の調査項目を取得するとともに、Twitterへの接続もリフレッシュします。こうすることで、常にデータが更新されるようにします。
- ユーザーがCtrl + Cを押した際に、穏やかにプログラムを終了させます。

5.3.1 Twitterを使った認証

TwitterのストリーミングAPIを利用するためには、TwitterのApplication Managementコンソールで認証を行う必要があります。3章でGomniauthの認証プロバイダーに対して行ったのと同様の操作が求められます。https://apps.twitter.com にアクセスし、SocialPollのような名前で新しいアプリケーションを登録します。アプリケーション名の重複は許されないので実際には別の名前を指定する必要がありますが、どんな名前を指定してもコードへの影響はありません。アプリケーションを登録したら、[Keys and Access Tokens]タブを開いて[Your access token]のセクションでアクセストークンを作成します。少し待ってからページを再読み込みすると、鍵と秘密の値が2組生成されています。鍵とはAPIキーとアクセストークンで、それぞれに対応して秘密の値が用意されます。これらの値は環境変数の値として保持し、ソースコードのファイルにハードコードしなくても済むようにするというのがベストプラクティスです。

この章で利用する環境変数は以下のとおりです。

- SP_TWITTER_KEY

- SP_TWITTER_SECRET
- SP_TWITTER_ACCESSTOKEN
- SP_TWITTER_ACCESSSECRET

環境変数の設定にはどのような方法を使ってもかまいません。これらの値がないとアプリケーションは機能しないということを考えると、セットアップ用のスクリプト（例えばbashシェルではsetup.sh、Windowsではsetup.bat）を用意するのがよいでしょう。このようなファイルは、必要に応じてソースコードリポジトリに追加することもできます。setup.shの記述例を示します。それぞれの環境変数の値は各自のものに置き換えてください。

```bash
#!/bin/bash
export SP_TWITTER_KEY=yCwwKKnuBnUBrelyTN...
export SP_TWITTER_SECRET=6on0YRYniT1sI3f...
export SP_TWITTER_ACCESSTOKEN=2427-13677...
export SP_TWITTER_ACCESSSECRET=SpnZf336u...
```

sourceやcallなどのコマンドを使ってスクリプトを読み込むと、環境変数が適切に設定されます。このコマンドを.bashrcやC:\cmdauto.cmdの中に記述しておけば、ターミナルのウィンドウを開くたびに自動的に設定が行われます。

5.3.1.1　接続の詳細

TwitterのストリーミングAPIでは、長時間にわたって開かれたままのHTTP接続が使われます。我々のシステムでの設計と合わせて検討すると、net.Connを利用する必要がありそうです。リクエストが行われたgoroutineの外部から、接続を閉じることを可能にするためです。http.Transportオブジェクトを作成し、ここに独自のdialメソッドを追加することにします[1]。

twittervotesフォルダーにtwitter.goというファイルを作成し、以下のコードを入力してください。なお、このフォルダーにはTwitter関連のすべてのファイルが置かれることになります。

```go
package main
var conn net.Conn
func dial(netw, addr string) (net.Conn, error) {
  if conn != nil {
    conn.Close()
    conn = nil
  }
  netc, err := net.DialTimeout(netw, addr, 5*time.Second)
  if err != nil {
    return nil, err
  }
```

---

[1] 監訳注：こうするよりもreadFromTwitterの中で、接続を閉じる要求が来たら、resp.Bodyを閉じてリターンするようにしたほうがよいでしょう。詳細は付録Bを参照してください。

```
    conn = netc
    return netc, nil
}
```

　我々が定義するdial関数はまず、接続を表すconnが閉じられているかどうか確認します。そして新しい接続を開き、connの値を更新します。接続が異常終了したり（TwitterのAPIでは時々このようなことが起こります）我々が意図的に接続を閉じたりした場合には、再接続が試みられます。この際に、接続のゾンビ化について心配する必要はありません。

　データベースから取得した選択肢に関する最新のデータを反映させるために、定期的に接続を閉じて接続しなおすことにします。接続を閉じるための関数を呼び出すだけでなく、レスポンスの本体を読み込むのに使われるio.ReadCloserも閉じる必要があります。このためのコードは次のようになります。twitter.goに追加してください。

```
var reader io.ReadCloser
func closeConn() {
  if conn != nil {
    conn.Close()
  }
  if reader != nil {
    reader.Close()
  }
}
```

　closeConnを呼び出せば、いつでもTwitterとの現在の接続を切断してクリーンアップを行えるようになります。ほとんどの場合、直後にデータベースから新しい選択肢のリストを取得して接続が再び開かれることになります。しかし、プログラムの終了時（Ctrl + Cが押された場合）には、最後にcloseConnの処理だけが実行されます。

5.3.1.2　環境変数の読み込み

　次に、環境変数を読み込んでOAuthオブジェクトをセットアップする関数を作成します。このOAuthオブジェクトはリクエストの認証に使われます。twitter.goに以下のコードを追加してください。

```
var (
  authClient *oauth.Client
  creds *oauth.Credentials
)
func setupTwitterAuth() {
  var ts struct {
    ConsumerKey    string `env:"SP_TWITTER_KEY,required"`
    ConsumerSecret string `env:"SP_TWITTER_SECRET,required"`
    AccessToken    string `env:"SP_TWITTER_ACCESSTOKEN,required"`
    AccessSecret   string `env:"SP_TWITTER_ACCESSSECRET,required"`
```

```
    }
    if err := envdecode.Decode(&ts); err != nil {
      log.Fatalln(err)
    }
    creds = &oauth.Credentials{
      Token: ts.AccessToken,
      Secret: ts.AccessSecret,
    }
    authClient = &oauth.Client{
      Credentials: oauth.Credentials{
        Token: ts.ConsumerKey,
        Secret: ts.ConsumerSecret,
      },
    }
  }
```

ここでは、環境変数の値を格納するための構造体が定義されています。これらの値はTwitterとの認証に使われます。この構造体はここでしか使われないので、インラインで定義して匿名型のtsという変数を用意しています。var ts struct...という変わったコードが使われているのはこのためです。そして、Joe Shawが作成したエレガントなenvdecodeパッケージを使い、環境変数の値を読み込みます。このパッケージを利用するには、go get github.com/joeshaw/envdecodeを実行しておく必要があります。指定されたフィールドの値がすべて読み込まれるとともに、required（必須）と指定されたフィールドの値を取得できなかった場合にはエラーが返されます。このエラーをlog.Fatallnで出力することで、Twitterの認証情報がないとこのプログラムは動かないということを知らせています。そのためlogパッケージもインポートしておく必要があります。

構造体の各フィールドの中で、バッククオートに囲まれている部分はタグと呼ばれます。リフレクションのAPIを使うとこのタグにアクセスできます。envdecodeはこのしくみを使って、環境変数の名前を取得しています。Tyler Bunnellと筆者はこのパッケージを修正してrequired引数を加え、値が空あるいは存在しない環境変数があった場合にエラーが返されるようにしました。

必要な値を用意できたら、これらを元にoauth.Credentialsとoauth.Clientというオブジェクトを生成し、Twitterに対してリクエストの認証を行います。これらはGary Burdによるgo-oauthパッケージに含まれています[*1]。

接続の制御とリクエストの認証が可能になったので、認証されたリクエストを作成しレスポンスを受け取れます。次のコードをtwitter.goに追加しましょう。

```
var (
  authSetupOnce sync.Once
  httpClient *http.Client
)
func makeRequest(req *http.Request, params url.Values) (*http.Response, error) {
```

[*1] 監訳注：github.com/garyburd/go-oauth/oauthです。

```
    authSetupOnce.Do(func() {
      setupTwitterAuth()
      httpClient = &http.Client{
        Transport: &http.Transport{
          Dial: dial,
        },
      }
    })
    formEnc := params.Encode()
    req.Header.Set("Content-Type", "application/x-www-form-urlencoded")
    req.Header.Set("Content-Length", strconv.Itoa(len(formEnc)))
    req.Header.Set("Authorization",
        authClient.AuthorizationHeader(creds, "POST", req.URL, params))
    return httpClient.Do(req)
  }
```

sync.Onceを使い、makeRequestが何回呼び出されても初期化のコードは1回しか実行されないようにしています。setupTwitterAuthを呼び出した後に、http.Transportを使ったhttp.Clientを生成します。このhttp.Transportは先ほど定義したdialメソッドを利用します。そして、問い合わせ対象（投票での選択肢）を含むparamsオブジェクトをエンコードします。エンコードされたデータのサイズや認証関連の情報などを、HTTPヘッダーとしてセットします。

5.3.2　MongoDBからの読み込み

Twitter検索に使用する文字列つまり投票での選択肢を取得するために、MongoDBに接続して問い合わせを行います。main.goに、dialdbとclosedbという2つの関数を追加します。

```
    var db *mgo.Session
    func dialdb() error {
      var err error
      log.Println("MongoDBにダイヤル中: localhost")
      db, err = mgo.Dial("localhost")
      return err
    }
    func closedb() {
      db.Close()
      log.Println("データベース接続が閉じられました")
    }
```

これらの関数はそれぞれ、ローカルで実行されているMongoDBインスタンスへの接続とその解除を行います。ここではmgoパッケージが使われており、データベース接続を表すmgo.Sessionオブジェクトがグローバル変数dbにセットされます。

余裕がある読者は、MongoDBインスタンスの場所をエレガントなやり方で指定できないか検討してみましょう。これが可能になると、ローカル以外でもMongoDBを実行できます。

実行中のMongoDBに接続できたら、投票を表すオブジェクトを読み込んでドキュメントの中から投票の選択肢をすべて取り出します。ここで取得された選択肢の文字列が、Twitter検索に使われることになります。以下のコードをmain.goに追加してください。

```go
type poll struct {
  Options []string
}
func loadOptions() ([]string, error) {
  var options []string
  iter := db.DB("ballots").C("polls").Find(nil).Iter()
  var p poll
  for iter.Next(&p) {
    options = append(options, p.Options...)
  }
  iter.Close()
  return options, iter.Err()
}
```

投票を表すドキュメントに含まれているのは、Optionsつまり選択肢だけではありません。しかし、我々のプログラムでは選択肢しか利用しないため、poll構造体にこれ以上フィールドを加える必要はありません。db変数を使い、ballotsデータベースに含まれるコレクションpollsを取り出します。そして、mgoパッケージの「流れるようなインタフェース」に基づいて、Findメソッドを使って検索を行います。ここでのnilは、フィルタリングを行わないという意味です。

流れるようなインタフェース（fluent interface。名づけ親はEric EvansとMartin Fowlerです）とは、メソッド呼び出しを連鎖させることによってコードを読みやすくできるようなAPI設計を意味します。ここでそれぞれのメソッドは、コンテキストとなるオブジェクト自身を返します。つまり、返されたオブジェクトに対して別のメソッドを直接呼び出すことができます。例えばmgoでは、下のようなコードを記述できます。

```go
query := col.Find(q).Sort("field").Limit(10).Skip(10)
```

Iterメソッドを使ってイテレータを取得し、それぞれの調査項目に順次アクセスします。pollオブジェクトは1つしか使われないため、このやり方ではメモリ使用量をとても少なくできます。ここで代わりにAllメソッドを使うと、データベース上の投票の数に比例してメモリ使用量が増大します。手に負えないほど多くのメモリが消費されることになるかもしれません。

投票のオブジェクトを取得したら、append関数を使ってスライスoptionsを作成します。もちろ

ん、データベース上に投票のオブジェクトが大量に格納されている場合には、このスライスも巨大になるでしょう。このような場合のスケーラビリティを向上させるには、例えば複数の`twittervotes`プログラムを起動してそれぞれが処理を分担するといった対策が考えられます。最も簡単なやり方は、選択肢の頭文字を使って投票をグループ分けするというものです。例えば、AからNとOからZの2グループに分けることができます。より賢いアプローチとしては、投票を表すドキュメントに新しいフィールドを追加して、この値を元にグループ分けの方法を制御できるようにするといったことが考えられます。他のグループでの統計情報などに基づいて、複数の`twittervotes`インスタンスの間で負荷を分散できます。

組み込みの`append`関数は可変長引数を受け取れるので、複数の要素を一度に追加できます。適切な型のスライスを使っているなら、その名前に続けて「`...`」と記述するとスライス中のそれぞれの項目を個別の引数として渡せます[*1]。

最後にイテレータを閉じ、利用しているメモリをすべて解放してから選択肢のスライスとエラーを返します。このエラーはイテレータの処理に起因するもので、`mgo.Iter`オブジェクトの`Err`メソッドを呼び出すと取得できます。

5.3.3 Twitterからの読み込み

投票の選択肢を取得でき、認証されたリクエストをTwitterのAPIに送信できるようになりました。次は、Twitterへの接続を開始してストリームから継続的にデータを読み込むコードを作成します。我々が意図的に`closeConn`メソッドを呼び出すか、何らかの理由でTwitter側が接続を閉じるまでデータの読み込みは続きます。ストリームを流れるデータの構造は複雑で、ツイートに関するすべての情報が含まれています。ツイートの送信者や送信時刻に始まり、ツイートの中で行われているリンクやメンションについても知ることができます（詳細についてはTwitterのAPIドキュメントを参照してください）。しかし我々にとって興味があるのはツイート本文だけなので、他のデータはすべて無視できます。`twitter.go`に、以下の構造体を追加してください。

```
type tweet struct {
  Text string
}
```

[*1] 監訳注：`append`で「`...`」が使えるのは第2引数のみで、後ろに他の引数がない時です。例えば、次のようなことはできません。
```
options = append(options, opt, p.Options...) // too many arguments to append
options = append(options, p.Options..., opt) // unexpected name, expecting )
```

このようなコードは不完全に見えるかもしれません。しかし、このコードを読んだ開発者に対して我々の意図をこの上なく明確に示すことができます。ツイートには文字列が含まれており、我々はこの文字列だけを扱うということがわかります。

同じくtwitter.goに、この構造体を利用したreadFromTwitter関数を追加します。ここでは引数として、votesという送信専用のチャネルを受け取ります。このチャネルを使い、Twitter上で投票が行われたことを通知します。

```go
func readFromTwitter(votes chan<- string) {
  options, err := loadOptions()
  if err != nil {
    log.Println("選択肢の読み込みに失敗しました:", err)
    return
  }
  u, err := url.Parse("https://stream.twitter.com/1.1/statuses/filter.json")
  if err != nil {
    log.Println("URLの解析に失敗しました:", err)
    return
  }
  query := make(url.Values)
  query.Set("track", strings.Join(options, ","))
  req, err := http.NewRequest("POST", u.String(),
      strings.NewReader(query.Encode()))
  if err != nil {
    log.Println("検索のリクエストの作成に失敗しました:", err)
    return
  }
  resp, err := makeRequest(req, query)
  if err != nil {
    log.Println("検索のリクエストに失敗しました:", err)
    return
  }
  reader = resp.Body
  decoder := json.NewDecoder(reader)
  for {
    var tweet tweet
    if err := decoder.Decode(&tweet); err != nil {
      break
    }
    for _, option := range options {
      if strings.Contains( strings.ToLower(tweet.Text), strings.ToLower(option)) {
        log.Println("投票:", option)
        votes <- option
      }
    }
  }
}
```

ここでは、まずloadOptions関数を呼び出してすべての投票での選択肢を取得しています。次にurl.Parseを使い、Twitter側のエンドポイントを指すurl.URLオブジェクトを生成します[*1]。queryというurl.Valuesオブジェクトも生成し、選択肢のリストをカンマ区切りの文字列として指定しています。TwitterのAPIでは、url.Valuesオブジェクトがエンコードされたものをポストリクエストとして送信する必要があります。そのリクエストを表す *http.Requestをhttp.NewRequestで作成し、queryオブジェクトとともにmakeRequestに渡します。リクエストに成功すると、レスポンスの本体を元にjson.Decoderを生成し、無限ループの中でDecodeメソッドを呼び出してデータを読み込みます。（主に接続が閉じられたなどの理由で）エラーが発生したら、ループから抜け出して呼び出し元に戻ります。読み込むツイートが存在する場合には、デコードされたツイートがtweet変数にセットされます。そしてこの中のTextプロパティに、140文字のツイート本文がセットされています。すべての選択肢について、ツイートの中で言及されている場合にはvotesチャネルにその選択肢を送信するという処理が行われます。つまり、1つのツイートの中で複数の選択肢に対して投票するということが可能です。投票の種類によっては、このルールは変更するべきかもしれません。

votesチャネルにはchan<- stringという型が指定されており、送信専用です。ここからデータを受け取ることはできません。<-はメッセージの流れる向きを表す矢印のようなものであり、逆向き（受信専用）に指定することもできます（<-chan string）。このような矢印も、コードの意図を表す上で大きな役割を果たしています。readFromTwitter関数ではチャネルから投票のデータを受信することはなく、送信するだけだということを明示できます。

Decodeがエラーを返すたびにプログラムを終了するというのは、頑健なやり方とは言えません。TwitterのAPIドキュメントによると、接続は切断されることがあるため、サービスを利用するクライアントは切断の発生を考慮してコードを作成するべきとされています。また、我々のプログラム自身も接続を閉じることがあります。接続が終了した場合には、再接続する必要があります。

5.3.3.1 シグナルのチャネル

Goのチャネルには、複数のgoroutineの間でシグナルを送受信するという使い方もあります。実際に近い例をこれから紹介します。

ここで作成するstartTwitterStream関数では、1つのgoroutineを生成しています。このgoroutineは、votesチャネルを引数として指定しながらreadFromTwitter関数を繰り返し呼び出します。停止のためのシグナルを受け取ると、繰り返しを終了します。終了すると、別のシグナルの

[*1] 監訳注：この後、u (*url.URL) は、http.NewRequestでu.String()としてしか使ってないので、不要です。http.NewRequestでこのURL文字列をそのまま渡してしまってかまいません。

チャネル（stoppedchan）を使ってgoroutineから我々に通知されます。startTwitterStream関数の戻り値はstruct{}型のチャネルですが、これがまさにシグナルのチャネルです。

シグナルのチャネルには興味深い性質があるので、ここで詳しく見てみることにしましょう。まず、このチャネルを流れるデータは空のstruct{}型です。フィールドが1つもないため、この型のインスタンスはメモリをまったく消費しません。つまり、シグナルとしてstruct{}{}を送るというのはとてもメモリ効率のよいやり方です。ここでbool型を使うのを好む開発者もいますが、trueやfalseはメモリを1バイト消費してしまいます。

http://play.golang.orgを使って、メモリ使用量を実際にチェックしてみましょう。下のように、bool型の値のサイズは1バイトです。

fmt.Println(reflect.TypeOf(true).Size())
= 1

一方、struct{}{}のサイズはゼロです。

fmt.Println(reflect.TypeOf(struct{}{}).Size())
= 0

また、シグナルのチャネルではバッファのサイズを1にしています。つまり、シグナルのチャネルに書き込まれると誰かがチャネルからシグナルを読み出すまで同じチャネルへの書き込みはブロックされます。

ここではシグナルのチャネルを2つ用意することにします。1つはgoroutineに対して終了を指示するためのもの（stopchan）で、引数としてstartTwitterStream関数に渡されます。もう1つはgoroutineが完全に終了したことを知らせるためのもの（stoppedchan）で、startTwitterStream関数の中で生成されて戻り値として返されます。

startTwitterStream関数のコードは以下のとおりです。twitter.goに追加してください。

```go
func startTwitterStream(stopchan <-chan struct{},
    votes chan<- string) <-chan struct{} {
  stoppedchan := make(chan struct{}, 1)
  go func() {
    defer func() {
      stoppedchan <- struct{}{}
    }()
    for {
      select {
      case <-stopchan:
        log.Println("Twitterへの問い合わせを終了します...")
        return
      default:
        log.Println("Twitterに問い合わせます...")
        readFromTwitter(votes)
```

```
            log.Println("  (待機中)")
            time.Sleep(10 * time.Second) // 待機してから再接続します
        }
      }
   }()
   return stoppedchan
}
```

　この関数の第1引数stopchanは、<-chan struct{}という型が指定されています。つまり、これは受信専用のシグナルのチャネルです。startTwitterStream関数の外部から、このチャネルを使ってgoroutineの終了が指示されます。この関数では受信専用と指定されていますが、チャネルそのものはもちろん送受信ともに可能です。第2引数votesは、投票内容が送信されるチャネルです。また、この関数の戻り値も<-chan struct{}つまりシグナルのチャネルです。このチャネルは受信専用で、goroutineの完了を伝えるために使われます。

　この関数はgoroutineを呼び出すとすぐに制御を戻してきます。そのため、チャネルがないとstartTwitterStream関数の呼び出し元はgoroutineが実行中かどうか知ることができません。複数のチャネルが利用されているのは、このような理由に基づいています[*1]。

　startTwitterStream関数ではまず、stoppedchanチャネルが生成されます。そしてgoroutineの終了時に、このチャネルに対してstruct{}{}が送信されるようにしています[*2]。戻り値としてのstoppedchanは受信専用ですが、実体は通常のチャネルです。したがって、startTwitterStream関数の中ではこのチャネルに対して送信することもできます。

　続いて、for文による無限ループが始まります。select文を使い、チャネルへのメッセージを待機します。対象となるチャネルは、startTwitterStream関数への引数として渡されたstopchanです。このチャネルでシグナルを受信すると、処理を終了してリターンせよということを意味します。リターンの際に、stoppedchanへのシグナルの送信というdeferしていた処理が行われます。stopchanへのメッセージがなかった場合、votesチャネルを渡してreadFromTwitterを呼び出します。このreadFromTwitterは、データベースから回答の選択肢を取得してTwitter検索を行います。

　Twitterへの接続が切断された場合、time.Sleep関数を使って10秒間待機します[*3]。切断の原因が利用の過多だった場合に、時間を空けて再試行するためです。待機時間が経過するとforループの先頭に戻り、stopchanチャネルにメッセージがあるか（つまり、終了が指示されているか）再びチェックします。

[*1] 監訳注：中でgoroutineを起動して、その終了を示すチャネルを返すよりも、この関数自体が処理を行うようにして、呼び出し側でgoroutineやチャネルを使って制御するようにしたほうがわかりやすい構造になります。詳細は付録Bを参照してください。

[*2] 監訳注：終了したことを伝えるだけなら、struct{}{}を送信するよりもチャネルをcloseしたほうがよいでしょう。

[*3] 監訳注：time.Afterとstopchanをselectで待つほうがよいでしょう。

以上の処理の流れはやや複雑ですが、重要な箇所についてはログへの出力も行っています。デバッグに役立つだけでなく、内部での処理についてヒントを得ることもできるでしょう。

5.3.4　NSQへのパブリッシュ

Twitter上での投票を発見し、votesチャネルに送信できるようになりました。次は、投票結果をNSQのトピックへとパブリッシュします。twittervotesプログラムにとって、これが最も重要な処理です。

publishVotesという関数を作成することにします。引数としてvotesチャネルが使われますが、ここでは<-chan stringとして指定されているため受信専用になっています。このチャネルから受け取った文字列が、NSQに1つ1つパブリッシュされます。

以前のコードではvotesチャネルの型はchan<- stringでしたが、ここでは<-chan stringとなっています。「これは間違いではないか」「同じチャネルを異なる型として利用するのはまずいのでは」などと考えた読者もいるかもしれませんが、そのようなことはありません。このチャネルを作成しているコード（後ほど紹介します）では、単にmake(chan string)のようにしています。受信専用でも送信専用でもなく、双方向の利用が可能です。引数の中でチャネルに<-演算子が加えられているのは、チャネルの用途を明確に示すためです。受信のために用意されたチャネルに対して誤って送信してしまったり、逆に送信専用のチャネルに対して受信を試みるといったことを防ぐのが目的です。これらのような誤った操作を試みようとすると、コンパイル時にエラーが発生します。

外部のコードがpublishVotesで起動したgoroutineに対して実行の終了を指示したい場合には、votesチャネルを閉じます。するとgoroutineの中で実行していたパブリッシュを停止し、publishVotesの中で生成して返したstopchanチャネルにシグナルを送信します。

main.goに以下のpublishVotes関数を追加してください。

```go
func publishVotes(votes <-chan string) <-chan struct{} {
  stopchan := make(chan struct{}, 1)
  pub, _ := nsq.NewProducer("localhost:4150", nsq.NewConfig())
  go func() {
    for vote := range votes {
      pub.Publish("votes", []byte(vote)) // 投票内容をパブリッシュします
    }
    log.Println("Publisher: 停止中です")
    pub.Stop()
    log.Println("Publisher: 停止しました")
    stopchan <- struct{}{}
  }()
  return stopchan
}
```

ここでも、最後に返すstopchanをまず生成しています。今回はシグナルの送信をdeferにせず、インラインでstruct{}{}を送信しています。

あえて異なるやり方をとっているのは、読者に選択肢を示すためです。1つのプロジェクトの中では、好みのものを1つ選んでそれだけを使うべきです。もしコミュニティーの中で標準的な記法が定義されたなら、もちろんそれに従いましょう。

NewProducerを呼び出してNSQのプロデューサーを生成し、localhost上のデフォルトのポートに接続します。ここではデフォルトの設定が使われます。そしてgoroutineが開始されますが、ここではチャネルから定期的に値を読み出すというGoに組み込みの優れた機能が使われています。for ... rangeという構文によって、votesチャネルが継続的にチェックされています。チャネルが空の場合、値が何か送信されてくるまで実行はブロックします。チャネルが閉じられた場合、ループは終了します。

Goのチャネルが持つ力について学ぶなら、John Graham-Cummingによるブログ記事や動画を強くおすすめします。特に、Gophercon 2014で彼が発表を行った「A Channel Compendium」には、チャネルの起源から現在までの歴史が紹介されています。ちなみに、彼はイギリス政府によるAlan Turingへの仕打ちを公式に謝罪させたことでも知られています。

votesチャネルが閉じられてループが終了すると、パブリッシャーは停止します。そして、stopchanチャネルにシグナルが送信されます。

5.3.5　穏やかな起動と終了

プログラムの終了が指示された時に、実際の終了の前に行いたいことが2つあります。それは、Twitterへの接続を閉じることとNSQのパブリッシャーを停止すること（これによって、キューに対する関心の表明を解除します）です。デフォルトのCtrl + Cに対するふるまいを変更することにします。

ここで紹介するコードは、すべてmain関数の中に記述されます。コードを分割して、少しずつ説明を進めてゆくことにします。

まず、以下のコードをmain関数の中に追加してください。

```go
var stoplock sync.Mutex
stop := false
stopChan := make(chan struct{}, 1)
signalChan := make(chan os.Signal, 1)
go func() {
  <-signalChan
  stoplock.Lock()
  stop = true
  stoplock.Unlock()
  log.Println("停止します...")
  stopChan <- struct{}{}
  closeConn()
}()
signal.Notify(signalChan, syscall.SIGINT, syscall.SIGTERM)
```

ここでは、stopという真偽値とこれに関連するsync.Mutexが定義され、複数のgoroutineから同時にstopの操作を試みられるようになっています。また、シグナルのチャネルが2つ（stopChanとsignalChan）生成されています。signal.Notifyを使って、誰かがプログラムを終了させようとした時にsignalChanにシグナルを送るように設定しています。具体的には割り込みを表すSIGINTまたは停止を表すSIGTERMというUnixシグナルが使われます。stopChanは、我々のプロセスを終了させたいということを示すために使われます。後で、このチャネルをstartTwitterStreamへの引数として渡しています。

そしてgoroutineを開始し、その中でsignalChanへのシグナルの着信を待機してブロックします。<-はチャネルからの読み込みを試みる演算子です。シグナルの型を区別する必要はないため、チャネルから返されるオブジェクトは無視しています。シグナルを受信したら、stopにtrueをセットして接続を閉じます。また、最終行で指定された種類のシグナルが着信した場合にのみ<-以降の行に処理が進むようになっています。この性質を利用し、プログラムの終了時に最終処理を行えるようになっています。

main関数に以下のコードも追加し、データベース接続を開始するとともにこの接続が終了直前に閉じられるようにしましょう。

```go
if err := dialdb(); err != nil {
  log.Fatalln("MongoDBへのダイヤルに失敗しました:", err)
}
defer closedb()
```

readFromTwitterは、調査の選択肢を毎回データベースから読みなおす必要があります。また、プログラムの状態を常に最新に保つことも望まれます。そこで、もう1つgoroutineを用意することにします。このgoroutineは単に、1分ごとにcloseConnを呼び出して接続を切断します（切断されるとreadFromTwitterが再び呼び出されます）。main関数の末尾に以下のコードを追加し、終了処

理が穏やかに行われるようにしましょう。

```go
// 処理を開始します
votes := make(chan string) // 投票結果のためのチャネル
publisherStoppedChan := publishVotes(votes)
twitterStoppedChan := startTwitterStream(stopChan, votes)
go func() {
  for {
    time.Sleep(1 * time.Minute)
    closeConn()
    stoplock.Lock()
    if stop {
      stoplock.Unlock()
      break
    }
    stoplock.Unlock()
  }
}()
<-twitterStoppedChan
close(votes)
<-publisherStoppedChan
```

まず、ここまでにも紹介してきたvotesチャネルを生成します。このチャネルでは単純な文字列が送受信されます。ここでのチャネルは送信専用(chan<-)でも受信専用(<-chan)でもありません。これらのようなチャネルを定義することにほとんど意味はありません。続いてpublishVotesを呼び出し、データを受け取るためのvotesチャネルを渡します。戻り値は停止のために使われるシグナルのチャネルであり、publisherStoppedChan変数にセットします。同様に、stopChan(main関数の先頭で定義しました)とデータを送るためのvotesチャネルを渡してstartTwitterStreamを呼び出します。ここからの戻り値も、同じく停止用シグナルのチャネルtwitterStoppedChanとして利用します。

そして更新のためのgoroutineを開始します。このgoroutineの中ではすぐに無限ループに入り、1分間の待機とcloseConnによる切断が繰り返されます。前に紹介したgoroutineの中でstopにtrueがセットされていた場合、ループから抜け出して処理を終了します。そうではない場合には、ループの処理が繰り返され待機と切断が再び発生します。2つのgoroutineがstop変数にアクセスしており、両者の競合を避けるためにstoplockを使用しています。

goroutineを開始したら、twitterStoppedChanからデータを読み込むまで実行はブロックします。stopChanにシグナルが送られ、その結果としてtwitterStoppedChanにもシグナルが送信されると、votesチャネルを閉じます。するとpublisherStoppedChanにシグナルが送られるので、その受信を待ってプログラムを終了します。

5.3.6 テスト

プログラムが正しく動作するのを確認するには、2つのことを行う必要があります。データベース上で調査項目を作成することと、メッセージキュー上でtwittervotesがメッセージを正しく生成しているかどうか調べることです。

ターミナルでmongoコマンドを実行し、MongoDBとのインタラクションのためのデータベースシェルを起動します。テスト用の調査項目を作成するために、次のコマンドを実行してください。

```
> use ballots
switched to db ballots
> db.polls.insert({"title":"今の気分は？","options":["happy","sad","fail","win"]})
```

上のコマンドでは、ballotsデータベースのpollsコレクションに新しい項目を追加しています。調査の選択肢としては、Twitter上でよく使われておりツイートを集めやすいような一般的な語を選びました。pollオブジェクトにresultsフィールドが含まれていないことに気づかれたかもしれません。しかし、我々が扱おうとしているのは構造のないデータであり、厳密なスキーマに従う必要はありません。次に作成するcounterプログラムが、resultsのデータを追加し管理してくれます。

Ctrl + Cを押してMongoDBのシェルを終了し、以下のコマンドを入力します。

```
nsq_tail --topic="votes" --lookupd-http-address=localhost:4161
```

nsq_tailツールは、メッセージキューに接続して特定のトピックのメッセージをすべて出力します。これを使い、twittervotesプログラムがきちんとメッセージを送信しているか確認します。

別のターミナルのウィンドウを開き、次のコマンドを実行してtwittervotesプログラムのビルドと起動を行います。

```
go build -o twittervotes
./twittervotes
```

nsq_tailを実行したウィンドウに注目すると、Twitter上での実際の投稿に基づいてメッセージが生成されていることがわかります。

メッセージがあまり生成されないという場合には、Twitter上でトレンドになっているハッシュタグを調べ、これらを選択肢として含むような調査項目を追加してみましょう。

5.4 得票数のカウント

2つ目に作成するcounterツールでは、NSQを監視して得票数をカウントし、最新の値をMongoDBに格納します。

twittervotesと同じフォルダーにcounterというフォルダーを生成し、この中に新しいmain.goを作成してください。コードは以下のとおりです。

```go
package main
import (
  "flag"
  "fmt"
  "os"
)
var fatalErr error
func fatal(e error) {
  fmt.Println(e)
  flag.PrintDefaults()
  fatalErr = e
}
func main() {
  defer func() {
    if fatalErr != nil {
      os.Exit(1)
    }
  }()
}
```

コードの中でエラーが発生した場合、通常はlog.Fatalやos.Exitを呼び出します。するとプログラムは即座に終了します。問題が発生して作業を完了できなかったということをオペレーティングシステムに伝えるために、終了コードとしてゼロ以外の値を指定します。ただしこれらのやり方では、deferしておいたコードが実行されないという問題点があります。つまり、最終処理として必要なコードを実行できません。

そこで、上のコードでは新しいパターンを取り入れています。問題が発生したら、そのエラーを記録するためのfatalという関数を呼び出すようにします。main関数の終了後にdeferしておいたコードが呼び出され、その中で終了コード1を返してプログラム全体が終了します。deferしたコードが複数ある場合、LIFO（後入れ先出し）方式で処理されます。つまり、最初にdeferしたコードが最後に実行されます。この性質を利用して、先ほどのコードをmain関数の先頭に記述するようにしています。こうすれば、他のdeferするコードよりも後に上のコードが呼び出されることを保証できます。どんなエラーが発生してもデータベース接続を必ず閉じたいので、このようなパターンを利用しています[*1]。

[*1] 監訳注：エラーが発生した時にはエラーを返し、最後にmainでlog.Fatalを呼び出すような書き方にしておけばdeferも素直に使えます。この場合、main以外でlog.Fatalなどを使わないようにしておく必要があります。詳細は付録Bを参照してください。

5.4.1 データベースへの接続

データベース接続などのリソースをクリーンアップする方法について考えるのは、リソースの取得に成功した直後が最適です。ここでもGoのdeferキーワードが役に立ちます。main関数の末尾に、次のコードを追加します。

```
log.Println("データベースに接続します...")
db, err := mgo.Dial("localhost")
if err != nil {
  fatal(err)
  return
}
defer func() {
  log.Println("データベース接続を閉じます...")
  db.Close()
}()
pollData := db.DB("ballots").C("polls")
```

このコードでは、以前にも利用したmgo.Dialメソッドを使っています。ローカルで実行されているMongoDBインスタンスに接続し、その直後にセッションを閉じるという関数をdeferつきで指定しています。このdefer文には、先ほどの終了処理のためのdefer文よりも後に到達します。そのため、ここでdeferしておいた関数が先に呼び出され、データベース接続のセッションが必ず適切に閉じられることを保証できます。

logの呼び出しは必須ではありませんが、プログラムの実行と終了の様子を理解しやすくしてくれます。

最終行ではmgoの「流れるようなインタフェース」を利用し、コレクションballots.pollsへの参照をpollDataにセットしています。この変数は、後で問い合わせを行う際に利用します。

5.4.2 NSQ上のメッセージの受信

投票数をカウントするために、NSQ上のvotesトピックへのメッセージを受信します。投票数を保持しておく場所も必要です。そこで、2つの変数をmain関数に追加することにします。

```
var countsLock sync.Mutex
var counts map[string]int
```

マップとロック（sync.Mutex）というのは、Goでよく使われる組み合わせです。複数のgoroutineが1つのマップにアクセスする際に、同時に読み書きを行ってマップを破壊してしまうのを防ぐためです。

同じくmain関数に、以下のコードを追加してください。

```
log.Println("NSQに接続します...")
q, err := nsq.NewConsumer("votes", "counter", nsq.NewConfig())
if err != nil {
  fatal(err)
  return
}
```

NewConsumer関数を呼び出すと、NSQのvotesトピックを監視するオブジェクトがセットアップされます。つまり、twittervotesがこのトピックにパブリッシュしたメッセージを読み出せるようになります。NewConsumerがエラーを返したら、以前に定義したfatal関数を呼び出してリターンします。

続いて、NSQからメッセージを受け取った際の処理を記述します。

```
q.AddHandler(nsq.HandlerFunc(func(m *nsq.Message) error {
  countsLock.Lock()
  defer countsLock.Unlock()
  if counts == nil {
    counts = make(map[string]int)
  }
  vote := string(m.Body)
  counts[vote]++
  return nil
}))
```

nsq.ConsumerのAddHandlerメソッドを呼び出し、関数を渡します。この関数は、votes上でメッセージが受信されるたびに呼び出されます。

投票が発生すると、まずcountsLockがロックされます。そして、この関数の終了時にロックが解放されるようにします。こうすると、メッセージのハンドラの中でマップにアクセスできるのは1つだけということを保証できます。この関数が終了するまで、他者はマップを利用できません。対象のオブジェクトがロック中の場合、Lockを呼び出すと実行はブロックされます。Unlockが呼び出されてロックが解放されるまで、実行は停止します。この意味でも、Unlockを呼び出すことは重要です。呼び出さないと、プログラムはデッドロックに陥ってしまいます。

投票のメッセージを受け取るたびに、countsがnilかどうかをチェックし、もしそうなら新しいマップを生成しています。データベースを最新の調査結果で更新したあとに、得票数をゼロにリセットするためです[*1]。最後に、指定されたキーに対応する値を1つ加算し、エラーが発生しなかったことを意味するnilを返します。

NSQのメッセージを解釈するコードを用意し、ハンドラとして登録しましたが、NSQのサービス

[*1] 監訳注：データベースを更新する時に、得票数をインクリメントするようにしているからです。ゼロにリセットしておかないと何重にもカウントすることになってしまいます。

に接続するコードはまだ作成していませんでした。このためのコードは次のようになります。

```
if err := q.ConnectToNSQLookupd("localhost:4161"); err != nil {
  fatal(err)
  return
}
```

ここでは、NSQのインスタンスではなくnsqlookupdインスタンスのHTTPポートに接続しています。このような抽象化によって、メッセージがどこからやって来るのか知らなくてもメッセージを受け取れるようになります。（例えば起動を忘れたなどの理由で）サーバーへの接続に失敗したら、受け取ったエラーを渡してfatal関数を呼び出してからリターンします。

5.4.3　データベースを最新の状態に保つ

投票を監視してその結果をマップとして保持できるようになりましたが、このマップはプログラム内からしかアクセスすることはできません。そこで、結果を定期的にデータベースへとプッシュするコードを追加することにします。

```
log.Println("NSQ上での投票を待機します...")
var updater *time.Timer
updater = time.AfterFunc(updateDuration, func() {
  countsLock.Lock()
  defer countsLock.Unlock()
  if len(counts) == 0 {
    log.Println("新しい投票はありません。データベースの更新をスキップします")
  } else {
    log.Println("データベースを更新します...")
    log.Println(counts)
    ok := true
    for option, count := range counts {
      sel := bson.M{"options": bson.M{"$in": []string{option}}}
      up := bson.M{"$inc": bson.M{"results." + option: count}}
      if _, err := pollData.UpdateAll(sel, up); err != nil {
        log.Println("更新に失敗しました:", err)
        ok = false
        continue
      }
      counts[option] = 0
    }
    if ok {
      log.Println("データベースの更新が完了しました")
      counts = nil // 得票数をリセットします
    }
  }
  updater.Reset(updateDuration)
})
```

time.AfterFuncを呼び出すと、引数として指定された関数を一定時間後に自身のgoroutineの中で実行します。最後にResetを呼び出し、同じ手順を再び行います。つまり、更新のためのコードが定期的に繰り返し実行されることになります。

更新の関数の中では、まずcountsLockをロックし、その解除をdeferで後で処理するようにしておきます。次に、マップcountsに値が追加されているかどうかチェックします。空だった場合には、更新をスキップするというメッセージをログに記録し、次回のチェックまで何もしません。

投票のデータが記録されている場合には、マップcountsの各項目に対して調査の選択肢と（前回の更新以降の）得票数を取り出し、魔法のようなMongoDBのコードを使って投票結果を更新します。

MongoDBの内部では、BSON（Binary JSONの略）という形式でドキュメントを保持しています。この形式は、通常のJSONドキュメントよりもデータ構造へのアクセスが容易です。mgoパッケージには、エンコードのためのmgo/bsonパッケージも含まれています。mgoを利用する際には、bsonの型がしばしば併用されます。上のコードでも、MongoDB上でのさまざまな操作を表すためにbson.Mというマップの型が使われています。

bson.M型を使って、更新処理のためのセレクタが作成されています。このbson.Mはmap[string]interface{}型とほぼ同義です。作成されたセレクタは、例えば次のようになります。

```
{
  "options": {
    "$in": ["happy"]
  }
}
```

このBSONでは、配列optionsにhappyが含まれる調査を取り出そうとしています。

続いて、同じやり方で更新の処理を記述します。例えば、次のようにして更新が行われます。

```
{
  "$inc": {
    "results.happy": 3
  }
}
```

MongoDBでは、上のBSONはresults.happyの値を3だけ増やすという意味になります。マップresultsがない場合は生成され、resultsの中にhappyというキーがない場合には現在の値はゼロとみなされます。

問い合わせを表すpollsDataのUpdateAllメソッドを呼び出し、データベースに対してコマンドを実行します。すると、セレクタにマッチする調査項目がすべて更新されます。Updateというメソッドも用意されていますが、これを使った場合は更新は1つの項目についてしか行われません。問題が発生したら報告し、変数okにfalseをセットします。更新に成功した場合は、マップcountsにnil

をセットしてカウンターをリセットします。

　`updateDuration`の値はファイルの先頭で指定します。こうしておけば、テストなどの際に別の値に変更するのも容易です。`main`関数より前に、次の行を追加してください。

```
const updateDuration = 1 * time.Second
```

5.4.4　Ctrl＋Cへの応答

　このプログラムでまだ実装していない機能は、プログラムの終了時にすべての操作が完了しているのを保証することだけです。同様の機能は`twittervotes`プログラムでも行われています。`main`関数の末尾に、以下のコードを追加しましょう。

```
termChan := make(chan os.Signal, 1)
signal.Notify(termChan, syscall.SIGINT, syscall.SIGTERM, syscall. SIGHUP)
for {
  select {
  case <-termChan:
    updater.Stop()
    q.Stop()
  case <-q.StopChan:
    // 完了しました
    return
  }
}
```

　今回は以前とやや異なる方針がとられています。Ctrl＋Cが押された時に発生する終了のイベントを捕捉するために、`termChan`を用意します。そして無限ループを開始し、`select`文を使って`termChan`と`nsq.Consumer`の`StopChan`へのメッセージを待機します。

　Ctrl＋Cが押された際には、まず`termChan`にシグナルが送られます。すると`updater`のタイマーが停止され、`Consumer`に対して投票への監視を停止するよう指示されます。そしてループが再開され、`Consumer`が完了して自身の`StopChan`にシグナルを送るまで実行はブロックします。`StopChan`にシグナルが送られると、ループを終了してリターンします。すると`defer`しておいたコード（覚えていますか？）が実行され、データベースのセッションがクリーンアップされます。

5.5　プログラムの実行

　コードを実際に試してみる時が来ました。まず、以下のコマンドをそれぞれ別のターミナルウィンドウで実行し、`nsqlookupd`と`nsqd`そして`mongod`を起動してください。

```
nsqlookupd
nsqd --lookupd-tcp-address=127.0.0.1:4160
mongod --dbpath ./db
```

twittervotesプログラムについても、まだ起動していなければ起動してください。そしてcounterフォルダーで下のコマンドを実行し、ビルドと起動を行います。

```
go build -o counter
./counter
```

すると、例えば下のようにcounterのふるまいが定期的に出力されます。

```
新しい投票はありません。データベースの更新をスキップします
データベースを更新します...
map[win:2 happy:2 fail:1]
データベースの更新が完了しました
新しい投票はありません。データベースの更新をスキップします
データベースを更新します...
map[win:3]
データベースの更新が完了しました
```

Twitter上での実際のツイートに基づいて処理を行っているため、出力内容は毎回変わります。

NSQから投票のデータを受け取り、データベース上の記録を更新していることがわかります。動作を確認するには、MongoDBのシェルを開いて投票のデータを問い合わせ、マップresultsが更新されているかどうか調べます。ターミナルのウィンドウをもう1つ開き、MongoDBのシェルを起動します。

```
mongo
```

そしてballotsデータベースを利用するように指定します。

```
> use ballots
switched to db ballots
```

続いて引数なしでfindメソッドを呼び出し、投票のデータをすべて取得します。最後のprettyメソッドは、JSONをきれいに整形して出力するために使われます。

```
> db.polls.find().pretty()
{
  "_id" : ObjectId("53e2a3afffbff195c2e09a02"),
  "options" : [
    "happy","sad","fail","win"
  ],
  "results" : {
    "fail" : 159, "win" : 711,
    "happy" : 233, "sad" : 166,
```

```
    },
    "title" : "今の気分は?"
}
```

マップresultsが実際に更新されており、それぞれの選択肢の得票数がわかります。

5.6 まとめ

この章では、基盤となる事柄について多くの解説を行ってきました。例えばシグナルのチャネルを使い、プログラムを穏やかに停止するための方法をいくつか紹介しました。終了時に行わなければならない処理がある場合に、これらが重要な役割を果たします。また、致命的なエラーをユーザーに報告するという処理をプログラムの先頭でdeferとともに記述するというやり方も紹介しました。こうすると、deferしておいた他の処理が確実に実行されるようになります。

mgoパッケージを使うとMongoDBとのインタラクションをとても簡単に行えるということも明らかにしました。データベース上でのさまざまな操作を表すにはBSON形式のデータが必要です。map[string]interface{}を表すbson.Mを使うと、構造やスキーマを持たないデータを扱うためのコードを柔軟かつ簡潔に記述できます。

メッセージキューについても学びました。システムのコンポーネントを分割し、独立したマイクロサービスとして定義する際にメッセージキューが役立ちます。NSQを利用するには、まず探索のためのnsqlookupdデーモンを起動します。そしてnsqdインスタンスを起動し、TCPのインタフェースを使って両者を接続します。すると、twittervotesはメッセージキューに対して投票結果をパブリッシュし、その都度counterはハンドラの関数を実行できるようになります。

それぞれのプログラムが行っている作業はシンプルですが、この章で紹介したアーキテクチャ全体としてはとても重要な処理が実現されます。

- twittervotesとcounterが同じマシン上で実行されている必要はありません。適切なNSQに接続できさえすれば、これらのプログラムはどこで実行されていても正しく機能します。
- MongoDBやNSQのノードは複数のマシンに分散して配置できます。つまり、我々のシステムは大きなスケーラビリティを備えています。リソースが不足し始めたらいつでも、新しいマシンを追加して負荷に対処できます。
- 投票結果を問い合わせて取得するアプリケーションを追加する際に、データベースサービスが利用できデータを提供可能だということを保証できます。
- データベースは地理的に分散した配置が可能です。それぞれの間でバックアップを行えば、災害時にもデータが失われることはありません。
- NSQについても、複数のノードから構成される耐故障性の高い環境を構築できます。twittervotesプログラムが投票のツイートを発見した時に、そのデータの送信先が常にどこかに存在します。

- Twitter以外の情報源から投票のデータを取得するようなプログラムも、問題なく多数作成できます。その際の要件は、NSQにメッセージを送信する方法を知っているということだけです。

次の章では、RESTに基づいてデータを提供するサービスを作成します。ここまでに作成したアプリケーションの機能が公開されることになります。ユーザーが自分で調査項目を作成したり、投票結果を視覚的に表示したりするためのWebインタフェースも作成します。

6章
REST形式でデータや機能を公開する

前の章で作成したサービスでは、Twitterからツイートを読み込み、この中から投票のツイートを抜き出してカウントし、その結果をMongoDBのデータベースに格納しました。調査項目の追加や投票結果の確認には、MongoDBのシェルが利用されていました。我々のシステムを利用するのが自分たちだけなら、このアプローチでも十分です。しかし、我々がこのプロジェクトを公開した場合についても考えてみましょう。サービスを利用するためにはユーザーがMongoDBのインスタンスに直接アクセスしなければならないというのは、まったくのナンセンスです。

そこでこの章では、REST形式に基づいてデータと機能を公開するサービスを作成します。そして、このAPIを利用するシンプルなWebサイトも用意します。こうすれば、調査を作成しその結果を知りたいユーザーは我々のWebサイトを利用することもでき、我々のWebサービスを利用して自分でアプリケーションを作成することもできます。

この章で作成するコードは、5章でのコードに依存しています。5章をまだ読んでいない読者には、先に読んでおくことをおすすめします。特に、実行環境のセットアップに関する説明はこの章でも引き続き有効です。

具体的には、この章では以下のような点について学びます。

- `http.HandlerFunc`型をラップし、HTTPリクエストを処理するためのシンプルで強力なパイプラインを定義する方法
- HTTPハンドラの間でデータを安全に共有する方法
- データを公開するハンドラを作成する際のベストプラクティス
- 実装を可能なかぎりシンプルにしつつ、インタフェースを変えずに改善を行えるようにする抽象化
- 外部のパッケージへの依存を(少なくとも、当面の間)回避するためのヘルパー関数やヘルパー型

6.1 RESTに基づくAPIの設計

RESTに基づくAPIでは、いくつかの原則に従う必要があります。これらはWebが生まれた頃からの理念に基づいており、ほとんどの開発者にとって馴染みのあるものばかりです。これらの原則に従うことによって、APIの中に奇妙なものや一般的ではないものが入り込むことを防げます。しかも、これらの原則は開発者だけでなくユーザーも知っているため、APIの利用への障壁を下げることにもつながります。

RESTに基づく設計の中で、最も重要な考え方をあげると以下のようになります。

- HTTPのメソッドはアクションの種類を表します。例えばGETはデータを読み出すためだけに使われ、POSTは何かを新規作成するために使われます。
- データはリソースの集合として表現されます。
- アクションはデータへの操作として表現されます。
- URLは特定のデータを参照するために使われます。
- HTTPヘッダーはサーバーが送受信するデータの種類を表現するために使われます。

これらの考え方についての詳細やその他の情報については、Wikipedia（https://ja.wikipedia.org/wiki/REST）などを参照してください。

表6-1は、我々のAPIでサポートするHTTPのメソッドとURLのリストです。それぞれのアクションについて、簡単な説明と想定されるユースケースの例も示しました。

表6-1　我々のAPI

リクエスト	説明	利用例
GET /polls/	すべての調査項目を読み出す	調査項目のリストをユーザーに示す
GET /polls/{id}	指定された調査項目を読み出す	特定の調査項目について、その詳細や投票結果を示す
POST /polls/	調査項目を作成する	調査項目を新規作成する
DELETE /polls/{id}	調査項目を削除する	指定された調査項目を削除する

{id}はプレースホルダです。URLのパスの中で、調査項目のID値を表します。

6.2 ハンドラ間でのデータの共有

我々のハンドラをGoの標準ライブラリに含まれるhttp.Handlerに準拠した純粋なものに保ちつつ、よく使われる機能をメソッドにしてくくりだしたいのなら、ハンドラ間でデータを共有するため

のしくみが別に必要になります。下に示すHandlerFuncのシグネチャーを見ると、ここではhttp.ResponseWriterとhttp.Requestのオブジェクトしか渡していないことがわかります。

```
type HandlerFunc func(http.ResponseWriter, *http.Request)
```

どこか1ヶ所でデータベースセッションを表すオブジェクトを生成して管理し、これをハンドラに渡すというのが理想です。しかし、ハンドラにはhttp.ResponseWriterとhttp.Requestしか渡せないので、このようなことは不可能です。

そこで、リクエストごとのデータをメモリ上にマップとして保持し、ハンドラから容易にアクセスできるようにします。twittervotesやcounterと同じようにapiフォルダーを作成し、この中に以下の内容でvars.goというファイルを追加してください。

```
package main
import (
  "net/http"
  "sync"
)
var (
  varsLock sync.RWMutex
  vars map[*http.Request]map[string]interface{}
)
```

ここで定義されているマップvarsでは、キーはリクエストを表す*http.Request型で、値は別のマップです。この2つ目のマップには、リクエストのインスタンスに関連づけたデータが格納されます。マップvarsは複数のHTTPリクエストが同時にアクセスして変更を試みるため、ロックvarsLockが重要な役割を果たします。

続いてOpenVars関数を定義します。指定されたリクエストのためのデータを保持できるように、マップvarsを生成します。

```
func OpenVars(r *http.Request) {
  varsLock.Lock()
  if vars == nil {
    vars = map[*http.Request]map[string]interface{}{}
  }
  vars[r] = map[string]interface{}{}
  varsLock.Unlock()
}
```

この関数はまず、マップを安全に操作できるようにvarsLockのロックを獲得します。そして、varsがnilの場合にはマップを生成します。nilのままの状態でアクセスを試みた場合、プログラムは異常終了してしまいます。指定されたhttp.Requestへのポインタをキーとして空のマップをvarsに追加し、最後にロックを解放して他のハンドラからのアクセスを可能にします。

1つのリクエストの処理が終わった際に、そこで使われていたメモリを解放するためのしくみも必

要です。そうしないと、我々のコードのメモリ使用量が増加を続けることになってしまいます（この状態はメモリリークと呼ばれます）。そこで、以下のような`CloseVars`関数を追加します。

```
func CloseVars(r *http.Request) {
  varsLock.Lock()
  delete(vars, r)
  varsLock.Unlock()
}
```

この関数を実行すると、指定されたリクエストに対応するエントリがマップ`vars`から安全に削除されます。データにアクセスする前に`OpenVars`を呼び出し、終わったら`CloseVars`を呼び出しさえすれば、リクエストごとのデータを安全に読み書きできるようになります。しかし、データの読み書きのたびにマップのロックやその解放を求めるというのは望ましくありません。そこで、`GetVar`と`SetVar`というヘルパー関数を追加します。

```
func GetVar(r *http.Request, key string) interface{} {
  varsLock.RLock()
  value := vars[r][key]
  varsLock.RUnlock()
  return value
}
func SetVar(r *http.Request, key string, value interface{}) {
  varsLock.Lock()
  vars[r][key] = value
  varsLock.Unlock()
}
```

`GetVar`関数は、指定されたリクエストに関連づけられたデータを容易に取得できるようにするためのものです。また、`SetVar`はデータをセットするために使われます。なお、`GetVar`では`Lock`や`Unlock`の代わりに`RLock`と`RUnlock`が使われています。ロックとして`sync.RWMutex`が使われており、書き込みが発生していないかぎり複数の読み出しを同時に行えるようになっています。同時に読み出しても問題のないデータを扱っているなら、このようなロックを使うことによってパフォーマンスを向上できます。誰かが`Lock`を行っていると、ロックが解除されるまでは他のコードは`Lock`を試みると実行がブロックされてしまいます。しかし`RLock`では、他のコードによる`RLock`をブロックすることはありません。

6.3　ラップされたハンドラ関数

GoでWebサイトやWebサービスを実装する際のパターンの中で、きわめて重要なものを2章で紹介しています。`http.Handler`型の値を、別の`http.Handler`型の値でラップするというパターンです。RESTのAPIでは、`http.HandlerFunc`関数に対して同様のテクニックを適用します。こうす

ることによって、`func(w http.ResponseWriter, r *http.Request)`という標準のインタフェースに従いながらコードをモジュール化できるというとても強力なメリットを得られます。

6.3.1　APIキー

Web経由のAPIのほとんどでは、クライアントに対してAPIキーの登録を求めています。APIを呼び出す際に、リクエストの中にこのAPIキーを含める必要があるというのが一般的です。APIキーにはさまざまな用途があります。単に、リクエストを行ったアプリケーションを識別するために使われることもあります。一方、行える処理をユーザーが選んで許可するというような場合には、APIキーがアクセス権の設定に関わることもあります。我々のアプリケーションにとってAPIキーは必須ではありませんが、クライアントにはAPIキーの送信を求めることにします。後でAPIキーが必要になった場合に、APIを変更しなくても済むようにするためです。

`api`フォルダーに、主役となる`main.go`を追加しましょう。

```
package main
func main(){}
```

そして、`HandlerFunc`をラップした1つ目の関数に`withAPIKey`という名前をつけて、`main.go`の末尾に追加します。

```
func withAPIKey(fn http.HandlerFunc) http.HandlerFunc {
  return func(w http.ResponseWriter, r *http.Request) {
    if !isValidAPIKey(r.URL.Query().Get("key")) {
      respondErr(w, r, http.StatusUnauthorized, "不正なAPIキーです")
      return
    }
    fn(w, r)
  }
}
```

この`withAPIKey`は、引数も戻り値も`http.HandlerFunc`型です。これが「コンテキストの中にラップする」ということです。`withAPIKey`関数はまだ定義していない関数をいくつか利用していますが、行おうとしていることは明確に理解できるかと思います。`withAPIKey`関数は呼び出されるとすぐに、新しい`http.HandlerFunc`型の値を生成して返します。返される値に含まれる関数では、`isValidAPIKey`を呼び出してURLパラメーターをチェックします。ここで`false`が返された場合、APIキーが不正だというレスポンスを返します。`http.HandlerFunc`型の値を`withAPIKey`関数に渡すだけで、このようなパラメーターのチェックを行えます。`withAPIKey`関数の戻り値も`http.HandlerFunc`型なので、この戻り値を (`http.HandlerFunc`をラップした) 別の関数に渡したり、特定のURLのパスに対応したハンドラとして登録したりできます。

次に、`isValidAPIKey`関数を追加しましょう。

```go
func isValidAPIKey(key string) bool {
  return key == "abc123"
}
```

さしあたっては、abc123というAPIキーをハードコードしておくことにします。これ以外の値が渡された場合には、その値を不正なものとみなしてfalseを返します。後でこの関数を修正し、設定ファイルやデータベースを参照しながらAPIキーの値をチェックするようにします。この修正を行っても、isValidAPIKeyやwithAPIKeyを呼び出す側には変更は不要です。

6.3.2 データベースのセッション

リクエストに正当なAPIキーが含まれるようになったところで、次はハンドラからデータベースへの接続について考えてみましょう。それぞれのハンドラが各自で接続を行うということも可能ですが、これはDRY（Don't Repeat Yourself）の原則に反します。しかも、例えば処理の終了時にデータベースセッションを閉じ忘れるといった誤ったコードを生み出しやすくなります。そこで、HandlerFuncをラップしたハンドラをもう1つ作成し、その中でデータベースセッションを管理することにします。main.goに以下の関数を追加してください。

```go
func withData(d *mgo.Session, f http.HandlerFunc) http.HandlerFunc {
  return func(w http.ResponseWriter, r *http.Request) {
    thisDb := d.Copy()
    defer thisDb.Close()
    SetVar(r, "db", thisDb.DB("ballots"))
    f(w, r)
  }
}
```

このwithData関数は、MongoDBのセッションを表す値（mgoパッケージに含まれます）と、同じパターンに基づいた別のハンドラとを引数として受け取ります。戻り値のhttp.HandlerFuncでは、まずデータベースセッションの値をコピーします。そしてこのコピーを閉じるのはdeferで後で処理するようにします。先ほど作成したヘルパー関数SetVarを使い、ballotsデータベースへの参照をdb変数にセットします。最後に、次のHandlerFuncを呼び出します。こうすることによって、以降のハンドラはすべてGetVar関数を通じてデータベースセッションにアクセスできるようになります。そしてこれらのハンドラが処理を終えると、deferしておいたコードが実行されてデータベースセッションは閉じられます。これに伴って、リクエストの際に使われたメモリはすべてクリーンアップされます。個々のハンドラはこれらの処理について心配する必要はありません。

6.3.3 リクエストごとの変数

我々のアプリケーションに取り入れているパターンでは、本体となるハンドラに代わって何らかの共通の処理を行うということが容易になります。例えば、ある1つのハンドラがOpenVarsと

CloseVarsを呼び出しているため、他のハンドラはセットアップやクリーンアップについて心配せずにGetVarやSetVarを呼び出せます。ハンドラをラップした関数（withVarsと呼ぶことにします）はhttp.HandlerFuncを返します。ここではまずリクエストのためにOpenVarsを呼び出し、CloseVarsの呼び出しをdeferし、そしてラップ対象のハンドラの関数を呼び出します。このwithVarsでラップされたハンドラはすべて、GetVarとSetVarをすぐに呼び出せます。

以下のコードをmain.goに追加しましょう。

```
func withVars(fn http.HandlerFunc) http.HandlerFunc {
    return func(w http.ResponseWriter, r *http.Request) {
        OpenVars(r)
        defer CloseVars(r)
        fn(w, r)
    }
}
```

このパターンを活用すると、他にも多くの問題に対処できるようになります。複数のハンドラに同じ作業を繰り返し実行させていると感じたら、ハンドラをラップした関数を使ってコードをシンプルにできないか検討しましょう。

6.3.4　ドメイン間のリソース共有

Ajaxリクエストには同一生成元ポリシー（same-origin policy）と呼ばれる制約があり、ブラウザはWebサーバーと同じドメインで公開されているサービスにしかアクセスできません。我々のサービスを公開しているドメイン以外からはサービスのAPIを利用できないということになってしまい、非常に不都合です。そこで、この制約を回避するためのCORS（cross-origin resource sharing）というテクニックが考案されています。これを利用すれば、別ドメインのWebサイトにもサービスを提供できます。CORSを利用するには、まずレスポンスのAccess-Control-Allow-Originヘッダーに*という値をセットします。また、調査項目を作成するリクエストでLocationヘッダーを使うので、クライアントからこのヘッダーにアクセスできるようにする必要があります。このために、Access-Control-Expose-Headersヘッダーの中でLocationを指定します。以下のコードをmain.goに追加してください。

```
func withCORS(fn http.HandlerFunc) http.HandlerFunc {
    return func(w http.ResponseWriter, r *http.Request) {
        w.Header().Set("Access-Control-Allow-Origin", "*")
        w.Header().Set("Access-Control-Expose-Headers", "Location")
        fn(w, r)
    }
}
```

最もシンプルなラッパーの関数ができました。ResponseWriter型の値に対してヘッダーを追加し、指定されたhttp.HandlerFuncを呼び出しています。

この章では、CORSのしくみを理解するためにヘッダーを直接記述しています。実運用向けのコードでは、https://github.com/fasterness/corsなどオープンソースのソリューションを利用するのがよいでしょう。

6.4　レスポンスの生成

どんなAPIでも、レスポンスにはステータスコードとデータが含まれ、エラーやヘッダーが加えられることもあります。net/httpパッケージを使うと、このようなレスポンスの生成をとても簡単に行えます。ここでの1つの選択肢として、ハンドラの中で直接レスポンスのデータを生成するというものがあります。これは小さなプロジェクトでは最善の選択肢であり、大きなプロジェクトの初期段階でも有効です。しかし、ハンドラが増えると複数箇所に似たようなコードが記述されるようになり、プロジェクト内の至るところでレスポンスに関する判断のロジックが分散してしまいます。レスポンスを生成する処理を抽象化し、ヘルパー関数の中に実装するというのがよりスケーラブルなアプローチです。

現状のバージョンのAPIではJSONだけを出力していますが、後で必要になった時のために他の表現形式にも対応できるようにします。

respond.goという新しいファイルを作成し、以下のコードを入力してください。

```go
package main

func decodeBody(r *http.Request, v interface{}) error {
  defer r.Body.Close()
  return json.NewDecoder(r.Body).Decode(v)
}
func encodeBody(w http.ResponseWriter, r *http.Request, v interface{}) error {
  return json.NewEncoder(w).Encode(v)
}
```

これら2つの関数は、それぞれ*http.Requestオブジェクトからのデコードとhttp.ResponseWriterオブジェクトへのエンコードを抽象化しています。リクエスト本体のオブジェクトは最後に閉じないといけないので、decodeBodyで、デコードした後リクエスト本体を閉じています。ここではあまり多くの処理は記述されていませんが、ここ以外のコードで例えばJSONなどといった具体的な表現形式を指定する必要がありません。つまり、他の表現形式にも対応したい場合や、バイナリ形式のプロトコルに移行したいといった場合にも、上の2つの関数を変更するだけで対処できます。

続いて、レスポンスの生成をさらに容易にするためのヘルパーをいくつか追加することにします。次のコードを、respond.goに追加します。

```
func respond(w http.ResponseWriter, r *http.Request,
    status int, data interface{},
) {
  w.WriteHeader(status)
  if data != nil {
    encodeBody(w, r, data)
  }
}
```

この関数を使うと、ヘルパー関数encodeBodyを使ってエンコードしたデータがステータスコードと合わせてResponseWriterに出力されます。この一連の処理を簡単に行えるようになります。

エラー処理も、抽象化に値する重要な操作です。respondErrというヘルパー関数を追加します。

```
func respondErr(w http.ResponseWriter, r *http.Request,
    status int, args ...interface{},
) {
  respond(w, r, status, map[string]interface{}{
    "error": map[string]interface{}{
      "message": fmt.Sprint(args...),
    },
  })
}
```

このメソッドのシグネチャーはrespondに似ていますが、出力されるデータは、問題の発生であることを明示するために、errorオブジェクトのmessageとして出力しています。最後に、HTTPでのエラーに特化したヘルパーを追加します。Goの標準ライブラリに含まれるhttp.StatusText関数を使い、適切なメッセージを生成します。

```
func respondHTTPErr(w http.ResponseWriter, r *http.Request, status int) {
  respondErr(w, r, status, http.StatusText(status))
}
```

これらの関数は呼び出しの関係が連鎖しています。このような関係を、自社製のドッグフードを自分の飼い犬に与えることにたとえてdogfoodingと呼ぶこともあります。変更が必要になった（きっとなります）場合に備えて、実際のレスポンスの生成は1ヶ所だけで行うべきです。このためにdogfoodingは重要です。

6.5　リクエストを理解する

http.Requestオブジェクトには、実行中のHTTPリクエストに関する情報がすべて含まれています。net/httpのドキュメントを読み、このオブジェクトの機能について理解することをおすすめします。機能の一部を下に紹介します。

- URLのパスとパラメーター
- HTTPメソッド
- クッキー
- ファイル
- フォームの値
- リクエストのリファラやユーザーエージェント
- Basic認証に関する詳細
- リクエストの本体
- ヘッダーの情報

ただし、非対応の機能もあります。例えば、URLのパスを解析するには、自分で処理を記述するか外部のパッケージに頼る必要があります。`http.Request`型の`URL.Path`フィールドを使えば、パス（例えば/people/1/books/2）を文字列として取得できます。しかし、このパスの中に埋め込まれている情報（人物のIDが1で、書籍のIDが2だということ）を取り出す簡単な方法はありません。

GowebやGorillaによるmuxパッケージなどは、この問題の解決を試みています。これらを使うと、値のプレースホルダを含むパターンを定義できます。このパターンをパスの文字列に対して適用し、マッチした値をコードの中で利用できるようになります。例えば`/users/{userID}/comments/{commentID}`というパターンは、`/users/1/comments/2`というパスにマッチします。ハンドラのコードでは、`userID`や`commentID`という名前でそれぞれの実際の値にアクセスできます。パスの解析を自分で行う必要はありません。

我々のアプリケーションでは、要件はシンプルです。そこで、パスの解析を自前で行うことにします。必要なら他のパッケージを利用することもできますが、その際には依存関係が発生することに注意が必要です。

`path.go`というファイルを作成し、以下のコードを入力しましょう。

```go
package main
import (
  "strings"
)
const PathSeparator = "/"
type Path struct {
  Path string
  ID string
}
func NewPath(p string) *Path {
  var id string
  p = strings.Trim(p, PathSeparator)
  s := strings.Split(p, PathSeparator)
```

```
    if len(s) > 1 {
      id = s[len(s)-1]
      p = strings.Join(s[:len(s)-1], PathSeparator)
    }
    return &Path{Path: p, ID: id}
}
func (p *Path) HasID() bool {
  return len(p.ID) > 0
}
```

このシンプルなパーサー（解析器）では、NewPathという関数が提供されています。受け取ったパスの文字列を解析し、Path型のインスタンスを生成して返します。strings.Trimを使って先頭と末尾のスラッシュを削除し、strings.Splitを使って残りの文字列をスラッシュで区切って分割します。定数PathSeparatorはスラッシュを表します。分割によって生成されたスライスに複数の項目が含まれる場合（len(s) > 1）には、最後の項目をIDとみなします。最後の項目（s[len(s)-1]）をIDとして取り出し、残りの部分は別のスライス（s[:len(s)-1]）として取り出します。この新しいスライスは、PathSeparatorを区切り文字として再び連結され、IDを含まないパスの文字列が生成されます。

このコードは任意の「コレクション名/ID値」というパターンに対応しており、我々のAPIにとってはこれで十分です。さまざまなパスの文字列に対して、どのようなPath型の値が生成されるかを示したのが表6-2です。

表6-2　パスから生成されるPath型の値

パス	Path	ID	HasID
/			false
/people/	people		false
/people/1/	people	1	true

6.6　APIを提供するシンプルなmain関数

Webサービスの実体は、シンプルなGoプログラムです。特定のHTTPアドレスとポート番号に自身をバインド（関連づけ）し、リクエストに応答します。ここでも、以前の章で学んだコマンドラインツールに関する知識やテクニックが活用できます。

main関数は可能なかぎり、シンプルかつ控えめなものであるべきです。特にGoでは、このことが強く当てはまります。

main関数に取りかかる前に、API設計での目標を紹介します。

- 我々のAPIで待ち受けを行うHTTPアドレスとポート番号やMongoDBインスタンスのアドレスは、コマンドライン引数を通じて指定できるようにし、再コンパイルなしに変更できるようにします。
- 終了を指示されたら、穏やかに停止処理を行います。終了のシグナルを受信した際に処理中（in-flightとも呼ばれます）のリクエストがあったら、これらの処理を完了させてから停止します。
- 状態の変化をログに記録し、エラーは適切に報告します。

main.goの先頭に記述されているプレースホルダのmain関数を、以下のコードに置き換えてください。

```go
func main() {
  var (
    addr  = flag.String("addr", ":8080", "エンドポイントのアドレス")
    mongo = flag.String("mongo", "localhost", "MongoDBのアドレス")
  )
  flag.Parse()
  log.Println("MongoDBに接続します", *mongo)
  db, err := mgo.Dial(*mongo)
  if err != nil {
    log.Fatalln("MongoDBへの接続に失敗しました:", err)
  }
  defer db.Close()
  mux := http.NewServeMux()
  mux.HandleFunc("/polls/", withCORS(withVars(withData(db,
      withAPIKey(handlePolls)))))
  log.Println("Webサーバーを開始します:", *addr)
  graceful.Run(*addr, 1*time.Second, mux)
  log.Println("停止します...")
}
```

我々のAPIのmain関数はこれだけです。今後このAPIが成長しても、mainへの変更はわずかです。

まず、addrとmongoという2つのコマンドラインフラグを定義します。一般的なデフォルト値を指定し、flagパッケージを使って解析を行います。次に、指定されたアドレスを使ってMongoDBデータベースに接続します。接続に失敗したら、log.Fatallnを呼び出してプログラムを終了します。実行中のデータベースに接続できたら、この接続を表す参照を変数dbにセットし、接続を閉じるコードをdeferします。こうすることによって、プログラムの終了時に接続解除とクリーンアップを適切に行えるようになります。

また、http.ServeMuxオブジェクトが生成されています。これは、パスのパターンに応じて、指

定されているハンドラを起動するためのもので、Goの標準ライブラリに含まれています。そして、パスが/polls/で始まるすべてのリクエストを処理するためのハンドラがここに登録されます。

最後に、Tyler Bunnellが作成した便利なGracefulパッケージ（https://github.com/stretchr/graceful）を使ってサーバーを開始します。このパッケージでは、http.Handler（ServeMuxも含まれます）の実行時間をtime.Durationとして指定できます。この時間のあいだ実行中のリクエストを完了を待ってから、Run関数を終了します。Run関数は、Ctrl＋Cなどによってプログラムの停止を指示されるまでブロックします。

6.6.1 ハンドラをラップした関数の利用

我々のハンドラをラップした関数は、ServeMuxのHandleFuncを呼び出す際に使われています。ラップは以下のようにしています。

    withCORS(withVars(withData(db, withAPIKey(handlePolls)))))

それぞれの関数は引数としてhttp.HandlerFuncを受け取り、同じくhttp.HandlerFunc型の値を返します。そのため、上のように入れ子状に関数を呼び出すことによってそれぞれの機能を連鎖させることができます。/polls/から始まるパスへのリクエストを受け取った場合、以下のような処理が行われます。

1. withCORSが返すハンドラの中で、ヘッダーがセットされます。
2. withVarsが返すハンドラの中で、リクエストごとのOpenVarsが呼び出され、CloseVarsをdeferし、後で実行するようにしておきます。
3. withDataが返すハンドラの中で、1つ目の引数で指定されたデータベースセッションがコピーされ、これを閉じるコードをdeferで後で実行するようにしておきます。
4. withAPIKeyが返すハンドラの中で、リクエスト中のAPIキーがチェックされます。不正な値の場合には処理は中止され、そうでなければ処理が継続して後続のハンドラが呼び出されます。
5. リクエストごとの変数やデータベースセッションにアクセスできる状態でhandlePollsが呼び出されます。respond.goで定義されたヘルパー関数などを使い、クライアントへのレスポンスが出力されます。
6. withAPIKeyが返すハンドラに処理が戻ります。ここでは何も行われません。
7. withDataが返すハンドラに処理が戻ります。このハンドラの終了時に、deferしていたコードが実行されてデータベースセッションがクリーンアップされます。
8. withVarsが返すハンドラに処理が戻ります。このハンドラの終了時にも、deferしていたコードが実行されてリクエストごとの変数がクリーンアップされます。
9. 最後に、withCORSが返すハンドラに処理が戻ります。ここでは何も行われません。

それぞれの関数を入れ子にする順序は重要です。withDataでは、リクエストごとの変数としてデータベースセッションを保持しています。したがって、この時点でSetVarが利用できなければならないため、withVarsはwithDataよりも外側に記述されている必要があります。この順序を逆にすると、コードは異常終了してしまうでしょう。他の開発者にとって何らかの意味のある異常終了にするために、何らかのチェックのコードを追加することが望まれます。

6.7 エンドポイントの管理

パズルの最後のピースはhandlePolls関数です。ヘルパー関数を利用してリクエストを解釈し、データベースにアクセスして意味のあるレスポンスをクライアントに返します。調査項目のデータ（5章参照）をモデル化する必要もあります。

polls.goというファイルを新規作成し、次のコードを入力してください。

```go
package main
import "gopkg.in/mgo.v2/bson"
type poll struct {
  ID bson.ObjectId `bson:"_id" json:"id"`
  Title string `json:"title"`
  Options []string `json:"options"`
  Results map[string]int `json:"results,omitempty"`
}
```

ここではpollという構造体が定義されています。4つのフィールドは、5章のコードが生成と保守を受け持つ調査項目のデータを表します。それぞれのフィールドにはタグ（IDには2つ）が追加されており、メタデータが記述されています。

6.7.1 タグを使って構造体にメタデータを追加する

タグとは、構造体の中で各フィールドに続けて同じ行に記述される文字列のことです。バッククオートで囲んで記述することで、ダブルクオートもエスケープせずに直接記述できます。reflectパッケージを使うと、タグとして記述されたキーと値の組にアクセスできます。上の例では、bsonやjsonがキーです。キーと値の組は空白文字で区切って記述します。encoding/jsonとgopkg.in/mgo.v2/bsonの両パッケージでは、エンコードやデコードの際に使われるフィールド名（やその他のプロパティ）は、Goのフィールド名から導き出される名前を使うのでなければ、タグを使って指定する必要があります。MongoDBとのやり取りにはBSONが使われ、クライアントに対してはJSONが使われます。したがって、1つの構造体に対して異なるビューが適用されることになります。例えばIDフィールドについて見てみましょう。

```go
ID bson.ObjectId `bson:"_id" json:"id"`
```

GoでのフィールドID名はIDで、JSONのフィールド名はid、BSONでは_idとなっています。MongoDBでは、_idは特別な意味を持つ識別子のフィールドです。

6.7.2　1つのハンドラで多くの処理を行う

先ほど用意したシンプルなパス解析のコードは、URLの文字列しか対象にしていません。クライアントがRESTに基づいてどのような処理を行おうとしているか知るには、もう少しの操作が必要です。特に、リクエストを解釈するにはHTTPのメソッドを知る必要があります。例えば、/polls/というパスに対してGETメソッドによる呼び出しが行われたら、それは調査項目を取得するためのリクエストです。一方、同じパスにPOST形式のリクエストが行われたら、それは新しい調査項目の追加を表します。一部のフレームワークでは、容易にこの問題に対処できます。パス以外の情報（HTTPのメソッドや、特定のヘッダーの有無など）に基づいて、異なるハンドラを関連づけできます。我々のコードはとてもシンプルなので、switch文を使うだけでも十分です。polls.goに以下のhandlePolls関数を追加してください。

```
func handlePolls(w http.ResponseWriter, r *http.Request) {
  switch r.Method {
  case "GET":
    handlePollsGet(w, r)
    return
  case "POST":
    handlePollsPost(w, r)
    return
  case "DELETE":
    handlePollsDelete(w, r)
    return
  }
  // 未対応のHTTPメソッド
  respondHTTPErr(w, r, http.StatusNotFound)
}
```

HTTPメソッドの値に対するswitch文の中で、この値がGETやPOSTそしてDELETEの場合の処理がそれぞれ記述されています。これら以外のHTTPメソッドが指定された場合には、404つまりhttp.StatusNotFoundのエラーを返します。コンパイルを成功させるために、以下のように仮の関数をhandlePollsハンドラに続けて入力してください。

```
func handlePollsGet(w http.ResponseWriter, r *http.Request) {
  respondErr(w, r, http.StatusInternalServerError, errors.New("未実装です"))
}
func handlePollsPost(w http.ResponseWriter, r *http.Request) {
  respondErr(w, r, http.StatusInternalServerError, errors.New("未実装です"))
}
func handlePollsDelete(w http.ResponseWriter, r *http.Request) {
  respondErr(w, r, http.StatusInternalServerError, errors.New("未実装です"))
}
```

ここでは、自分でリクエストの構成要素（HTTPのメソッド）を解析してどの処理を行うかを決める方法を見てきました。シンプルなケースではこれでもかまいませんが、GowebやGorillaによるmuxなどの利用も検討しましょう。これらのパッケージを使えば、同等の処理をより強力に実現できます。ただし、自己完結的な優れたコードを作成するためには、外部への依存を最低限に抑えるということも重要です。

6.7.2.1　調査項目の読み込み

いよいよ、Webサービス本体の実装に進みます。GETの場合のコードは以下のようになります。

```go
func handlePollsGet(w http.ResponseWriter, r *http.Request) {
  db := GetVar(r, "db").(*mgo.Database)
  c := db.C("polls")
  var q *mgo.Query
  p := NewPath(r.URL.Path)
  if p.HasID() {
    // 特定の調査項目の詳細
    q = c.FindId(bson.ObjectIdHex(p.ID))
  } else {
    // すべての調査項目のリスト
    q = c.Find(nil)
  }
  var result []*poll
  if err := q.All(&result); err != nil {
    respondErr(w, r, http.StatusInternalServerError, err)
    return
  }
  respond(w, r, http.StatusOK, &result)
}
```

それぞれのHTTPメソッドごとのハンドラで、最初に行われるのがGetVarを使った mgo.Databaseオブジェクトの取得です。MongoDBとのインタラクションはこのオブジェクトを使って行われます。このハンドラはwithVarsやwithDataよりも入れ子の内側に記述されているため、いつでもデータベースを利用できます。mgoを使い、データベース上のコレクションpollsを指すオブジェクトを生成します。ここに調査項目が格納されていたことを思い出しましょう。

続いてパスを解析し、その結果を元にして問い合わせを表すmgo.Queryオブジェクトを組み立てます。もしパスにID値が含まれるなら、コレクションpollsに対してFindIdメソッドを呼び出します。含まれない場合は、すべての調査項目を取得するためにFindメソッドにnilを渡します。ObjectIdHexメソッドを使い、ID値を文字列からbson.ObjectId型へと変換しています。数値（16進数）を使って個々の調査項目にアクセスできるようにするためです。

Allメソッドは調査項目のオブジェクトのコレクションを返します。結果を格納するために、resultを[]*pollつまりpoll型へのポインタのスライスとして定義しています。Allメソッド

を呼び出すと、mgoはMongoDBへの接続のオブジェクトを使ってすべての調査項目を読み込み、resultオブジェクトに値をセットします。

今回のアプリケーションのように小規模なプロジェクトでは、上のアプローチは妥当です。しかし調査項目が増えた際には、大量のデータをすべてメモリ上に読み込むということは避けるべきです。検索結果をページ単位で区切って取得したり、Queryオブジェクトの Iter メソッドを使って1件ずつ取得したりする必要があるでしょう。

ある程度の機能を追加できたところで、我々のAPIを実際に使ってみましょう。5章でセットアップしたMongoDBインスタンスをそのまま使うなら、すでにコレクションpollsは生成されているはずです。動作確認のために、最低2つの調査項目をデータベースに格納してください。

ターミナルを使って調査項目をデータベースに格納するには、まずmongoコマンドを実行してMongoDBとのインタラクションのためのデータベースシェルを開きます。そして以下のコマンドを入力し、テスト用の調査項目を追加します。

```
> use ballots
switched to db ballots
> db.polls.insert({"title":"調査のテスト1","options":["one","two","three"]})
> db.polls.insert({"title":"調査のテスト2","options":["four","five","six"]})
```

ターミナルでapiフォルダーに移動し、下のコマンドを使ってプロジェクトのビルドと起動を行います。

```
go build -o api
./api
```

次に、エンドポイント/polls/にGETのリクエストを行ってみます。ブラウザを開いてhttp://localhost:8080/polls/?key=abc123（pollsの後のスラッシュを忘れずに）にアクセスします。レスポンスとして、調査項目の配列がJSON形式で返されます。

この配列の中から1つを選び、そのID値を先ほどのURLの中で?の直前にコピー＆ペーストします（例えばhttp://localhost:8080/polls/5415b060a02cd4adb487c3ae?key=abc123）。こうすると、指定されたID値に対応する調査項目の詳細が返されます。ここでは全件ではなく1件だけのデータが取得されます。

APIキーのチェックが正しく行われているかどうか確認してみましょう。keyパラメーターの値を削除または変更すると、どのようなエラーが発生するでしょうか。

返されたデータは1件だけですが、依然として配列の中に格納されています。これは設計上の意図的な判断の結果であり、理由は2つあります。1つ目（こちらのほうが重要です）は、APIのユーザーにとってデータを解釈するコードの作成が容易になるというものです。ユーザーが常にJSON形式の配列を想定するなら、その想定に沿って汎用的な型を記述できます。調査項目が1つの場合と複数の場合とで型を使い分ける必要はありません。このような判断はAPIの設計者である読者に任されています。そして2つ目の理由は、API側のコードもシンプルにできるというものです。mgo.Queryオブジェクトを変更するだけで両方のケースに対応でき、残りの部分のコードは共通化できます。

6.7.2.2　調査項目の作成

`/polls/`にPOST形式のリクエストを送信することによって、クライアントが調査項目を作成できるようにします。このリクエストを処理するコードとして、以下の関数を追加してください。

```go
func handlePollsPost(w http.ResponseWriter, r *http.Request) {
  db := GetVar(r, "db").(*mgo.Database)
  c := db.C("polls")
  var p poll
  if err := decodeBody(r, &p); err != nil {
    respondErr(w, r, http.StatusBadRequest, "リクエストから調査項目を読み込めません", err)
    return
  }
  p.ID = bson.NewObjectId()
  if err := c.Insert(p); err != nil {
    respondErr(w, r, http.StatusInternalServerError, "調査項目の格納に失敗しました", err)
    return
  }
  w.Header().Set("Location", "polls/"+p.ID.Hex())
  respond(w, r, http.StatusCreated, nil)
}
```

RESTの原則に従うと、リクエストの本体にはクライアントが作成しようとしているオブジェクトが含まれているはずです。そこで、この本体をデコードして調査項目のオブジェクトを取り出します。ここでエラーが発生したら、ヘルパー関数`respondErr`を使ってユーザー向けのエラーメッセージを出力し、即座にリターンします。デコードに成功したら、調査項目を表す重複のないID値を生成します。mgoパッケージの`Insert`メソッドを使い、デコードされたオブジェクトをデータベースに格納します。そしてHTTPの仕様に従い、201というステータスコードを表す`http.StatusCreated`をレスポンスとして返します。この際、新しく生成された調査項目にアクセスするためのURLをレスポンスに含めます。

6.7.2.3　調査項目の削除

最後の機能として、調査項目の削除も行えるようにします。調査項目のURL（例えば`/polls/5415b060a02cd4adb487c3ae`）に対してDELETEメソッドのリクエストを行うと、該当する

調査項目がデータベースから削除され、成功を表す200というステータスコードが返されます。

```go
func handlePollsDelete(w http.ResponseWriter, r *http.Request) {
  db := GetVar(r, "db").(*mgo.Database)
  c := db.C("polls")
  p := NewPath(r.URL.Path)
  if !p.HasID() {
    respondErr(w, r, http.StatusMethodNotAllowed,
               "すべての調査項目を削除することはできません")
    return
  }
  if err := c.RemoveId(bson.ObjectIdHex(p.ID)); err != nil {
    respondErr(w, r, http.StatusInternalServerError, "調査項目の削除に失敗しました", err)
    return
  }
  respond(w, r, http.StatusOK, nil) // 成功
}
```

GETの場合と同様に、まずパスを解析します。この中にID値が含まれない場合、エラーを返します。当面は、1つのリクエストですべての調査項目を削除することは許さず、`http.StatusMethodNotAllowed`というエラーを返すことにします。他の例と同じく`polls`コレクションに対して、`bson.ObjectId`型に変換したID値を渡して`RemoveId`を呼び出します。削除に成功したら、本体は空のまま`http.StatusOK`のレスポンスを返します。

6.7.2.4 CORSのサポート

DELETEの機能をCORSと組み合わせても正しく機能するようにするために、ブラウザがDELETEなどのメソッドを使えるようにする必要があります。CORSに対応したブラウザは、DELETEのリクエストに先立ってpre-flightリクエストと呼ばれるOPTIONS形式のリクエストを行います。この中で、実際のリクエスト（HTTPのメソッド名はAccess-Control-Request-Methodリクエストヘッダーで指定されます）を行うための許可が求められます。つまり、API側ではOPTIONSにも適切に応答しなければなりません。以下の`case`節を`switch`文に追加してください。

```go
case "OPTIONS":
  w.Header().Add("Access-Control-Allow-Methods", "DELETE")
  respond(w, r, http.StatusOK, nil)
  return
```

ブラウザがDELETEリクエストを行う許可を求めていたら、APIはAccess-Control-Allow-MethodsレスポンスヘッダーにDELETEという値をセットします。実際のアプリケーションでは、Access-Control-Allow-MethodsにはリクエストのAccess-Control-Request-Methodに応じて異なる値がセットされるべきです。しかし我々のアプリケーションではDELETEにだけ対応すればよいため、値をハードコードしています。

本書ではこれ以上の解説はしませんが、より現実的なWebサービスやAPIを作成したいならCORSについてより詳しく学ぶことをおすすめします。まずはhttp://enable-cors.org/にアクセスしてみましょう。

6.7.3　curlを使ってAPIをテストする

　HTTPリクエストを実行するcurlというコマンドラインツールがあります。これを使うと、実際のアプリケーションあるいはクライアントと同じように我々のサービスにアクセスできます。

Windowsではcurlを利用できないため、代わりのツールを探す必要があります。http://curl.haxx.se/dlwiz/?type=binにアクセスするか、「Windows curl 代替」で検索してください。

　ターミナルを開き、API経由でデータベース上のすべての調査項目を取得してみましょう。apiフォルダーに移動してプロジェクトをビルドして起動します。この際、MongoDBが実行されている必要があります。

```
go build -o api
./api
```

そして以下の操作を行ってください。

1. 下のcurlコマンドを入力します。-Xフラグは、指定されたURLに対してGET形式のリクエストを行うという意味です。

    ```
    curl -X GET http://localhost:8080/polls/?key=abc123
    ```

2. Enterキーを押すと、例えば以下のように出力されます。

    ```
    [{"id":"541727b08ea48e5e5d5bb189","title":"好きなビートルズのメンバーは?",
    "options":["John","Paul","George","Ringo"]},{"id":"541728728ea48e5e5d5bb18a",
    "title":"好きな言語は?","options":["Go","Java","JavaScript","Ruby"]}]
    ```

3. 見やすくはありませんが、API経由で調査項目を取得できました。次のコマンド（実際には1行。以下同）を使い、調査項目を新規作成します。

    ```
    curl --data '{"title":"調査のテスト","options":["one","two","three"]}'
    -X POST http://localhost:8080/polls/?key=abc123
    ```

4. 再びリストを取得し、作成した調査項目が含まれているかどうか確認します。

    ```
    curl -X GET http://localhost:8080/polls/?key=abc123
    ```

5. ID値のうち1つをコピー＆ペーストし、下のように特定の調査項目に関するデータを取得します。

    ```
    curl -X GET
    http://localhost:8080/polls/541727b08ea48e5e5d5bb189?key=abc123
    [{"id":"541727b08ea48e5e5d5bb189",","title":"好きなビートルズのメンバーは？？",
    "options":["John","Paul","George","Ringo"]}]
    ```

6. ここではビートルズに関する調査項目が出力されました。これを削除します。

    ```
    curl -X DELETE
    http://localhost:8080/polls/541727b08ea48e5e5d5bb189?key=abc123
    ```

7. もう一度リストを取得し、ビートルズの調査項目がなくなっていることを確認します。

    ```
    curl -X GET http://localhost:8080/polls/?key=abc123
    ```

これで、APIが期待どおりに機能していることがわかりました。続いては、このAPIを利用するプログラムを作成します。

6.8　APIを利用するWebクライアント

きわめてシンプルなWebクライアントを作成し、我々のAPIを使ってデータを取得したり操作を呼び出したりしてみます。5章からここまでに作成してきた投票のシステムに対して、ユーザーもインタラクションを行えるようになります。このWebクライアントは3つのWebページから構成されます。

index.html
調査項目のリストを表示します。

view.html
特定の調査項目について表示します。

new.html
調査項目を新規作成します。

apiと同じフォルダーにwebフォルダーを作成し、main.goに以下のコードを入力してください。

```go
package main
import (
  "flag"
  "log"
  "net/http"
)
func main() {
  var addr = flag.String("addr", ":8081", "Webサイトのアドレス")
```

```
    flag.Parse()
    mux := http.NewServeMux()
    mux.Handle("/", http.StripPrefix("/",
        http.FileServer(http.Dir("public"))))
    log.Println("Webサイトのアドレス:", *addr)
    http.ListenAndServe(*addr, mux)
}
```

このように短いコードからも、Goという言語と標準のライブラリが備える美しさが明らかになります。スケーラビリティが高く完全な静的Webサイトが、これだけのコードで実現されています。以前にも利用した`http.ServeMux`を使い、`addr`フラグで指定されたアドレスで`public`フォルダーの静的ファイルを公開します。

これから作成するページには、多くのHTMLやJavaScriptのコードが含まれます。これらはGoの学習にとって本質的ではないため、手入力したくないという読者は本書のGitHubリポジトリからコードをコピー＆ペーストしてもかまいません。URLはhttps://github.com/matryer/goblueprintsです。

6.8.1　調査項目のリストのページ

`web`の中に`public`というサブフォルダーを作り、以下のHTMLを含む`index.html`を追加してください。

```html
<!DOCTYPE html>
<html>
  <head>
    <title>調査項目のリスト</title>
    <link rel="stylesheet"
        href="//maxcdn.bootstrapcdn.com/bootstrap/3.2.0/css/bootstrap.min.css">
  </head>
  <body>
  </body>
</html>
```

BootstrapはUIの見た目を向上させるために利用されます。まずは、`body`タグの中に以下のセクションを追加してください。これは調査項目のリストを表示するために使われます。

```html
<div class="container">
  <div class="col-md-4"></div>
  <div class="col-md-4">
    <h1>調査項目のリスト</h1>
    <ul id="polls"></ul>
    <a href="new.html" class="btn btn-primary">新規作成</a>
  </div>
```

```
    <div class="col-md-4"></div>
</div>
```

ここではBootstrapが持つグリッドのしくみが使われています。調査項目のリストと、新規作成のためのnew.htmlへのリンクが中央揃えで表示されます。

直後に続けて、以下のscriptタグとJavaScriptのコードを追加してください。

```
<script
    src="//ajax.googleapis.com/ajax/libs/jquery/2.1.1/jquery.min.js"></script>
<script
    src="//maxcdn.bootstrapcdn.com/bootstrap/3.2.0/js/bootstrap.min.js"></script>
<script>
  $(function(){
    var update = function(){
      $.get("http://localhost:8080/polls/?key=abc123", null, null, "json")
        .done(function(polls){
          $("#polls").empty();
          for (var p in polls) {
            var poll = polls[p];
            $("#polls").append(
              $("<li>").append(
                $("<a>")
                .attr("href", "view.html?poll=polls/" + poll.id)
                .text(poll.title)
              )
            )
          }
        }
      );
      window.setTimeout(update, 10000);
    }
    update();
  });
</script>
```

ここではjQueryの$.get関数を使い、我々のAPIに対してAjaxリクエストを行っています。APIのURLはハードコードされていますが、現実としてはハードコードは望ましくありません。少なくとも、実際のドメイン名を記述するべきです。調査項目のリストが読み込まれたら、jQueryを使ってHTMLを生成します。それぞれの調査項目はview.htmlにリンクしています。リンクのURLの中で、ID値はURLパラメーターとして表現されます。

6.8.2 調査項目を作成するページ

ユーザーが調査項目を作成できるようにするために、publicフォルダーにnew.htmlを用意して以下のHTMLを入力してください。

```
<!DOCTYPE html>
<html>
  <head>
    <title>調査項目の作成</title>
    <link rel="stylesheet"
        href="//maxcdn.bootstrapcdn.com/bootstrap/3.2.0/css/bootstrap.min.css">
  </head>
  <body>
    <script
        src="//ajax.googleapis.com/ajax/libs/jquery/2.1.1/jquery.min.js">
    </script>
    <script
        src="//maxcdn.bootstrapcdn.com/bootstrap/3.2.0/js/bootstrap.min.js">
    </script>
  </body>
</html>
```

調査項目を作成するには、タイトルと選択肢が必要です。これらを入力するためのフォームは以下のようになります。このコードをbodyタグの中に追加しましょう。

```
<div class="container">
  <div class="col-md-4"></div>
  <form id="poll" role="form" class="col-md-4">
    <h2>調査項目の作成</h2>
    <div class="form-group">
      <label for="title">タイトル</label>
      <input type="text" class="form-control" id="title"
          placeholder="Title">
    </div>
    <div class="form-group">
      <label for="options">選択肢</label>
      <input type="text" class="form-control" id="options"
          placeholder="Options">
      <p class="help-block">(カンマで区切って入力)</p>
    </div>
    <button type="submit" class="btn btn-primary">作成</button>
    または <a href="/">キャンセル</a>
  </form>
  <div class="col-md-4"></div>
</div>
```

我々のAPIでの通信にはJSONが使われます。そこで、HTMLフォームの内容をJSON形式の文字列へと変換する必要があります。カンマ区切りの選択肢の文字列も、配列として表現しなければなりません。これらの処理を行う以下のコードを、続けて入力してください。

```
<script>
  $(function(){
    var form = $("form#poll");
```

```
    form.submit(function(e){
      e.preventDefault();
      var title = form.find("input[id='title']").val();
      var options = form.find("input[id='options']").val();
      options = options.split(",");
      for (var opt in options) {
        options[opt] = options[opt].trim();
      }
      $.post("http://localhost:8080/polls/?key=abc123",
        JSON.stringify({
          title: title, options: options
        })
      ).done(function(d, s, r){
        location.href = "view.html?poll=" +
          r.getResponseHeader("Location");
      });
    });
  });
</script>
```

フォームの送信（submitイベント）を監視するイベントリスナーを追加し、その中でjQueryのvalメソッドを使って入力値を取り出しています。選択肢の文字列はカンマ区切りの配列へと分割し、不要な空白文字はtrimを使って削除します。そして$.postメソッドを呼び出し、APIのエンドポイントに対してPOST形式のリクエストを実行します。JSON.stringifyはJavaScriptのオブジェクトをJSON形式の文字列に変換するために使われます。APIに従って、この文字列をリクエストの本体としてセットしています。リクエストが成功したら、view.htmlにリダイレクトを行います。Locationヘッダーの値を取り出し、新しい調査項目への参照をURLパラメーターとしてセットします。

6.8.3　調査項目の詳細を表示するページ

最後のページがview.htmlです。ここでは、ユーザーは調査項目に対する詳細や最新の投票結果を見ることができます。publicフォルダーにview.htmlというファイルを作成し、以下のHTMLを入力してください。

```
<!DOCTYPE html>
<html>
  <head>
    <title>調査項目の詳細</title>
    <link rel="stylesheet"
      href="//maxcdn.bootstrapcdn.com/bootstrap/3.2.0/css/bootstrap.min.css">
  </head>
  <body>
    <div class="container">
      <div class="col-md-4"></div>
```

```
        <div class="col-md-4">
          <h1 data-field="title">...</h1>
          <ul id="options"></ul>
          <div id="chart"></div>
          <div>
            <button class="btn btn-sm" id="delete">この調査項目を削除</button>
          </div>
        </div>
        <div class="col-md-4"></div>
      </div>
    </body>
</html>
```

構造は他のページに似ています。調査項目のタイトルや選択肢、そして投票結果を表す円グラフのための要素が用意されます。投票結果の表示には、我々のAPIとGoogleのVisualization APIを組み合わせて利用します。最後の</div>と</body>の間に、以下のscriptタグを追加しましょう。

```
<script src="//www.google.com/jsapi"></script>
<script src="//ajax.googleapis.com/ajax/libs/jquery/2.1.1/jquery.min.js">
</script>
<script src="//maxcdn.bootstrapcdn.com/bootstrap/3.2.0/js/bootstrap.min.js">
</script>
<script>
  google.load('visualization', '1.0', {'packages':['corechart']});
  google.setOnLoadCallback(function(){
    $(function(){
      var chart;
      var poll = location.href.split("poll=")[1];
      var update = function(){
        $.get("http://localhost:8080/"+poll+"?key=abc123", null,
          null, "json")
        .done(function(polls){
          var poll = polls[0];
          $('[data-field="title"]').text(poll.title);
          $("#options").empty();
          for (var o in poll.results) {
            $("#options").append(
              $("<li>").append(
                $("<small>").addClass("label label-default").
                  text(poll.results[o]),
                " ", o
              )
            )
          }
          if (poll.results) {
            var data = new google.visualization.DataTable();
            data.addColumn("string","Option");
            data.addColumn("number","Votes");
            for (var o in poll.results) {
```

```
            data.addRow([o, poll.results[o]])
          }
          if (!chart) {
            chart = new google.visualization.PieChart
              (document.getElementById('chart'));
          }
          chart.draw(data, {is3D: true});
        }
      });
      window.setTimeout(update, 1000);
    };
    update();
    $("#delete").click(function(){
      if (confirm("本当に削除しますか？")) {
        $.ajax({
          url:"http://localhost:8080/"+poll+"?key=abc123",
          type:"DELETE"
        })
        .done(function(){
          location.href = "/";
        })
      }
    });
  });
});
</script>
```

　ページに力を与えるために、jQueryとBootstrapそしてGoogle JavaScript APIを依存先としてインクルードしています。Googleからビジュアライゼーションのためのライブラリを読み込み、DOMの要素が利用可能になるのを待ちます。その後、URLの中からpoll=以降の部分つまり調査項目のID値を取り出します。次に、updateという変数を作成します。この変数が指す関数は、ページの表示を生成するために使われます。このようなアプローチがとられているのは、window.setTimeoutを使って繰り返し更新を行うのを容易にするためです。update関数の中では、$.getを使って/polls/{id}にGETリクエストが行われます。{id}の部分は、先ほど取り出した実際のID値に置き換えられます。調査項目が読み込まれたら、まずページのタイトルを更新します。そして、それぞれの選択肢を箇条書きの項目として追加します。投票結果のデータがある（マップresultsは投票が発生した場合にだけ生成されるということを、5章で紹介しました）なら、円グラフを表すgoogle.visualization.PieChartオブジェクトを生成し、google.visualization.DataTableオブジェクトに投票結果のデータをセットします。グラフのオブジェクトに対してdrawメソッドを呼び出すと、最新のデータを元にグラフが生成されます。そしてsetTimeoutを使い、1秒後にupdateが再び呼び出されるようにします。

　最後に、ページ上の削除ボタンに対してclickイベントのハンドラを追加します。ここではまずユーザーに確認を行い、調査項目のURLに対してDELETE形式のリクエストを実行し、そしてホー

ムページへとリダイレクトします。内部的には、DELETEの前にOPTIONSリクエストが行われます。先ほどhandlePollsに対して行った変更が、ここで役に立つことになります。

6.9　システムの実行

5章からここまでの間に作成してきたすべてのコンポーネントを実行し、連携させてみましょう。5章の冒頭で紹介したセットアップはすでに行われているという前提で、実行に必要なすべての操作をこれから紹介します。トップレベルのフォルダーの中にapi、counter、twittervotes、webというサブフォルダーが置かれているでしょうか。

何も実行されていない状態では、必要な操作は以下のとおりです。それぞれの操作は別のターミナルのウィンドウで行ってください。

1. トップレベルのフォルダーで、以下のコマンドを実行してnsqlookupdデーモンを起動します。

    ```
    nsqlookupd
    ```

2. 同じフォルダーでnsqdデーモンを起動します。

    ```
    nsqd --lookupd-tcp-address=localhost:4160
    ```

3. 同じフォルダーでMongoDBのデーモンを起動します。

    ```
    mongod
    ```

4. counterフォルダーで、counterプログラムをビルドし起動します。

    ```
    cd counter
    go build -o counter
    ./counter
    ```

5. twittervotesフォルダーでもビルドと起動を行います。必要な環境変数がセットされていない場合、起動時にエラーが発生してしまうので注意が必要です。

    ```
    cd twittervotes
    go build -o twittervotes
    ./twittervotes
    ```

6. apiフォルダーでもビルドと起動を行います。

    ```
    cd api
    go build -o api
    ./api
    ```

7. webフォルダーでも同様です。

    ```
    cd web
    go build -o web
    ./web
    ```

これで、すべてのコンポーネントが実行されました。ブラウザを開いてhttp:// localhost:8081/に

アクセスしてみましょう。そして「今の気分は?」というタイトルの調査項目を新規作成し、選択肢としては「happy,sad,fail,win」と入力します。これらは広く使われている言葉なので、Twitter上での検索にもヒットしやすいでしょう。

調査項目を作成すると、詳細表示のページに移動します（図6-1）。ここには投票結果も表示されます。そのまま表示させておくと、投票結果がリアルタイムで更新されているのがわかります。これまでの努力が報われたことと思います。

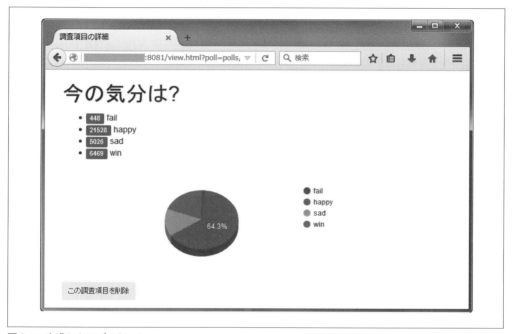

図6-1　完成したアプリケーション

6.10　まとめ

この章では、ソーシャルな投票のシステムをスケーラブルなRESTのAPIを通じて公開しました。このAPIを利用するシンプルなWebサイトも作成し、ユーザーが直感的にインタラクションを行えるようにしました。このWebサイトでは静的なコンテンツしか含まれておらず、主要な処理はすべてAPIに任されています。つまり、https://www.bitballoon.com/などのようにとても安価な静的ホスティングサービスを利用したり、HTMLファイルをCDN（コンテンツ配信ネットワーク）経由で配布するといったことも可能です。

APIによるサービスの作成を通じて、標準ライブラリでのハンドラのパターンに沿った形でハンドラ間のデータ共有を行えるようになりました。ハンドラの関数をラップして、シンプルかつ直感的な

処理のパイプラインを作成する方法も学びました。

　基本的なエンコードとデコードの機能も（単にencoding/jsonパッケージの関数をラップしただけですが）作成しました。後でこの部分を修正し、内部的なインタフェースを変更することなく他のデータ形式に対応することも可能です。シンプルなヘルパー関数も作成し、データへのリクエストに対するレスポンスを簡単に生成できるようにしました。これらのヘルパー関数は同時に、APIの進化にも対応可能な抽象化を提供しています。

　シンプルなケースでは、switch文を使うと1つのエンドポイントで複数のHTTPのメソッドに対応できエレガントです。また、数行のコードを追加するだけでCORSに対応でき、別のドメインで実行されるアプリケーションが我々のサービスを利用できるようになります。この際、JSONPなどのようなハックは必要ありません。

　5章のコードと組み合わせると、我々のコードは現実的ですぐにでも実運用が可能なシステムを提供できます。処理の流れは次のようになります。

1. ユーザーはWebサイト上で［新規作成］ボタンをクリックし、調査項目のタイトルと選択肢を入力します。
2. ブラウザ上で実行されるJavaScriptがデータをJSON形式の文字列にエンコードし、我々のAPIへのPOSTリクエストの本体として送信します。
3. APIはリクエストを受け取ると、まずAPIキーを検証します。データベースセッションを開始し、これを表すオブジェクトをリクエストごとの変数としてマップに保持します。そしてhandlePolls関数を呼び出し、調査項目をMongoDBデータベースに格納します。
4. ユーザーは作成された調査項目の詳細を表示するためのview.htmlにリダイレクトされます。
5. 一方、twittervotesプログラムはデータベースから（新規作成されたものも含めて）すべての調査項目を読み込みます。そしてTwitterに接続し、選択肢の文字列を使ってツイートを抽出します。
6. マッチするツイートが現れると、twittervotesはNSQにメッセージを送信します。
7. counterプログラムがNSQのキューを監視しており、メッセージを受信すると件数を集計してデータベースを更新します。
8. 投票結果はview.htmlに表示されます。我々のAPIに対してGETリクエストが定期的に行われており、常に最新のデータが表示されます。

　次の章では、我々のAPIやWebのスキルをさらに向上させてMeanderという新しいアプリケーションを作成します。数行のGoコードを記述するだけで、静的ファイルを提供するWebサーバーをきちんとした形で作成します。公式にはサポートされていない列挙型を表現するための、興味深い方法についても解説します。

7章
ランダムなおすすめを提示するWebサービス

　この章でビルドするプロジェクトのコンセプトは、「ユーザーがしたいことについて、お出かけの種類と位置情報に基づいてランダムにおすすめを提示する」というものです。コードネームはMeander（ぶらぶら歩きという意味）とします。

　実世界でのプロジェクトでは、一人がすべてに責任を持つことはあまりありません。誰か別の開発者がWebサイトを作成し、別の誰かがiOSアプリを開発し、もしかしたらデスクトップ版の開発はアウトソーシングされるかもしれません。成功を収めるAPI（特に、公開のAPI）のプロジェクトでは、開発者は誰がこのAPIを利用するかについて関知しません。

　このような現実を反映して、この章でもまずは仮想的なパートナーとの間で最小限のAPI設計について合意を得るというところから解説を始めます。このAPIを実装して我々の側での作業を終えてから、パートナーが作成したユーザーインタフェースを入手します。そして両者を組み合わせ、最終的なアプリケーションを作成します。

　具体的には、以下のような点について学びます。

- アジャイルの考え方に基づいて、短くシンプルなユーザーストーリーを通じてプロジェクトの目標を表現する方法
- API設計について意見の一致を得て、多くの人々が同時進行で作業を行うという手順
- 初期バージョンのコードにデータ（フィクスチャーとも呼ばれます）を埋め込んでコンパイルし、後で実装の変更が必要になってもAPIに影響を与えないようにするための方法
- 構造体などの型を公開し、内部的な表現については隠蔽または変形するという設計方針
- 入れ子状のデータを埋め込みの構造体として表現し、同時に型のインタフェースをシンプルに保つ方法
- 外部のAPIにリクエストを行うためのhttp.Get。具体的には、コードを肥大化させずにGoogle Places APIにアクセスする方法
- Goでは定義されていない列挙型を、効率的に実装する方法
- TDD（テスト駆動開発）の実際的な例

- math/randパッケージを使い、スライスの中から1つの項目をランダムに選ぶための簡単な方法
- http.Request型の値の中からURLパラメーターを簡単に取り出す方法

7.1 プロジェクトの概要

アジャイルの考え方に従い、我々のプロジェクトの機能を表すユーザーストーリーを2つ作成してみます。ユーザーストーリーとは、アプリケーションの機能をすべて網羅するようなドキュメントとは異なります。小さなカードを使い、ユーザーがどのような理由で何を行おうとしているのか表現できれば十分です。また、システム全体をはっきりと定義したり、実装の詳細に踏み込んだりする必要もありません。

まず、複数のお出かけの種類が提示されてユーザーがいずれかを選ぶというストーリーが**表7-1**です。

表7-1　1つ目のストーリー

ユーザーの立場	旅行者
行いたいこと	複数の種類のお出かけが提示される
目的	どのような種類のお出かけに仲間を連れてゆくか決める

表7-2のストーリーでは、ユーザーが選んだ種類のお出かけについてランダムなおすすめを得ています。

表7-2　2つ目のストーリー

ユーザーの立場	旅行者
行いたいこと	自分が選んだ種類のお出かけについて、ランダムなおすすめが提示される
目的	向かうべき場所と、イベントの内容を知る

これら2つのストーリーは、我々が提供するべき2つのコア機能を表しています。これに基づいて、2つのエンドポイントが作成されることになります。

指定された位置の周辺にあるものを調べるために、Google Places APIを利用します。これを使うと、指定された種類の施設（バー、カフェ、映画館など）を検索できます。このAPIから返されたデータの中から、math/randパッケージを使って1つをランダムに選択し、ユーザーにお出かけを提案します。

Google Places APIではさまざまな種類の施設を指定して検索を行えます。一覧はhttps://developers.google.com/places/documentation/supported_typesで公開されています。

7.1.1　設計の詳細

ユーザーストーリーからインタラクティブなアプリケーションを作り上げるために、JSONのエンドポイントを2つ定義します。1つはお出かけの種類のリストを返します。ユーザーはこのリストの中から1つを選びます。もう1つでは、選択された種類のお出かけについておすすめをランダムに選んで返します。1つ目は以下のように呼び出します。

```
GET /journeys
```

このエンドポイントは次のようなリストを返します。

```
[
  {
    name: "Romantic",
    journey: "park|bar|movie_theater|restaurant|florist"
  },
  {
    name: "Shopping",
    journey: "department_store|clothing_store|jewelry_store"
  }
]
```

nameフィールドは、アプリケーションが生成するおすすめの種類を表す名前です。この名前がユーザーに対して提示されます。journeyフィールドの値は、対応しているお出かけの種類をパイプ文字（|）で連結した文字列です。このjourneyの値をURLパラメーターとしてもう1つのエンドポイントに渡すと、実際のおすすめが生成されます。URLは以下のようになります。

```
GET /recommendations?lat=1&lng=2&journey=bar|cafe&radius=10&cost=$...$$$$
```

このエンドポイントは、Google Places APIを使って問い合わせを行います。そしておすすめを生成し、施設を表すオブジェクトの配列を返します。HTTPの仕様に従い、URLに含まれているパラメーターを使って問い合わせの種類を制御します。latとlng（それぞれlatitudeとlongitudeの略）のパラメーターは緯度と経度を表し、おすすめを取得しようとしている位置を指定します。radiusには、おすすめを取得する範囲を中心からの半径としてメートル単位で指定します。costは、施設での費用の価格帯を人間に読める型で表します。ここでは、費用の下限と上限が「...」で区切って記述されます。$の数がおおよその価格を意味します。$は最も安価で、$$$$が最も高価です。したがって、例えば$...$$はとても低コストのおすすめを表し、$$$$...$$$$$ではとてもリッチな体験ができるでしょう。

プログラマーの中には、費用の範囲を数値として表したいと考える人もいるでしょう。しかし、我々のAPIは人間のユーザーが利用することを想定しており、使って楽しいものをめざしています。

レスポンス本体の例は以下のとおりです。

```
[
  {
    icon: "http://maps.gstatic.com/mapfiles/place_api/icons/cafe-71.png",
    lat: 51.519583, lng: -0.146251,
    vicinity: "63 New Cavendish St, London",
    name: "Asia House",
    photos: [{
      url: "https://maps.googleapis.com/maps/api/place/photo?maxwidth=400&photoreference=CnRnAAAAyLRN"
    }]
  }, ...
]
```

この配列の要素は、施設を表すオブジェクトです。お出かけでのおすすめの訪問先が順に記述されます。上の例はロンドンの喫茶店を表します。それぞれのフィールドの意味については、多くの説明は不要かと思います。`lat`と`lng`は緯度と経度を意味しており、施設の場所を表します。`name`と`vicinity`は、それぞれ施設の名前と住所を示します。配列`photos`は、Googleから取得した関連する画像のリストです。これと`icon`は、よりリッチなユーザーエクスペリエンスのために用意されたものです。

7.2　コードの中でデータを表現する

まず、ユーザーに対してお出かけの選択肢を提示することにします。GOPATHの中にmeanderというフォルダーを作り[*1]、この中のjourneys.goに以下のコードを入力してください。

```go
package meander
type j struct {
  Name string
  PlaceTypes []string
}
var Journeys = []interface{}{
  &j{Name: "ロマンティック", PlaceTypes: []string{"park", "bar",
    "movie_theater", "restaurant", "florist", "taxi_stand"}},
  &j{Name: "ショッピング", PlaceTypes: []string{"department_store",
    "cafe", "clothing_store", "jewelry_store", "shoe_store"}},
  &j{Name: "ナイトライフ", PlaceTypes: []string{"bar", "casino",
    "food", "bar", "night_club", "bar", "bar", "hospital"}},
  &j{Name: "カルチャー", PlaceTypes: []string{"museum", "cafe",
    "cemetery", "library", "art_gallery"}},
  &j{Name: "リラックス", PlaceTypes: []string{"hair_care",
    "beauty_salon", "cafe", "spa"}},
```

[*1] 監訳注：「$GOPATH/src/github.com/アカウント名/meander」など。

            }

　ここではmeanderパッケージに、内部的な型jを定義しています。スライスJourneysの中で、この型のインスタンスを生成してお出かけを表現しています。このようなアプローチは、コードの中でデータを表現するためのきわめてシンプルな方法です。ここでは、外部のデータストアへの依存は生じません。

余裕がある読者は、開発のプロセス全体を通じてgolintのルールに従うようにしてみましょう。コードを変更するたびに、各パッケージに対してgolintを実行し、修正を指示されたらそれに従いましょう。特に、エクスポートされた項目にドキュメントがないというケースに注意が払われています。適切な形式で簡単なコメントを追加すれば、警告は発生しなくなります。詳しくはhttps://github.com/golang/lintを参照してください。

　もちろん、データ構造はやがて別のものへと進化するでしょう。ユーザーが自分でお出かけを作成し共有できるようになるかもしれません。我々はAPIを通じてデータを公開しているため、APIを変えないかぎり内部の実装は自由に変更できます。つまり、このようなアプローチは初期バージョンのアプリケーションに適しています。

後で、実際の型に関係なくデータを公開するための汎用的な方法を紹介します。今のところは、interface{}型のスライスを使用しています。

　ロマンティックなお出かけでは、まず公園に行き、バー、映画館、レストラン、花屋に行って最後にタクシーに乗って帰宅します。だいたいのイメージを把握できたら、創造力を発揮して自分でもお出かけを追加してみましょう。指定できる施設の種類については、Google Places APIのドキュメントを参照してください。

　上のコードはmainではなくmeanderパッケージに配置していることに気づいたでしょうか。こうすると、今までに作成してきたAPIのようにツールとして実行することはできません。meanderの中にcmdサブフォルダーを作成しましょう。ここに置いたコマンドラインツールで、meanderパッケージの機能をHTTPのエンドポイントとして公開します。

　cmdフォルダーにmain.goを作成し、以下のコードを追加してください。

```go
package main
func main() {
    runtime.GOMAXPROCS(runtime.NumCPU())
    //meander.APIKey = "TODO"
    http.HandleFunc("/journeys", func(w http.ResponseWriter, r *http.Request) {
```

```
        respond(w, r, meander.Journeys)
    })
    http.ListenAndServe(":8080", http.DefaultServeMux)
}
func respond(w http.ResponseWriter, r *http.Request, data []interface{}) error {
    return json.NewEncoder(w).Encode(data)
}
```

見てのとおり、このプログラムはエンドポイント/journeysに関連づけられたシンプルなAPIを表しています。

先ほど作成したmeanderパッケージに加えて、encoding/jsonとnet/httpそしてruntimeの各パッケージをインポートする必要があります。

runtime.GOMAXPROCSを呼び出すと、プログラムから利用できるCPU数の最大値を指定できます。上のコードではすべてのCPUを利用するように指定されています[*1]。続いて、meanderパッケージのためのAPIキーをセットします（未実装のため、現状ではコメントアウトされています）。そして、net/httpパッケージで定義されたいつものHandleFunc関数を呼び出し、エンドポイントに関連づけます。このハンドラは、単に変数meander.Journeysを返すだけです。ここでは、6章で紹介した抽象化の考え方を再び取り入れています。respond関数を用意し、指定されたデータをエンコードしてhttp.ResponseWriterに書き出しています。

このAPIのプログラムを実行してみましょう。ターミナルでcmdフォルダーに移動し、下のようにgo runコマンドを実行します。現状ではファイルが1つだけのため、実行可能なファイルをビルドする必要はありません。

go run main.go

そしてhttp://localhost:8080/journeysにアクセスすると、お出かけのデータが返されます。例を示します。

```
[{
  Name: "ロマンティック",
  PlaceTypes: [
    "park",
    "bar",
    "movie_theater",
    "restaurant",
    "florist",
```

[*1] 監訳注：go1.4までは、デフォルトが1だったのでこのようなコードが必要でしたが、go1.5からは不要です（https://golang.org/doc/go1.5）。

```
      "taxi_stand"
    ]
  }]
```

悪くはないのですが、ここには内部の実装が公開されてしまうという大きな問題があります。例えばフィールド`PlaceTypes`の名前を`Types`に変えると、ユーザーにとってのAPIも変化してしまいます。このようなことは避けなければなりません。

プロジェクトは時とともに変化や進化を続けるものです。成功したプロジェクトでは特に、変化は避けられません。我々は開発者として、進化による影響から顧客を守る必要があります。インタフェースを抽象化すれば、データのオブジェクトが公開される際の見え方を制御できるため好都合です。

7.2.1　Goの構造体を公開したビュー

Goの構造体の内容を公開する際には、それぞれのお出かけの値がどのように公開されたいかを指定するためのしくみが必要です。`meander`に作成した`public.go`の中に、以下のコードを入力してください。

```
package meander
type Facade interface {
  Public() interface{}
}
func Public(o interface{}) interface{} {
  if p, ok := o.(Facade); ok {
    return p.Public()
  }
  return o
}
```

`Facade`インタフェースでは`Public`という1つのメソッドだけが公開されています。このメソッドは、構造体を表す外部向けのビューを返します。`Public`関数は、受け取った任意のオブジェクトに対して、`Facade`インタフェースを実装しているかどうか（つまり、`Public() interface{}`メソッドがあるかどうか）まずチェックします。もし実装されているなら、`Public`メソッドを呼び出してその結果を返します。実装されていないなら、何も操作を行わずに元のオブジェクトをそのまま返します。このインタフェースを使うと、どんなデータでも`Public`関数を呼び出してから`ResponseWriter`に渡すということが可能になります。つまり、構造体を公開した際の見え方を指定できます。

先ほど定義した`j`型にも、`Public`メソッドを実装しましょう。`journeys.go`に以下のコードを追加してください。

```
func (j *j) Public() interface{} {
  return map[string]interface{}{
    "name": j.Name,
    "journey": strings.Join(j.PlaceTypes, "|"),
  }
}
```

j型の外部向けのビューでは、PlaceTypesフィールドの値をパイプ文字で連結して1つの文字列として表現しています。この方針は我々のAPI設計に沿ったものです。

cmd/main.goに戻り、Public関数を使うようにrespondを変更しましょう。

```
func respond(w http.ResponseWriter, r *http.Request, data [] interface{}) error {
  publicData := make([]interface{}, len(data))
  for i, d := range data {
    publicData[i] = meander.Public(d)
  }
  return json.NewEncoder(w).Encode(publicData)
}
```

データのスライスに含まれるそれぞれの要素に対して、meander.Publicを呼び出しています。その結果は、同じ長さの新しいスライスに格納されます。j型では、Publicメソッドはデフォルトのビューではなく公開のビューを提供するために使われます。ターミナルでcmdフォルダーに移動し、go run main.goを実行してください。そしてhttp://localhost:8080/journeysに再びアクセスすると、以下のように新しい構造でデータが返されます。

```
[{
  journey: "park|bar|movie_theater|restaurant|florist|taxi_stand",
  name: "ロマンティック"
}, ...]
```

7.3　ランダムなおすすめの生成

ランダムなおすすめとして提示する施設を提示するために、Google Places APIに対して問い合わせを行います。meanderの中に、以下のコードを含むquery.goというファイルを作成します。

```
package meander
type Place struct {
  *googleGeometry `json:"geometry"`
  Name string `json:"name"`
  Icon string `json:"icon"`
  Photos []*googlePhoto `json:"photos"`
  Vicinity string `json:"vicinity"`
}
type googleResponse struct {
  Results []*Place `json:"results"`
```

```
}
type googleGeometry struct {
  *googleLocation `json:"location"`
}
type googleLocation struct {
  Lat float64 `json:"lat"`
  Lng float64 `json:"lng"`
}
type googlePhoto struct {
  PhotoRef string `json:"photo_reference"`
  URL string `json:"url"`
}
```

このコードで定義されているのは、Google Places APIから返されるJSON形式のレスポンスを解析し、使いやすいオブジェクトへと変換するためのデータ構造です。

我々が受け取るレスポンスの例は、Google Places APIのドキュメントでも紹介されています。http://developers.google.com/places/documentation/searchにアクセスしてみましょう。

上のコードの大部分は明快ですが、Place型にgoogleGeometry型が埋め込まれているという点は注目に値します。これによって、APIの中で入れ子状のデータを表現できます。一方、我々のコードの中ではデータは平坦化されています。googleGeometryの中でも、同様の定義がgoogleLocationについて行われています。つまり、Placeオブジェクトの中のLatとLngに直接（技術的には、別の構造の中で入れ子になっていますが）アクセスできます。

外部でのPlaceオブジェクトの見え方を制御したいので、この型にも以下のようにPublicメソッドを追加します。

```
func (p *Place) Public() interface{} {
  return map[string]interface{}{
    "name": p.Name,
    "icon": p.Icon,
    "photos": p.Photos,
    "vicinity": p.Vicinity,
    "lat": p.Lat,
    "lng": p.Lng,
  }
}
```

このコードに対してgolintを実行すると、エスクポートされる項目にはコメントが必要だということがわかります。

7.3.1 Google Places APIのキー

ほとんどのAPIと同様に、Google Places APIを利用する際にもAPIキーが必要です。Google Developer ConsoleにアクセスしてGoogleのアカウントでログインし、Google Places API用のキーを作成してください。詳細な手順についてはGoogleの開発者向けサイトに掲載されています[*1]。

APIキーを取得したら、meanderパッケージに変数を1つ用意してこの値を保持しておきましょう。query.goの先頭に、以下の定義を追加してください。

```
var APIKey string
```

そしてcmdフォルダーのmain.goに戻り、APIKeyに値をセットしている行のコメントを解除します。そしてTODOの部分を、Google Developer Consoleで取得した実際のAPIキーの値に置き換えてください。

7.3.2 Goでの列挙子

さまざまなコストの範囲を表すために、列挙子（enum）を使って値を表現し、文字列との相互変換を行えるようにします。Goでの列挙子は、明確に定義されているわけではありません。しかし、列挙子を実装するためのうまい方法があります。早速紹介しましょう。

Goで列挙子を作成する際の手順は以下のとおりです。

- プリミティブな整数型を基底型として、新しい型を定義します。
- この型を任意の箇所で使います。
- iotaキーワードを使い、先頭のゼロの値を無視してconstブロックに値をセットします。
- 列挙子のそれぞれの値を表す文字列と、その値からなるマップを実装します。
- Stringメソッドを用意し、列挙子の値を受け取って該当する文字列を返すようにします。
- ParseType関数を用意し、文字列を受け取って列挙子の値を返すようにします。

価格帯を表現するために、これから列挙子を作成します。meanderフォルダーにcost_level.goを作成し、まずは次のコードを入力してください。

```
package meander
type Cost int8
const (
    _ Cost = iota
    Cost1
    Cost2
    Cost3
    Cost4
    Cost5
)
```

[*1] 監訳注：https://developers.google.com/places/web-service/intro?hl=ja#Authentication

ここでは列挙子としてCost型を定義します。表現しようとしている値は数種類しかないため、int8を基底型とします。より多くの値が必要なら、iotaを利用可能な任意の整数型を使ってもかまいません。Costは通常の型なので、どこでも利用できます。例えば関数での引数や、構造体のフィールドの型としてCost型の値を指定できます。

次に、この型の定数からなるリストを定義します。iotaキーワードを使い、定数の値が1ずつ増えてゆくということを表現します。最初のiotaの値（常にゼロです）を無視することによって、ゼロ以外の定数の1つを使わなければならないということを示しています。

それぞれの値を表す文字列を提供するには、Cost型にStringメソッドを追加します。コードの中で文字列表現を使う予定がなくても、このようなメソッドを用意しておくのはよいことです。Goの標準ライブラリを使って出力を行いたい場合（fmt.Printlnなど）に、デフォルトでは数値が使われてしまうためです。このような数値自体には意味がないことが多く、ソースコードを調べてみないとその値の意図はわかりません。しかも、それぞれの数値がどの列挙子に対応しているかを知るためには何番目か数えなければなりません。

GoでのStringメソッドについて詳しく知りたい読者は、fmtパッケージに含まれるStringerとGoStringerの各インタフェースについて調べてみましょう（http://golang.org/pkg/fmt/#Stringer）。

7.3.2.1　テスト駆動型の開発

列挙子のコードが正しく動作しているかどうか確認するために、ユニットテストを作成することにします。この中で、期待されるふるまいをアサーションとして記述します。

cost_level.goと同じフォルダーにcost_level_test.goというファイルを追加し、以下のユニットテストを追加しましょう。

```go
package meander_test
import (
  "testing"
  "github.com/cheekybits/is"
  "meanderへのパス"
)
func TestCostValues(t *testing.T) {
  is := is.New(t)
  is.Equal(int(meander.Cost1), 1)
  is.Equal(int(meander.Cost2), 2)
  is.Equal(int(meander.Cost3), 3)
  is.Equal(int(meander.Cost4), 4)
  is.Equal(int(meander.Cost5), 5)
}
```

go getコマンドを実行し、CheekyBitsによるisパッケージ（https://github.com/cheekybits/is）を入手する必要があります。

このisパッケージはテストのためのヘルパーパッケージの1つですが、きわめてシンプルであり多くの機能は意図的に省略されています。読者自身のプロジェクトでは、他の好みのものを使ってもかまいません。

通常は、列挙子で表現される定数の実際の値（整数）について気にする必要はありません。しかし、Google Places APIでは数値が使われているため、それぞれの値の正しさを確認しなければなりません。

このテストのファイルに、慣習に反している部分があることに気づいたでしょうか。meanderフォルダーに置かれているにもかかわらず、このファイルはmeanderではなくmeander_testパッケージに含まれています。今回のようにテストで使われる場合を除いて、これはエラーとみなされます。テストのコードを別のパッケージに置いたことによって、テストからmeanderパッケージの内部にはアクセスできなくなっています。呼び出しの際にも、パッケージ名を接頭辞として追加する必要があります。これは不都合なことのようにも思えますが、実際のユーザーと同じ立場でテストを行えるというメリットもあります。ユーザーと同じように、エクスポートされたメソッドだけを呼び出すことができ、エクスポートされた値だけにアクセスできます。

ターミナルでgo testコマンドを実行し、テストが成功することを確認しましょう。

もう1つテストを追加し、それぞれのCostの定数を表す文字列表現についてアサーションを行います。cost_level_test.goに以下のユニットテストを追加してください。

```go
func TestCostString(t *testing.T) {
  is := is.New(t)
  is.Equal(meander.Cost1.String(), "$")
  is.Equal(meander.Cost2.String(), "$$")
  is.Equal(meander.Cost3.String(), "$$$")
  is.Equal(meander.Cost4.String(), "$$$$")
  is.Equal(meander.Cost5.String(), "$$$$$")
}
```

このテストはそれぞれの定数に対してStringメソッドを呼び出し、期待どおりの値が返されるかどうか確認しています。このメソッドはまだ実装されていないため、テストは当然失敗します。

Cost型の定数が定義されているコードに続けて、以下のマップとStringメソッドを追加しましょう。

```go
var costStrings = map[string]Cost{
  "$": Cost1,
  "$$": Cost2,
  "$$$": Cost3,
  "$$$$": Cost4,
  "$$$$$": Cost5,
}
func (l Cost) String() string {
  for s, v := range costStrings {
    if l == v {
      return s
    }
  }
  return "不正な値です"
}
```

map[string]Cost型のマップは、コストの値と文字列表現を関連づけています。Stringメソッドはこのマップの中から、適切な文字列表現を探して返します。

今回のケースのStringメソッドでは、単にstrings.Repeat("$", int(l))を返すだけでもかまいません。コードをシンプルにできるというメリットもあります。しかし、他の多くの場合にはこのようなアプローチはとれないため、本書では一般的なやり方を紹介しています。

こうすると、例えばCost3の値を出力しようとすると単なる数値ではなく$$$という文字列が示されるようになります。一方、我々のAPIでは文字列を入力として受け取ることもあるため、文字列を解析してCostの値を受け取るという処理も必要です。

まずは、cost_level_test.goに以下のユニットテストを追加しましょう。

```go
func TestParseCost(t *testing.T) {
  is := is.New(t)
  is.Equal(meander.Cost1, meander.ParseCost("$"))
  is.Equal(meander.Cost2, meander.ParseCost("$$"))
  is.Equal(meander.Cost3, meander.ParseCost("$$$"))
  is.Equal(meander.Cost4, meander.ParseCost("$$$$"))
  is.Equal(meander.Cost5, meander.ParseCost("$$$$$"))
}
```

ここでは、ParseCostを呼び出すと引数の文字列に応じて適切なCostの値が返されるというアサーションが行われています。

そしてこの関数の実装を、cost_level.goに追加してください。

```go
func ParseCost(s string) Cost {
  return costStrings[s]
}
```

文字列からCostの値を返すというのはマップのふるまいそのものであり、とても簡単に実装できます。

我々のAPIではコストの上限と下限を指定する必要があるため、この範囲を表すCostRangeという型を定義することにします。そして、この型の使われ方をテストケースとして表現します。cost_level_test.goに下記のコードを追加してください。

```go
func TestParseCostRange(t *testing.T) {
  is := is.New(t)
  var l *meander.CostRange
  l = meander.ParseCostRange("$$...$$$")
  is.Equal(l.From, meander.Cost2)
  is.Equal(l.To, meander.Cost3)
  l = meander.ParseCostRange("$...$$$$$")
  is.Equal(l.From, meander.Cost1)
  is.Equal(l.To, meander.Cost5)
}
func TestCostRangeString(t *testing.T) {
  is := is.New(t)
  is.Equal("$$...$$$$", (&meander.CostRange{
    From: meander.Cost2,
    To: meander.Cost4,
  }).String())
}
```

TestParseCostRangeでは、文字列からmeander.CostRange型への変換を行っています。例えば2つのドル記号と3つのドットそして3つのドル記号からなる文字列を渡すと、Fromがmeander.Cost2でToがmeander.Cost3の値が返されます。TestCostRangeStringでは逆に、CostRange.Stringメソッドが適切な文字列表現を返すかどうかチェックします。

これらのテストを成功させるために、CostRange型とStringメソッドそしてParseCostRange関数をcost_level.goに追加します。

```go
type CostRange struct {
  From Cost
  To Cost
}
func (r CostRange) String() string {
  return r.From.String() + "..." + r.To.String()
}
func ParseCostRange(s string) *CostRange {
  segs := strings.Split(s, "...")
  return &CostRange{
    From: ParseCost(segs[0]),
    To: ParseCost(segs[1]),
  }
}
```

これらを使うと、例えば`$...$$$$`のような文字列から2つのCostの値（FromとTo）を持つデータ構造を生成したり、この逆の変換を行ったりできるようになります。

7.3.3　Google Places APIへの問い合わせ

APIの処理結果を表現できるようになったので、実際の問い合わせを組み立て送信してみましょう。query.goに以下のコードを追加してください。

```go
type Query struct {
  Lat float64
  Lng float64
  Journey []string
  Radius int
  CostRangeStr string
}
```

この構造体には、問い合わせを組み立てるために必要な情報がすべて含まれています。これらの情報はすべて、クライアントからのリクエストでのURLパラメーターから取得します。続いて以下のfindメソッドを追加し、Googleのサーバーに対して実際にリクエストを行います。

```go
func (q *Query) find(types string) (*googleResponse, error) {
  u := "https://maps.googleapis.com/maps/api/place/nearbysearch/json"
  vals := make(url.Values)
  vals.Set("location", fmt.Sprintf("%g,%g", q.Lat, q.Lng))
  vals.Set("radius", fmt.Sprintf("%d", q.Radius))
  vals.Set("types", types)
  vals.Set("key", APIKey)
  if len(q.CostRangeStr) > 0 {
    r := ParseCostRange(q.CostRangeStr)
    vals.Set("minprice", fmt.Sprintf("%d", int(r.From)-1))
    vals.Set("maxprice", fmt.Sprintf("%d", int(r.To)-1))
  }
  res, err := http.Get(u + "?" + vals.Encode())
  if err != nil {
    return nil, err
  }
  defer res.Body.Close()
  var response googleResponse
  if err := json.NewDecoder(res.Body).Decode(&response); err != nil {
    return nil, err
  }
  return &response, nil
}
```

Google Places APIの仕様に従い、まずはリクエストのURLを組み立てます。lat、lng、radiusそしてAPIKeyの値をurl.ValuesでエンコードしURLに追加します。

url.Values型の実体はmap[string][]stringなので、newではなくmakeを使って生成する必要があります。

引数として指定しているtypesの値は、検索対象の施設の種類を表します。また、CostRangeStrが存在する場合にはその内容を解析し、取り出した値をminpriceとmaxpriceにセットします。最後にhttp.Getを呼び出し、リクエストを実行します。リクエストに成功したら、レスポンスの本体を閉じる処理をdeferで後に実行するようにしておきます。そしてjson.Decoderメソッドを呼び出し、レスポンスに含まれるJSONを我々のgoogleResponse型へとデコードします。

7.3.4 おすすめの生成

次に作成するメソッドでは、お出かけの行程ごとにfindを呼び出します。findメソッドに続けて、以下のRunメソッドをQuery構造体に追加してください。

```go
// 問い合わせを一斉に行い、その結果を返します
func (q *Query) Run() []interface{} {
  rand.Seed(time.Now().UnixNano())
  var w sync.WaitGroup
  var l sync.Mutex
  places := make([]interface{}, len(q.Journey))
  for i, r := range q.Journey {
    w.Add(1)
    go func(types string, i int) {
      defer w.Done()
      response, err := q.find(types)
      if err != nil {
        log.Println("施設の検索に失敗しました:", err)
        return
      }
      if len(response.Results) == 0 {
        log.Println("施設が見つかりませんでした:", types)
        return
      }
      for _, result := range response.Results {
        for _, photo := range result.Photos {
          photo.URL = "https://maps.googleapis.com/maps/api/place/photo?" +
            "maxwidth=1000&photoreference=" + photo.PhotoRef +
            "&key=" + APIKey
        }
      }
      randI := rand.Intn(len(response.Results))
      l.Lock()
      places[i] = response.Results[randI]
      l.Unlock()
```

```
        }(r, i)
    }
    w.Wait() // すべてのリクエストの完了を待ちます
    return places
}
```

このメソッドでは、まずUTC（協定世界時）での1970年1月1日0時からの経過時間をナノ秒単位で取得し、この値を乱数のシード値としてセットしています。これによって、Runメソッドやrandパッケージが呼び出されるたびに異なる結果が返されるようになります。何度実行しても同じ結果が返されるというのは、我々の目標に反します。

Googleへの複数のリクエストをできるだけ早く行いたいため、Query.findメソッドを並行に呼び出してすべての問い合わせを同時に行うことにします。複数のgoroutineが終了するのを待つためにsync.WaitGroupを使います。またsync.Mutexのメソッドを使い、ランダムに選ばれた施設を保持するためのスライスに複数のgoroutineが安全にアクセスできるようにします[*1]。

Journeyスライスのそれぞれの要素（bar、cafe、movie_theaterなど）について、WaitGroupオブジェクトに1を加えてからgoroutineを呼び出します。このgoroutineでは、まずw.Doneをdeferで後で実行するようにしておきます。Doneメソッドは、WaitGroupオブジェクトに対してリクエストの完了を伝えます。そしてfindメソッドを呼び出し、リクエストを実行します。エラーが発生せずに施設を発見できたら、それぞれの結果の中で写真（もしあれば）のURLを組み立てます。Google Places APIではphotoreferenceというキーの値が返され、実際の画像を取得するためには別のAPIを呼び出す必要があります。クライアントにGoogle Places APIの存在を意識させないためにも、画像のURLは我々の側で用意する必要があります。

続いてアクセスするためのロックを確保し、rand.Intnを使って施設の中から1つをランダムに選びます。これをplacesスライスの中の適切な位置に挿入してから、ロックを解放します。

w.Waitを呼び出してすべてのgoroutineが完了するのを待ってから、placesを返します。

7.3.5 URLパラメーターを解釈するハンドラ

次に必要になるのは、/recommendationsへのリクエストとの関連づけです。cmdフォルダーのmain.goに戻り、main関数の中に以下のコードを追加してください。

```
http.HandleFunc("/recommendations", func(w http.ResponseWriter,
    r *http.Request) {
    q := &meander.Query{
        Journey: strings.Split(r.URL.Query().Get("journey"), "|"),
    }
    q.Lat, _ = strconv.ParseFloat(r.URL.Query().Get("lat"), 64)
```

[*1] 監訳注：それぞれのgoroutineはそれぞれ違うiを使っており別のplaces[i]に代入しているので、この場合はロックする必要はありません。

```
        q.Lng, _ = strconv.ParseFloat(r.URL.Query().Get("lng"), 64)
        q.Radius, _ = strconv.Atoi(r.URL.Query().Get("radius"))
        q.CostRangeStr = r.URL.Query().Get("cost")
        places := q.Run()
        respond(w, r, places)
    })
```

このハンドラはmeander.Queryオブジェクトを生成してRunメソッドを呼び出し、その結果を返します。http.Request型が持つURL変数には、Queryメソッドがあります。このQueryメソッドが返すurl.Valuesには、指定されたキーに対応するURLパラメーターの値を返すGetメソッドが用意されています。

journeyの文字列は、bar|cafe|movie_theaterのような形式から文字列のスライスへと変換されます。変換にはパイプ文字を区切りとした分割が使われます。そしてstrconvパッケージの関数がいくつか呼び出され、緯度と経度そして半径の値が今度は文字列から数値へと変換されます。

7.3.6　CORS

初期バージョンの我々のAPIで、最後に実装する機能はCORSです。6章でも同等の機能を実装しています。これからコードを紹介しますが、自力で実装を試みるのもよいでしょう。

ここでの目標は、レスポンスヘッダーAccess-Control-Allow-Originに*という値をセットすることです。また、以前の章と同様にhttp.HandlerFuncをラップしてみましょう。コードはcmdに置くのがよいでしょう。HTTPのエンドポイントを通じて、ここで機能が公開されているためです。

main.goに、以下のcors関数を追加してください。

```
func cors(f http.HandlerFunc) http.HandlerFunc {
    return func(w http.ResponseWriter, r *http.Request) {
        w.Header().Set("Access-Control-Allow-Origin", "*")
        f(w, r)
    }
}
```

おなじみのパターンに従って、http.HandlerFunc型の値を受け取り、これをラップした新しいhttp.HandlerFuncを返します。この新しいハンドラでは、レスポンスヘッダーをセットしてから元のハンドラを呼び出します。このcors関数が、2つのエンドポイントでともに呼び出されるようにします。main関数の中で、該当する行を以下のように変更します。

```
func main() {
    runtime.GOMAXPROCS(runtime.NumCPU())
    meander.APIKey = "APIキー"
```

```
    http.HandleFunc("/journeys", cors(func(w http.ResponseWriter,
        r *http.Request) {
      respond(w, r, meander.Journeys)
    }))
    http.HandleFunc("/recommendations", cors(func(
        w http.ResponseWriter, r *http.Request) {
      q := &meander.Query{
        Journey: strings.Split(r.URL.Query().Get("journey"), "|"),
      }
      q.Lat, _ = strconv.ParseFloat(r.URL.Query().Get("lat"), 64)
      q.Lng, _ = strconv.ParseFloat(r.URL.Query().Get("lng"), 64)
      q.Radius, _ = strconv.Atoi(r.URL.Query().Get("radius"))
      q.CostRangeStr = r.URL.Query().Get("cost")
      places := q.Run()
      respond(w, r, places)
    }))
    http.ListenAndServe(":8080", http.DefaultServeMux)
  }
```

これで、どのドメインからでも我々のAPIをエラーなしに呼び出せるようになりました。

7.3.7 APIのテスト

我々のAPIをテストする準備が整いました。ターミナルを開いてcmdフォルダーに移動しましょう。ここではmeanderパッケージをインポートしているため、ビルドを行うとmeanderパッケージも自動的にビルドされます。

以下のコマンドを使い、プログラムをビルドし実行します。

```
go build -o meanderapi
./meanderapi
```

意味のある結果を得るために、読者が今いる場所の緯度と経度を調べてみましょう。http://mygeoposition.com/にアクセスし、ピンのボタンをクリックすると現在地の座標を取得できます。

あるいは、有名な都市の座標を調べてみるのもよいでしょう。例を示します。

- ロンドン（イギリス）: 51.520707,-0.153809
- ニューヨーク（アメリカ）: 40.7127840,-74.0059410
- 東京（日本）: 35.6894870,139.6917060
- サンフランシスコ（アメリカ）: 37.7749290,-122.4194160

ブラウザを開き、例えば下のような値を指定して/recommendationsのエンドポイントにアクセスしてみましょう。

```
http://localhost:8080/recommendations?lat=51.520707&lng=-0.153809&radius=5000&journey=cafe|bar|casino|restaurant&cost=$...$$$
```

すると、ロンドンでのおすすめの例が表示されます（図7-1）。

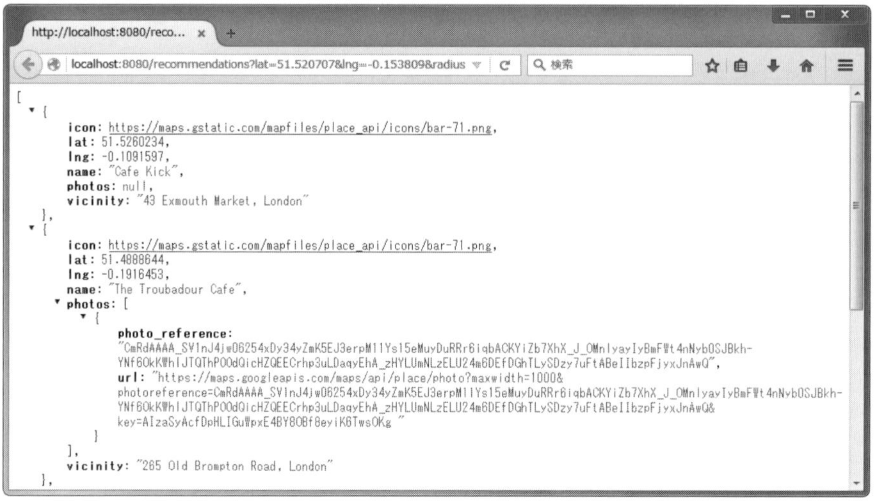

図7-1　ロンドンでのおすすめのお出かけ

さまざまなURLパラメーターの値を試し、シンプルなAPIの強力さを実感してみてください。お出かけの種類や場所そして価格帯をそれぞれ変更できます。

7.3.7.1　Webアプリケーション

以上のAPIを使ったアプリケーションが用意されています。我々のAPIのエンドポイントを参照しており、APIの実際の活用例を目にすることができます。https://github.com/matryer/goblueprints/tree/master/chapter7/meanderwebにアクセスし、meanderwebを各自のGOPATHにダウンロードしてください[*1]。

ダウンロードしたらターミナルを開き、meanderwebフォルダーで以下のコマンドを実行します。

```
go build -o meanderweb
./meanderweb
```

すると、localhost:8081でWebサーバーが起動します。ここではAPIのエンドポイントとしてlocalhost:8080がハードコードされています。CORSに対応しているため、APIが他のドメインで実行されていてもかまいません。

ブラウザを開いてhttp://localhost:8081/にアクセスし、アプリケーションを操作してみましょう。

[*1] 監訳注：go get github.com/matryer/goblueprints/chapter7/meanderwebを実行すると、$GOPATH/src/github.com/matryer/goblueprints/chapter7/meanderwebにダウンロードされます。

UIは他の誰かが作ったものですが、我々がこれまでに作成したAPIによって実際に利用できるようになりました。

7.4 まとめ

　この章では、Google Places APIを抽象化したAPIを作成し、ユーザーが1日を通じてお出かけを計画できるような楽しいやり方を提供しました。

　まず、シンプルで短いユーザーストーリーを作成し、達成しようとしていることを大まかに表現しました。この時点ではまだ、実装の詳細は必要ありません。プロジェクトを同時進行で進められるように、共同作業者との間でAPIの設計について合意を得てから実装を始めるということを学びました。

　プロジェクトの初期段階では、データはコードの中に直接埋め込みました。こうすれば、データストアに関する調査や設計そして実装に時間を費やす必要がなくなります。代わりに、APIのエンドポイントを通じてデータがどのようにアクセスされるのか検討しました。そして、APIをまったく変更しなくてもデータの格納先や格納方法を完全に入れ替えることができるようになりました。

　我々が実装したFacadeインタフェースを使うと、構造体やその他の型が公開用の表現形式を持てるようになります。煩雑な事柄やあるいは公開するべきではない実装の詳細については、ユーザーから隠せます。

　また、Goには用意されていない列挙子のしくみを実装しました。読者が自ら列挙子を実装する際のヒントにもなるかと思います。`iota`キーワードを使うと、連番の定数を定義できます。広く使われる`String`メソッドを使うと、ログなどに列挙子の値として無意味な数値が記録されてしまうのを防げます。また、テスト駆動開発の実際的な例も紹介しました。ここでの手法はred-green programmingとも呼ばれます。信号が赤から青に変わるように、失敗するユニットテストをまず作成し、その後で実装のコードを追加してテストを成功させます。

8章
ファイルシステムのバックアップ

　ファイルシステムのバックアップを作成するしくみは多数考えられています。この中にはDropboxやBoxあるいはCarboniteなどのアプリケーションもあり、AppleのTime MachineやSeagateなどのハードウェアベースのソリューションもあり、NAS（network-attached storage）製品も考えられます。消費者向けのツールのほとんどでは、キーとなる機能が自動化されており、ポリシーやコンテンツを管理するためのアプリケーションまたはWebサイトが用意されています。一方、我々のような開発者にとっては本当に必要な機能が提供されていないということもよくあります。Goの標準ライブラリ（特に、ioutilやosなどのパッケージ）にはバックアップを行うために必要なすべてのものがそろっており、我々が必要としている機能だけを実現できます。

　本書で紹介する最後のプロジェクトとして、我々のソースコードをバックアップするプログラムを作成します。指定されたフォルダー内のファイルを定期的に監視し、変更を加えるたびにアーカイブとしてスナップショットを作成します。ここでの変更とは、既存のファイルへの上書き保存だけではなくファイルやフォルダーの新規作成あるいは削除も含まれます。以前のどの時点にも戻れるようにするのが目標です。

　特に、この章では以下の点について学びます。

- 複数のパッケージやコマンドラインツールを含むプロジェクトの構成
- シンプルなデータを永続化し、ツールの実行のたびに参照できるようにするための現実的なアプローチ
- osパッケージを使ったファイルシステムとのインタラクション
- コードを実行し続け、Ctrl + Cが押されたら終了するための方法
- filepath.Walkを使った、すべてのファイルとフォルダーへのアクセス
- フォルダー内のファイルの内容が変化したことを迅速に検出する方法
- archive/zipパッケージによるファイルの圧縮
- コマンドラインフラグと通常の引数の組み合わせを考慮したツールの作成

8.1 システムの設計

まず、我々がとろうとしているアプローチと満たそうとしている基準を列挙してみます。

- ファイルのスナップショットを定期的に作成し、ソースコードを含むプロジェクトへの変更を記録します。
- 変更の有無をチェックする間隔を変更できます。
- 主にテキストベースのプロジェクトをZIP圧縮するので、アーカイブされたファイルのサイズはとても小さくなります。
- ビルドは早期に行いつつ、将来的な改善の可能性を検討します。
- 実装上の判断は容易に修正できるようにし、今後の変更に備えます。
- 2つのコマンドラインツールを作成します。1つは実際の処理を行うバックエンドのデーモンで、もう1つはバックアップ対象のパスの一覧表示や追加と削除を行うユーザー向けのユーティリティです。

8.1.1 プロジェクトの構造

Goを使う場合、1つのプロジェクトの中にパッケージとコマンドラインツールがともに含まれることがよくあります。パッケージは、読者が定義した機能を他の開発者が利用できるようにするためのものです。一方コマンドラインツールは、エンドユーザーが読者のコードを利用するために使います。

このようなプロジェクトの構成方法については、ルールが生まれつつあります。プロジェクトのメインとなるフォルダーにパッケージを置き、コマンドラインツールはcmd（複数のツールがある場合にはcmds）というサブフォルダーの中に置きます。Goでのすべてのパッケージは、そのフォルダー構造に関係なく平等に扱われます。そのため、サブフォルダーの中のパッケージはメインとなるフォルダーのパッケージをインポートできます。一方、メインとなるフォルダーのパッケージからツールをインポートすることはありません。このような抽象化は不必要とも思えますが、とても広く使われているパターンです。実例はGoのツール群の中にも見られます（gofmtやgoimportsなど）。

我々のプロジェクトでは、backupというパッケージと2つのコマンドラインツール（デーモンと、ユーザーによるインタラクションのためのツール）を作成します。プロジェクトの構造は次のようになります。

```
backup/          (パッケージ)
`-- cmds/
    |-- backup/  (ユーザー向けツール)
    `-- backupd/ (デーモン)
```

8.2 backupパッケージ

まず、backupパッケージを作成します。後で作成するツールが、このパッケージの最初のユーザーになります。このパッケージは、フォルダーの内容が変化しているか調べ、バックアップが必要かどうか判断します。実際のバックアップの処理もここで行われます。

8.2.1 インタフェースは明白か

Goプログラムを新しく作成する際には、まずインタフェースが明白かどうかを検討する必要があります。コードを作成し始める時点ですでに変更が見込まれるなら、過剰な抽象化を行ったり設計に時間を浪費したりするのは望ましくありません。一方、利用する価値のある明白な概念があるなら無視するべきではありません。我々のコードはファイルのアーカイブを作成するので、インタフェースの名前としてはArchiverが候補の1つになるでしょう。

GOPATHの中にbackupというフォルダーを作成し、以下のコードをarchiver.goというファイル名で追加してください。

```
package backup
type Archiver interface {
  Archive(src, dest string) error
}
```

ArchiverインタフェースにはArchiveというメソッドが定義されています。このメソッドはバックアップ対象と保存先のパスを受け取り、error型の値を返します。このインタフェースを実装した型は、srcフォルダーをアーカイブしてdestのパスに保存します。

まずインタフェースを定義するというアプローチをとると、頭の中の概念をコードの形で表現できます。シンプルなインタフェースが持つ力を認識しているかぎり、システムの進化に合わせてインタフェースを変更しても問題ありません。なお、ioパッケージで定義されている入出力関連のインタフェースでは、公開されているメソッドは1つだけのことがほとんどです。

アーカイブにはZIP形式を利用しますが、後で他の形式へと容易に切り替えられるような設計を当初から行っておきます。

8.2.2　ZIP圧縮の実装

Archiver型のインタフェースが決まったので、ZIP形式でアーカイブを保存するようなArchiverの実装を作成することにします。

以下の構造体の定義を、archiver.goに追加してください。

```
type zipper struct{}
```

この型は公開しません。そのため、外部のユーザーは利用できないと思われたかもしれません。ユーザーに対しては、この型のインスタンスを渡して利用してもらうようにします。こうすれば、ユーザーは自分でインスタンスを生成し管理してゆく必要がなくなります。

公開される実装は次のようなものです。

```
// ZIPはファイルの圧縮とその解除にZIP形式を利用するArchiverです。
var ZIP Archiver = (*zipper)(nil)
```

このおまじないのようなコードは、Goでコンパイラに対して意図を示す際に使われるとても興味深いやり方です。ここではメモリは1バイトも使われません[*1]。Archiver型のZIPという変数を定義しているため、「ZIP形式のArchiverを使いたい場合には、この変数を使えばよい」ということが外部のユーザーにとって明らかです。そしてこの変数に、nilを*zipperにキャストしたものを代入しています。nilはメモリを消費しませんが、zipperへのポインタへとキャストされています。また、zipper構造体にはフィールドがありません。このように公開しているインタフェース型の変数に代入しておくことによって、実装の詳細を外部のユーザーに見せなくてもよくなります。外部の人々に対して、zipper型について知らせる必要はまったくありません。知らせなければ、外部への影響なしに内部の実装をいつでも変更できるようになります。これがインタフェースの力です。

このやり方にはちょっとした別のメリットもあります。zipper型が正しくArchiverインタフェースを実装しているかどうかチェックしてくれるため、現状のコードをビルドしようとすると以下のようなコンパイルエラーが発生します。

```
./archiver.go:10: cannot use (*zipper)(nil) (type *zipper) as type Archiver in
assignment:
        *zipper does not implement Archiver (missing Archive method)
```

*zipper型がArchiveメソッドを実装しておらず、インタフェースに準拠していないということがわかります。

[*1] 監訳注：Archiveインタフェース型の変数は、実際の型がどれかを記憶しておくためのメモリを若干必要とします。

テストコードの中でもArchiveメソッドを利用し、自身が定義した型が適切なインタフェースを実装していることを確認するというのも可能です。この型の変数が必要ないという場合には、アンダースコアを代わりに記述します。こうすると値は捨てられる一方で、コンパイラによるチェックは依然として行われます。

```
var _ インタフェースの型 = (*実装の型)(nil)
```

コンパイルが通るようにするためには、*zipper型にArchiveメソッドの実装を加える必要があります。

archiver.goに以下のコードを入力してください。

```go
func (z *zipper) Archive(src, dest string) error {
    if err := os.MkdirAll(filepath.Dir(dest), 0777); err != nil {
        return err
    }
    out, err := os.Create(dest)
    if err != nil {
        return err
    }
    defer out.Close()
    w := zip.NewWriter(out)
    defer w.Close()
    return filepath.Walk(src, func(path string, info os.FileInfo,
        err error) error {
        if info.IsDir() {
            return nil // スキップします
        }
        if err != nil {
            return err
        }
        in, err := os.Open(path)
        if err != nil {
            return err
        }
        defer in.Close()
        f, err := w.Create(path)
        if err != nil {
            return err
        }
        io.Copy(f, in)
        return nil
    })
}
```

ここでは、Goの標準ライブラリに含まれているarchive/zipパッケージをインポートする必要があります。Archiveメソッドでは、以下のような手順を通じてZIPファイルへの書き出しを準備して

います。

- `os.MkdirAll`を使い、保存先のディレクトリが存在することを確認します。存在しない時には`0777`という最も緩いアクセス権でディレクトリを作成します。
- `os.Create`を使い、`dest`で指定されたパスにファイルを新規作成します。
- エラーが発生せずファイルを作成できたら、最後にこのファイルが閉じられるようにします（`defer out.Close()`）[*1]。
- `zip.NewWriter`を使い、上のファイルに出力する`zip.Writer`型の値を生成します。この`Writer`についても、最後に閉じられるようにします。

`zip.Writer`型の値を用意できたら、`filepath.Walk`関数を使ってアーカイブ元のディレクトリ`src`に含まれるすべてのファイルに対して処理を行います。

`filepath.Walk`関数は引数を2つ受け取ります。1つはルートとなるパスで、もう1つはコールバック関数です。ルート以下のすべてのファイル（またはフォルダー。以下同）について、このコールバック関数が呼び出されます。`filepath.Walk`は再帰的に処理を行うため、フォルダー構造がどんなに深くてもすべてのファイルを検出できます。コールバック関数には引数が3つあります。ファイルの完全なパス、ファイル自身を表す`os.FileInfo`オブジェクト、そしてフォルダー構造をたどる際に発生したエラーです。コールバック関数の実行中に問題が発生した場合にエラーを返すと以降の処理は中断され、`filepath.Walk`は受け取ったエラーをそのまま返します。我々のコードでは、このエラーは`Archive`の呼び出し元に返し、処理を任せています。そのため、ここではこれ以上の処理は行いません。

フォルダー構造の中に現れたそれぞれの項目に対して、以下のような処理が行われます。

- `info.IsDir`を呼び出し、この項目がフォルダーかどうかを判定します。フォルダーの場合には`nil`を返し、次の項目への処理に進みます。ファイルをエンコードする際にパスの情報も含まれるため、ZIPアーカイブにフォルダーを追加する必要はありません。
- 3つ目の引数としてエラーが渡された場合、ファイルの情報にアクセスしようとして何らかの問題が生じたということを意味します。このようなことは起こりにくく、ここでは単にエラーをそのまま返しています。そしてこのエラーは`Archive`の呼び出し元に渡されることになります。
- `os.Open`を使い、ファイルを読み込み用にオープンしています。成功した場合、閉じるコードを`defer`を使って後で実行するようにしておきます。
- `ZipWriter`オブジェクトの`Create`メソッドを呼び出し、ソースファイルの完全なパスを指定して圧縮ファイルを新規作成します。ソースファイルが置かれているディレクトリ名は、ソースファイルの完全なパスに含まれています。

[*1] 監訳注：書き込み用にオープンしたファイルをクローズする時はエラーをチェックすべきです。

- `io.Copy`を使い、ソースファイルに含まれるすべてのバイトを読み込みます。そして`ZipWriter`オブジェクトを通じ、以前にオープンしたZIPファイルにバイト列を書き込みます。
- エラーが発生しなかったという意味を表す`nil`を返します。

この章ではユニットテストやTDD（テスト駆動開発）については触れませんが、テストを追加し、ふるまいを確認するのはもちろんよいことです。

ここではパッケージを作成しています。公開されている項目についてはコメントを追加するべきです。見逃している項目がないように、`golint`を使ってチェックしましょう。

8.2.3　ファイルシステムへの変更を検出する

バックアップのシステムで最も大きな問題になるのが、バックアップ対象のフォルダーへの変更を検出する方法です。この方法はクロスプラットフォームで、予測可能かつ信頼できるものでなければなりません。この問題の解決にあたって、「トップレベルのフォルダーの最終更新時刻を調べる」そして「対象のファイルが変更された際に、システムからの通知を受け取る」という2つのアイデアが考えられます。これらのアプローチにはいずれも欠点があり、問題の解決は容易ではありません。

代わりに、対象とするデータすべてに対してMD5形式のハッシュ値を生成し、変更が発生したかどうかをチェックするという方法をとることにします。

`os.FileInfo`型について調べてみると、ファイルについてさまざまな情報を得られることがわかります。

```
type FileInfo interface {
  Name() string // ファイルの名前。
  Size() int64 // 通常のファイルでは、バイト単位の長さ。
               // 通常のファイル以外では、システムごとに意味は異なる。
  Mode() FileMode // ファイルのモードを表すビット。
  ModTime() time.Time // 変更時刻。
  IsDir() bool // Mode().IsDir()の短縮表現。
  Sys() interface{} // 実際のデータソース (nilを返すこともあります)。
}
```

フォルダー内のどんなファイルに対するどんな変更も検出できるようにするために、ファイル名とパス、サイズ、最終変更時刻、フォルダーか否かそしてファイルモードのビットを元にしてハッシュ値を算出します。ファイル名とパスを含めるのは、ファイル名を変更するとハッシュ値も変わるようにするためです。また、ファイルのサイズが変わった場合にもファイルへの変更は明らかです。フォルダーについてはアーカイブしませんが、その名前やツリー構造について監視は行います。

dirhash.goというファイルを新規作成し、以下のコードを入力しましょう。

```go
package backup
import (
  "crypto/md5"
  "fmt"
  "io"
  "os"
  "path/filepath"
)
func DirHash(path string) (string, error) {
  hash := md5.New()
  err := filepath.Walk(path, func(path string, info os.FileInfo, err error) error {
    if err != nil {
      return err
    }
    io.WriteString(hash, path)
    fmt.Fprintf(hash, "%v", info.IsDir())
    fmt.Fprintf(hash, "%v", info.ModTime())
    fmt.Fprintf(hash, "%v", info.Mode())
    fmt.Fprintf(hash, "%v", info.Name())
    fmt.Fprintf(hash, "%v", info.Size())
    return nil
  })
  if err != nil {
    return "", err
  }
  return fmt.Sprintf("%x", hash.Sum(nil)), nil
}
```

ここではまず、MD5のハッシュ値を算出するためのhash.Hashを生成しています。続いて、指定されたpath以下のすべてのファイルとフォルダーに対してfilepath.Walkを使って処理を行います。それぞれについて、（エラーが渡されなかったなら）先ほどあげた情報をHashに渡します。ここでは、文字列をio.Writerに書き出すためのio.WriteStringが使われています。また、同等の処理を行いますが書式つき出力の機能を持ったfmt.Fprintfも使われています。%vという書式を指定すると、デフォルトの書式で出力されます。

個々のファイルについての処理がエラーなく終わったら、fmt.Sprintfを使って最終的な処理結果の文字列を生成します。hash.Hashが持つSumメソッドは、現時点までに書き込まれたデータのハッシュ値を計算し、引数で渡されたバイトのスライスに追加します。ここでは単にハッシュ値だけを取得できればよいので、Sumへの引数としてはnilを指定しています。%xという書式は、対象の値を16進数（アルファベットは小文字）として出力することを意味します。MD5形式のハッシュ値を表現する際に、この書式がよく使われます。

8.2.4 変更の検出とバックアップの開始

特定のフォルダーについてハッシュ値を算出するしくみと、バックアップの処理を行うしくみが用意できました。これらを組み合わせて、Monitorという新しい型を定義することにします。このMonitorには、パスとハッシュ値のマップ、任意のArchiver型（当面はbackup.ZIP）の値への参照、そしてアーカイブの保存先という3つの要素が含まれます。

monitor.goという新規ファイルに、以下のコードを入力してください。

```go
package backup
type Monitor struct {
  Paths map[string]string
  Archiver Archiver
  Destination string
}
```

変更をチェックする処理を呼び出すために、以下のNowメソッドを追加します。

```go
func (m *Monitor) Now() (int, error) {
  var counter int
  for path, lastHash := range m.Paths {
    newHash, err := DirHash(path)
    if err != nil {
      return 0, err
    }
    if newHash != lastHash {
      err := m.act(path)
      if err != nil {
        return counter, err
      }
      m.Paths[path] = newHash // ハッシュ値を更新します
      counter++
    }
  }
  return counter, nil
}
```

Nowメソッドはマップに含まれているすべてのパスについて、DirHashメソッドを呼び出してハッシュ値を生成します。以前に生成されたハッシュ値と一致しない場合、そのパスに含まれるファイルが変更されたということになり、バックアップが再び行われます。バックアップの実行には、未実装のactというメソッドを使います。バックアップ後に、マップに格納されているハッシュ値を新しいもので置き換えます。

Nowを呼び出したユーザーに対して現在起こっていることを大まかに示すために、カウンターの変数を用意しています。この値は、バックアップが行われるたびに加算されます。この値を利用するコードは後で記述します。ユーザーに大量の情報を投げつけることなしに、システムのふるまいを伝

え続けることを意図しています。現時点のコードのビルドを試みると、以下のようなエラーが発生します。

```
m.act undefined (type *Monitor has no field or method act)
```

ここでもコンパイラは親切に、actメソッドを追加するよう促してくれました。このメソッドの実装は以下のようになります。

```go
func (m *Monitor) act(path string) error {
    dirname := filepath.Base(path)
    filename := fmt.Sprintf("%d.zip", time.Now().UnixNano())
    return m.Archiver.Archive(path, filepath.Join(m.Destination,
        dirname, filename))
}
```

面倒な処理については、Archiverの実装がすべて受け持ってくれています。ここでは、ファイル名と保存先を指定してArchiveメソッドを呼び出すだけです。

Archiveメソッドがエラーを返した場合、actメソッドそしてNowメソッドも同じエラーを返します。このように、呼び出しの階層をたどってエラーを返すということはGoではよく行われています。エラーを受け取ったコードが復旧のための処理を行えるなら行えばよく、それが不可能なら問題の解決を呼び出し元に任せるという考え方に基づいています。

time.Now().UnixNano()の値は、ファイル名でのタイムスタンプとして使われます。また、ここでは.zipという拡張子がハードコードされています。

8.2.4.1　初期段階でのハードコードの是非

ファイルの拡張子をハードコードするというのは、初期段階は許されます。しかし、このやり方には問題点もあります。Archiverの実装がRAR形式や独自形式の圧縮を行うという場合、.zipという拡張子は適切ではありません。

読み進める前に、ハードコードを避けるにはどのような手段があるか検討しましょう。具体的には、拡張子を判断するロジックはどこに置くべきでしょうか。また、どのような変更を行うのが適切でしょうか。

おそらく、拡張子を決定する場所としてはArchiverが適切です。Archiverの実装は、どのような種類のアーカイブを行うか知っているためです。例えば拡張子の文字列を返すExtというメソッドをArchiverに追加し、actメソッドから呼び出すというやり方が考えられます。しかし本書では、

少しの作業でより多くの効果を得られるような方法をとることにします。Archiverの実装が、拡張子だけでなくファイル名全体の書式を決定できるようにします。

archiver.goに戻り、Archiverインタフェースの定義を以下のように変更しましょう。

```
type Archiver interface {
  DestFmt() string
  Archive(src, dest string) error
}
```

そして、zipper型にDestFmtメソッドの実装を追加します。

```
func (z *zipper) DestFmt() string {
  return "%d.zip"
}
```

actメソッドでは、DestFmtメソッドを使ってArchiverの実装からファイル名の書式を取得します。actメソッドを以下のように変更してください。

```
func (m *Monitor) act(path string) error {
  dirname := filepath.Base(path)
  filename := fmt.Sprintf(m.Archiver.DestFmt(),
      time.Now().UnixNano())
  return m.Archiver.Archive(path, filepath.Join(m.Destination,
      dirname, filename))
}
```

フォーマット文字列に定数でないものを使うのは、あまり安全ではありません。次のようにしたほうがフォーマットの型チェックもできてよいでしょう。

```
type Archiver interface {
  DestFmt() func(int64) string
  Archive(src, dest string) error
}

func (*zipper) DestFmt() func(int64) string {
  return func(i int64) string {
      return fmt.Sprintf("%d.zip", i)
  }
}

func (m *Monitor) act(path string) error {
  dirname := filepath.Base(path)
  filename := m.Archive.DestFmt()(
      time.Now().UnixNano())
  return m.Archiver.Archive(path, filepath.Join(m.Destination,
      dirname, filename))
}
```

8.3 ユーザー向けのコマンドラインツール

ツールは2つ作成します。1つ目では、バックアップ対象のパスを追加や削除あるいは一覧表示できるようにします。この情報は、2つ目のツールつまりバックアップのデーモンが利用します。Webのインタフェースを公開したり、デスクトップのユーザーインタフェースに統合するといったことも可能ですが、ここではシンプルなコマンドラインツールを作成することにします。

backupフォルダーにcmdsというサブフォルダーを作成し、さらにこの中にbackupフォルダーを作成してください。

 コマンドが置かれるフォルダーと、コマンドのバイナリは同じ名前にしましょう[*1]。

新しいbackupフォルダーの中にmain.goを作成し、次のコードを入力してください。

```go
package main
func main() {
  var fatalErr error
  defer func() {
    if fatalErr != nil {
      flag.PrintDefaults()
      log.Fatalln(fatalErr)
    }
  }()
  var (
    dbpath = flag.String("db", "./backupdata", "データベースのディレクトリへのパス")
  )
  flag.Parse()
  args := flag.Args()
  if len(args) < 1 {
    fatalErr = errors.New("エラー；コマンドを指定してください")
    return
  }
}
```

まずfatalErr変数を定義し、この値がnilかどうかチェックするコードをdeferを使って後で実行するようにしています。nilではなかった場合には、コマンドラインフラグのデフォルト値とエラーメッセージを出力し、ゼロ以外の終了コードを返して終了します。続いて、dbというコマンドラインフラグを定義しています。ここには、filedbデータベースのディレクトリへのパスが指定され

[*1] 監訳注：go buildやgo installで出力ファイル名を指定しない場合、フォルダーの名前が生成されるコマンド名になります。

ます。そしてユーザーがコマンドラインで指定した文字列を解析し、dbフラグ以外に1つ以上引数が指定されているかどうかチェックします。

8.3.1 少量のデータの永続化

パスとそこから算出されるハッシュ値を継続的に管理するために、プログラムを実行していない間にも機能するストレージのしくみが求められます。これを実現するための方法は、テキストファイルからスケールアウトに対応した高機能なデータベースに至るまでさまざまです。シンプルさを求めるGoの精神に照らして考えると、我々の小さなプログラムにデータベースへの依存関係を持ち込んでしまうというのは望ましくありません。問題を解決するための最もシンプルな方法とは何か、考えてみましょう。

この種の問題への解決策として、実験的なパッケージhttps://github.com/matryer/filedbを公開しています。これを使うと、ファイルシステムに対してあたかもスキーマのないシンプルなデータベースであるかのようにアクセスできます。mgoなどのパッケージをデザインの手本にしており、データへの問い合わせに関する要件がとてもシンプルな場合に適しています。このfiledbではフォルダーが1つのデータベースを表し、各行に1つ1つのレコードの記述されたファイルがコレクションに相当します。このような実装はfiledbプロジェクトの進化に合わせて変化してゆくかもしれませんが、APIはおそらく変わらないでしょう。

main関数の末尾に、以下のコードを追加してください。

```
db, err := filedb.Dial(*dbpath)
if err != nil {
  fatalErr = err
  return
}
defer db.Close()
col, err := db.C("paths")
if err != nil {
  fatalErr = err
  return
}
```

filedb.Dial関数を使い、filedbデータベースに接続します。実際には接続するサーバーはないため、ここではデータベースの場所を指定する程度の処理しか行われません。将来の仕様変更に備えて、このようなメソッドが用意されています。処理に成功したら、このデータベースを閉じる処理をdeferで後に実行するようにしておきます。ここでは、開いたままのファイルを閉じるなどのクリーンアップの処理が実際に行われます。

mgoでのパターンに従い、Cメソッドを使ってコレクションを指定し、得られた参照をcol変数にセットします。いずれかの時点でエラーが発生したら、そのエラーの値をfatalErr変数にセットしてリターンします。

データを保存するために、`path`という型を定義します。ここには、パスと最新のハッシュ値が保持されます。このデータはJSONエンコードを使って`filedb`データベースに格納されます。以下のような構造体の定義を、`main`関数の直前に入力してください。

```go
type path struct {
  Path string
  Hash string
}
```

8.3.2　コマンドライン引数の解析

（`os.Args`ではなく）`flag.Args`を呼び出すと、コマンドラインフラグを除いた引数をスライスとして受け取れます。つまり、1つのツールでコマンドラインフラグとそれ以外の引数をともに受け付けるようにすることができます。

ツールの使用法としては以下のようなものを想定しています。

パスの追加

```
backup -db=/データベースへのパス add {パス} [パス...]
```

パスの削除

```
backup -db=/データベースへのパス remove {パス} [パス...]
```

すべてのパスの一覧表示

```
backup -db=/データベースへのパス list
```

これらを可能にするために、解釈済みのフラグの部分を除いた最初の引数に着目します。`main`関数に以下のコードを追加しましょう。

```go
switch strings.ToLower(args[0]) {
case "list":
case "add":
case "remove":
}
```

ここでは、最初の引数を元に`switch`文で分岐します。例えばユーザーがLISTと入力した場合にもうまく動作するように、引数は小文字に変換しています。

8.3.2.1　パスの一覧表示

データベースに格納されているパスの一覧を出力するために、パスを表す`col`変数に対して`ForEach`メソッドを呼び出しています。`case "list":`の行に続けて、以下のコードを追加してください。

```
  var path path
  col.ForEach(func(i int, data []byte) bool {
    err := json.Unmarshal(data, &path)
    if err != nil {
      fatalErr = err
      return true
    }
    fmt.Printf("= %s\n", path)
    return false
  })
```

ForEachに渡したコールバック関数は、コレクション中のすべての項目に対して呼び出されます。それぞれの項目についてUnmarshalを使い、JSONからpath型へと変換します。そして、fmt.Printfを使ってこの値を表示しています。falseを返しているのは、filedbのAPIに従った結果です。trueを返すと以降の項目への処理が中止されてしまうので、すべての項目が表示されるようにfalseを返しています。

独自型の文字列表現

上のコードのように%sを指定して構造体を出力すると、ユーザーにとって読みにくいデータが表示されてしまうことがあります。このような場合には、対象の型でString() stringというメソッドを実装しましょう。このメソッドからの戻り値が代わりに出力されるため、出力内容を制御できるようになります。path構造体の定義に続けて、次のメソッドを追加してください。

```
func (p path) String() string {
  return fmt.Sprintf("%s [%s]", p.Path, p.Hash)
}
```

このメソッドは、path型に対して自らを文字列として表現する方法を指示しています。

8.3.2.2 パスの追加

1つもしくは複数のパスを追加できるようにするには、残りのコマンドライン引数を調べて、それぞれについてInsertJSONメソッドを呼び出します。addの場合のコードは以下のようになります。

```
if len(args[1:]) == 0 {
  fatalErr = errors.New("追加するパスを指定してください")
  return
}
for _, p := range args[1:] {
```

```
    path := &path{Path: p, Hash: "まだアーカイブされていません"}
    if err := col.InsertJSON(path); err != nil {
      fatalErr = err
      return
    }
    fmt.Printf("+ %s\n", path)
  }
```

追加のコマンドライン引数がない(つまり、backup addとだけ入力されておりパスが指定されていない)場合には、致命的なエラーを報告します。それ以外の場合には、指定されたパスを追加し、そのパスの先頭に+を加えた文字列を出力して処理の成功を示します。デフォルトでは、ハッシュ値として「まだアーカイブされていません」という文字列リテラルをセットしています。正しいハッシュ値ではありませんが、アーカイブされていないということを、ユーザーだけでなく(どんなハッシュ値にも一致しないため)我々のコードにも伝えるという意味があります。

8.3.2.3 パスの削除

1つもしくは複数のパスを削除するには、格納されているパスのコレクションに対してRemoveEachメソッドを呼び出します。removeの場合の処理として、以下のコードを記述しましょう。

```
  var path path
  col.RemoveEach(func(i int, data []byte) (bool, bool) {
    err := json.Unmarshal(data, &path)
    if err != nil {
      fatalErr = err
      return false, true
    }
    for _, p := range args[1:] {
      if path.Path == p {
        fmt.Printf("- %s\n", path)
        return true, false
      }
    }
    return false, false
  })
```

RemoveEachに渡すコールバック関数は、戻り値として真偽値を2つ返すことが期待されています。1つ目は、対象の項目が削除されるべきかどうかを表します。2つ目は、以降の項目への処理を中止するべきかどうかを表します。

8.3.3 ツールの実行

以上のコードで、コマンドラインツールが完成しました。これを実際に使ってみましょう。まず、backup/cmds/backupの下にbackupdataというサブフォルダーを作ってください。このフォルダー

がfiledbのデータベースになります。

main.goの置かれたフォルダーに移動し、次のコマンドを実行してビルドを行います。

```
go build -o backup
```

ビルドに成功したら、次のコマンドを使ってパスを追加します。

```
./backup -db=./backupdata add ./test ./test2
```

すると、次のように期待どおりの出力が表示されます。

```
+ ./test ［まだアーカイブされていません］
+ ./test2 ［まだアーカイブされていません］
```

別のパスも追加してみましょう。

```
./backup -db=./backupdata add ./test3
```

そして、現状のパスのリストを表示させます。

```
./backup -db=./backupdata list
```

すると次のように表示されるはずです。

```
= ./test ［まだアーカイブされていません］
= ./test2 ［まだアーカイブされていません］
= ./test3 ［まだアーカイブされていません］
```

パスの削除が正しく機能するかどうかもチェックしてみましょう。

```
./backup -db=./backupdata remove ./test3
./backup -db=./backupdata list
```

今度は次のように表示されるでしょう。

```
= ./test ［まだアーカイブされていません］
= ./test2 ［まだアーカイブされていません］
```

我々のユースケースに沿って、filedbデータベースを操作できることがわかりました。次に、backupパッケージを使ってバックアップの処理を行うデーモンのプログラムを作成します。

8.4 バックアップを行うデーモン

これから作成するbackupdというバックアップツールは、filedbデータベースに格納されているパスの情報を定期的にチェックし、それぞれについてハッシュ値を計算して変更の有無を調べます。変更されていた場合には、backupパッケージを使ってフォルダーの内容をアーカイブします。

backup/cmdsフォルダーの中にbackupdサブフォルダーを作成し、main.goのmain関数を以下

のように作成します。まずは致命的エラーの処理と、コマンドラインフラグの解釈のコードを記述します。

```
package main
func main() {
  var fatalErr error
  defer func() {
    if fatalErr != nil {
      log.Fatalln(fatalErr)
    }
  }()
  var (
    interval = flag.Int("interval", 10, "チェックの間隔(秒単位)")
    archive = flag.String("archive", "archive", "アーカイブの保存先")
    dbpath = flag.String("db", "./db", "filedbデータベースへのパス")
  )
  flag.Parse()
}
```

すでに見慣れたコードかと思います。まず、致命的エラーが発生した場合の処理を`defer`にしています。そして`interval`、`archive`、`db`という3つのコマンドラインフラグを用意しています。`interval`フラグの値は、フォルダー内への変更をチェックする間隔を秒単位で表します[*1]。`archive`フラグは、ZIPファイルの保存先のパスを表します。そして`db`フラグは、`backup`コマンドを使って作成したfiledbデータベースのパスです。いつもの`flag.Parse`を使い、これらのフラグで指定された値を変数にセットし、以降の処理に進んでもよいかチェックします。

フォルダーのハッシュ値をチェックするために、以前に作成した`Monitor`のインスタンスを利用します。main関数に以下のコードを追加してください。

```
m := &backup.Monitor{
  Destination: *archive,
  Archiver: backup.ZIP,
  Paths: make(map[string]string),
}
```

`archive`の値を`Destination`フィールドに指定し、`backup.Monitor`型の値を生成しています。アーカイブの処理は`backup.ZIP`型が行います。そしてパスとハッシュ値の組を内部的に保持するためのマップも生成しています。このデーモンの起動時には、パスをデータベースから読み込むようにします。起動や終了のたびにアーカイブの生成を繰り返さなくても済むようにするためです。

データベースからの読み込みのコードは以下のようになります。これもmain関数に追加してください。

[*1] 監訳注：`flag.Duration`を使うほうがよいでしょう。詳細は付録Bを参照してください。

```
    db, err := filedb.Dial(*dbpath)
    if err != nil {
      fatalErr = err
      return
    }
    defer db.Close()
    col, err := db.C("paths")
    if err != nil {
      fatalErr = err
      return
    }
```

このコードにも見覚えがあるはずです。データベースに接続し、コレクション`paths`を操作するためのオブジェクトを生成します。問題が発生した場合には、`fatalErr`にエラーの値をセットしてリターンします。

8.4.1 データ構造の重複

ユーザー向けのコマンドラインツールで使われているのと同じ`path`構造体が、ここでも必要になります。この定義を`main`関数の前に記述してください。

```
type path struct {
  Path string
  Hash string
}
```

オブジェクト指向のプログラマーはみな、このページを読んで「共有されるコードは1箇所にだけ記述されるべきで、複数箇所に同じコードがあってはならない」と強く思ったことでしょう。しかし、筆者はこのような早まった抽象化には反対します。わずか4行のコードのために、新しいパッケージや依存関係が必要になるとは思えません。両方のプログラムに記述されていたとしても、不利益はほとんどありません。また、`backupd`側で`LastChecked`フィールドを追加し、アーカイブの作成を1時間に1回以下にしたいというケースも考えられます。`backup`プログラムにとってはこのようなフィールドに意味はなく、現状のフィールドだけで十分です。

8.4.2 データのキャッシュ

すべての既存のパスについて問い合わせを行い、自身が持つマップ`Paths`を更新するというのは、プログラムの実行速度を向上させるのに役立ちます。低速あるいは切断されているストレージでは特に効果的です。データをキャッシュ（具体的には`Paths`）に読み込むことによって、情報が必要になるたびにファイルにアクセスする必要がなくなり、データの取得が大幅に高速化します。

`main`関数の中に以下のコードを追加してください。

```
      var path path
      col.ForEach(func(_ int, data []byte) bool {
        if err := json.Unmarshal(data, &path); err != nil {
          fatalErr = err
          return true
        }
        m.Paths[path.Path] = path.Hash
        return false // 処理を続行します
      })
      if fatalErr != nil {
        return
      }
      if len(m.Paths) < 1 {
        fatalErr = errors.New("パスがありません。backupツールを使って追加してください")
        return
      }
```

ForEachメソッドを使うと、データベースに含まれるすべてのパスの情報にアクセスできます。Unmarshalを使い、JSONのバイト列を他のプログラムと同様の構造体へと変換し、マップPathsにセットします。以上の処理に成功したら、最後にパスが1つ以上含まれるかどうかチェックし、そうではない場合にはエラーを発生させます。

backupdプログラムには、起動後にパスを動的に追加することができないという制約があります。プログラムを再起動しなければ、パスへの変更は反映されません。これが不満だという読者は、定期的にPathsの内容を更新するようなコードを追加してみましょう。

8.4.3　無限ループ

次に追加しなければならないのは、ハッシュ値をチェックしてアーカイブが必要か否かを判断する機能です。無限ループの中で、このチェックを定期的に行うようにします。

無限ループというのは誤ったやり方のようにも思えます。バグのせいで発生するものだと思われているかもしれません。しかし、ここで扱うのはプログラムの中で注意深く発生させる無限ループであり、いつでも簡単に中断できます。つまり、ここでの無限ループに悪いイメージを持つ必要はありません。

Goで無限ループを発生させるには、次のようにコードを記述します。

```
      for {}
```

ここでカッコの中にコードを記述すると、マシンにとって可能なかぎり高速に何度も実行されます。やはりこれは悪いコードだと思われるかもしれませんが、それは処理の内容にもよります。これから作成しようとしているコードでは、すぐにselect文が開始します。2つのチャネルに対して、

何か興味深いデータが届くまで安全に待機します。

コードは次のようになります。

```
check(m, col)
signalChan := make(chan os.Signal, 1)
signal.Notify(signalChan, syscall.SIGINT, syscall.SIGTERM)
Loop:
for {
  select {
  case <-time.After(time.Duration(*interval) * time.Second):
    check(m, col)
  case <-signalChan:
    // 終了
    fmt.Println()
    log.Printf("終了します...")
    break Loop
  }
}
```

　もちろん、我々は責任あるプログラマーとして、ユーザーが強制終了を行った場合にも適切に対応する必要があります。`check`メソッド（未実装）の呼び出しに続いて、シグナルのチャネルを作成します。そして`signal.Notify`を呼び出し、このチャネルが終了のシグナルを受け取れるようにします。こうすると、終了のシグナルに対してデフォルトの処理が行われることはなくなります。無限ループの中で発生する処理は2つあります。1つはタイマーのチャネルがメッセージを受け取った場合の処理で、もう1つはシグナルのチャネルがメッセージを受け取った場合の処理です。タイマーのチャネルからのメッセージだった場合には、`check`を再び呼び出します。シグナルのチャネルからだった場合には、プログラムを終了します。

　`time.After`関数はチャネルを返します。このチャネルは、指定された時間が経過するとシグナルを送信します。`time.Duration(*interval) * time.Second`というややこしいコードは、シグナルが送信されるまでの時間を表しています[*1]。なお、1つ目の`*`は間接演算子です。`flag.Int`メソッドが`int`そのものではなく`int`型へのポインタを返すため、この`*`が必要になります。2つ目の`*`は掛け算の演算子で、間隔の値を`time.Second`倍しています。これで、秒単位で表した間隔を得られます。ここでは`*interval`について、`int`から`time.Duration`への型変換が行われています[*2]。

　`switch`文や`for`文のループから抜け出すために、`Loop`ラベルのついた`for`から`break`しています。もちろん、`break`を使わずに単にリターンするというコードも可能です。しかし上のコードには、必要ならループの後に（`defer`にしていない）処理を記述できるというメリットがあります。

[*1] 監訳注：`interval`を`flag.Duration`にしてあれば、`*interval`だけで済みます。

[*2] 監訳注：Goでは型の違う数値同士の演算はできないので、`*interval`を`int`から`time.Duration`に型変換することで、`time.Second`（これはもともと`time.Duration`型）と掛けあわせることができるようになります。なお定数や`const`は指定しないと型がないので`1 * time.Second`のような掛け算は`time.Duration(1)*time.Second`のようにする必要はありません。

8.4.4　filedbのレコードの更新

実装が必要な残りのコードは、check関数だけです。ここではMonitor型のNowメソッドを呼び出し、必要に応じてデータベースに格納されているハッシュ値を更新します。

main関数に続けて、以下のコードを入力しましょう。

```go
func check(m *backup.Monitor, col *filedb.C) {
  log.Println("チェックします...")
  counter, err := m.Now()
  if err != nil {
    log.Panicln("バックアップに失敗しました:", err)
  }
  if counter > 0 {
    log.Printf(" %d個のディレクトリをアーカイブしました\n", counter)
    // ハッシュ値を更新します
    var path path
    col.SelectEach(func(_ int, data []byte) (bool, []byte, bool) {
      if err := json.Unmarshal(data, &path); err != nil {
        log.Println("JSONデータの読み込みに失敗しました。"+
            "次の項目に進みます:", err)
        return true, data, false
      }
      path.Hash, _ = m.Paths[path.Path]
      newdata, err := json.Marshal(&path)
      if err != nil {
        log.Println("JSONデータの書き出しに失敗しました。"+
            "次の項目に進みます:", err)
        return true, data, false
      }
      return true, newdata, false
    })
  } else {
    log.Println(" 変更はありません")
  }
}
```

check関数はチェックの開始をユーザーに知らせるとすぐに、Nowを呼び出します。Monitor型が仕事を行い、ファイルをアーカイブしてくれたなら、その結果を表示してデータベースの更新に進みます。SelectEachメソッドを使うと、コレクション内の各レコードを（必要に応じて）更新できます。新しいバイト列を返すと、更新が行われます。つまり、JSONのバイト列からpath構造体に変換し、ハッシュ値を新しいものに変更し、これをバイト列に戻したものをリターンします。こうすることによって、次回にbackupdのプロセスが開始した際に正しいハッシュ値を得られます。

8.5 システムのテスト

　2つのプログラムが正しく連携し、backupパッケージのコードを利用できているかどうか確認してみましょう。ターミナルのウィンドウを2つ開いてください。

　以前にパスをいくつかデータベースに追加しているので、backupを使ってパスのリストをまず表示させてみます。

```
./backup -db="./backupdata" list
```

　下のように、2つのテスト用フォルダーが表示されるはずです。そうでない場合には、「8.3.3 ツールの実行」を参照してください。

```
= ./test  [まだアーカイブされていません]
= ./test2 [まだアーカイブされていません]
```

　もう1つのウィンドウで、backupdフォルダーに移動してからテスト用のフォルダーtestとtest2を作成してください[*1]。

　そして、いつものようにbackupdをビルドします。

```
go build -o backupd
```

　ビルドに成功したら、いよいよバックアップのデーモンを起動できます。backupで利用したのと同じパスをdbに指定し、ZIPファイルの保存先としてarchiveというフォルダーを用意し指定します。テスト目的なので、ここではチェックの間隔を5秒とします。以下のコマンドを実行してください。

```
./backupd -db="../backup/backupdata/" -archive="./archive" -interval=5
```

　するとbackupdはすぐに各フォルダーをチェックし、ハッシュ値を計算します。このハッシュ値は以前に保存されているもの（「まだアーカイブされていません」という文字列）とは異なるため、アーカイブの処理が開始されます。そして以下のようなメッセージが表示されます。

```
チェックします...
    2個のディレクトリをアーカイブしました
```

　先ほど作成して保存先に指定したbackup/cmds/backupd/archiveフォルダーを開いてみましょう。testとtest2という2つのサブフォルダーが作られているはずです。これらの中には、空のフォルダーを圧縮したアーカイブファイルがそれぞれ置かれています。圧縮を解除して内容を確認してもかまいませんが、あまり面白くはないでしょう。

　ターミナルのウィンドウに戻ると、backupdが定期的にフォルダーのチェックを繰り返していること

[*1] 監訳注：テスト用のフォルダーがないとbackupdはエラーで終了してしまいます。

とがわかります。

```
チェックします...
    変更はありません
チェックします...
    変更はありません
```

好みのテキストエディタを使って、`test`という文字列を含む`one.txt`というファイルを`test2`フォルダーに作成してみましょう。数秒すると、`backupd`がこのファイルを発見し、`archive/test2`フォルダーにアーカイブが作成されます。

ファイル名には時刻が含まれるため毎回変わりますが、圧縮を解除すれば確かに`test2`フォルダーの内容であることがわかります。

例えば次のような操作を行い、システムがどうふるまうか調べてみましょう。

- `one.txt`の内容を変更します。
- `test`フォルダーにもファイルを追加します。
- ファイルを削除します。

8.6　まとめ

この章では、ソースコードのプロジェクトなどのバックアップを作成するための強力で柔軟なシステムを作成しました。それぞれのプログラムは拡張や修正がとても容易です。このシステムはさまざまな課題の解決に利用できるでしょう。

本文ではアーカイブの保存先としてローカルのフォルダーを指定しましたが、代わりにネットワーク上のストレージを指定した場合について考えてみましょう。この変更だけで、外部ネットワーク（あるいは、少なくとも別マシン）に重要なファイルをバックアップできるようになります。あるいは、Dropboxのフォルダーをアーカイブ先に指定することもできます。こうすれば、クラウド上にバックアップを保存でき、自分だけでなく他のユーザーとの間でバックアップを共有することも可能になります。

`Archiver`インタフェースを拡張して復元のための処理（`archive/zip`パッケージを使えば簡単です）を追加したなら、AppleのTime Machineのように過去のバージョンのファイルやそこでの変更内容にアクセスできます。ファイルをインデックス化すれば、すべての過去のファイルに対して全文検索を行えるようになります。これはあたかもGitHubのようです。

ファイル名にはタイムスタンプが含まれているため、古いアーカイブを安定性の高いストレージ媒体に移動したり、変更内容を1日ごとに報告するといったことも可能です。

バックアップのためのソフトウェアはすでに存在しており、十分なテストを経て世界中で使われています。したがって、既存のソフトウェアがまだ解決していない課題の解決に取り組むというのがス

マートなやり方です。しかし、物事をこなすのに必要な努力がとても小さなものだとしたら、既存のソフトウェアの有無にかかわらず自分でプログラムを作成してみるというのもよいでしょう。そうすれば、とても自由度の高いものを作り出せるはずです。自分にとって欲しい機能だけを妥協なく実現でき、他のユーザーがこれを利用することもできます。

この章では特に、Goの標準ライブラリを使うとファイルシステムの操作がとても容易になるということを紹介してきました。読み込み用にファイルをオープンしたり、ファイルやディレクトリを新規作成したりしました。ioパッケージの強力な型を利用したosパッケージを、archive/zipなどと組み合わせて利用しました。これによって、きわめてシンプルなGoのインタフェースを使って強力な処理が可能になりました。

付録A
安定した開発環境のための
ベストプラクティス

　Goのコードを作成するというのは、とても楽しい作業です。コンパイルエラーは苦痛ではなく、頑健で高品質なコードへと開発者を導いてくれます。一方で、この作業に割り込み邪魔をするような事柄が開発環境によって引き起こされがちです。Web検索やちょっとした工夫で、このような問題はほぼ解決できます。開発環境を適切にセットアップすれば、問題の発生を大幅に抑えることができ、開発者は便利なアプリケーションの作成に注力できるようになるでしょう。

　この章は、Goの新規インストールから始まります。開発環境に関するいくつかの選択肢を紹介し、ここでの選択が将来的にもたらす影響を明らかにします。コラボレーションや、パッケージのオープンソース化による影響についても考察します。

　この章の具体的な内容は以下のとおりです。

- Goのソースコードを取得し、読者の開発マシン上でネイティブコードにビルドします。
- 環境変数GOPATHの意味を学び、適切な指定方法を検討します。
- Goのツール群について知り、コードの品質を保つためにこれらを利用します。
- インポート対象のパッケージを自動的に管理するためのツールを活用します。
- ファイルの保存時に何らかの処理を実行するためのしくみを知り、これとGoのツール群を組み合わせて日常の開発に役立てます。

A.1　Goのインストール

　Goはオープンソースのプロジェクトです。つまり、読者も簡単にGoをソースコードからコンパイルできます。いくつかの理由で、Goのインストールにはソースコードからのコンパイルをおすすめします[1]。例えば、後で必要になった場合に標準ライブラリやツール群のソースコードを確認できま

---

[1] 監訳注：なお、Goの公式サイトではコンパイル済みのバイナリのインストールも推奨されています。go1.5から、Goをビルドするためにgo1.4以降のバイナリが必要です。

す[*1]。また、新しいバージョンにアップデートしたりリリース候補版を試用したりするのも容易です。リポジトリで別のタグやブランチを指定してソースコードを取得し、ビルドを再実行するだけです。もちろん、必要なら以前のバージョンに戻すこともできます。バグを修正してGoのコアチームにプルリクエストを送信し、プロジェクトに貢献することも可能です。

さまざまなプラットフォームでGoをソースコードからビルドする方法については、http://golang.org/doc/install/sourceで公開されています。このページは頻繁に更新されています。「Golang インストール ソースコード」でWeb検索するのもよいでしょう。本書でもソースコードからのインストール手順を紹介しますが、問題が発生した場合にはWebが役立つでしょう。

A.1.1 バイナリリリースのインストール

https://golang.org/dl/からGoのコンパイラをダウンロードして、インストールします。LinuxやOS X用のtar.gzファイルは/usr/localで展開して使うように作られています。

```
wget https://storage.googleapis.com/golang/go1.5.1.linux-amd64.tar.gz
sudo tar -C /usr/local -xzf go1.5.1.linux-amd64.tar.gz
```

展開したら/usr/local/go/binをPATHに設定します。

```
export PATH=$PATH:/usr/local/go/bin
```

A.1.2 ダウンロードとビルド

https://golang.org/dl/からGoのコンパイラをダウンロードしてインストールしたら、gitコマンド（なければインストールしてください）を使ってソースコードを取得します。

ターミナルを開き、インストール先となる適切な場所（Unixでは/opt、WindowsではC:\ など）に移動してください。

以下のコマンドを実行し、Goの最新のリリースを取得します[*2]。

```
git clone https://go.googlesource.com/go
cd go
git checkout go1.5
```

しばらく待つと、goフォルダーの中に最新のソースコードがダウンロードされます。

[*1] 監訳注：https://golang.org/dl/からダウンロードできるバイナリリリースの中にも標準ライブラリのソースコードは含まれています。

[*2] 監訳注：通常 /optはrootでしか読み書きできないので、rootでmkdir go、chown ユーザー名 goとしてからgit cloneする必要があるでしょう。もしくはホームディレクトリ以下の適当な場所でもかまいません。

goフォルダーの中に入り、git checkout go1.5すると、go1.5バージョンのコードがチェックアウトされます。

srcフォルダーに移動し、ビルドのためのallスクリプトを実行します。Unixでのファイル名はall.bashで、Windowsではall.batです。

GOROOT_BOOTSTRAPにビルドに使うGoコンパイラのルートパスを指定しておく必要があります。前述のようにバイナリリリースをインストールしていれば/usr/local/goを指定します（デフォルトは$HOME/go1.4です）。

```
cd src
GOROOT_BOOTSTRAP=/usr/local/go ./all.bash
```

処理が完了すると、すべてのテストが成功したというメッセージが表示されます。

```
##### API check
Go version is "go1.5", ignoring -next /opt/go/api/next.txt
ALL TESTS PASSED
---
Installed Go for linux/amd64 in /opt/go
Installed commands in /opt/go/bin
*** You need to add /opt/go/bin to your PATH.
```

A.2　Goの設定

Goのインストールは完了しましたが、ツール群を利用するためには設定が必要です。まず、ツールを呼び出しやすくするためにgo/binを環境変数PATHに追加します。

Unixでは、.bashrcにexport PATH=$PATH:/opt/go/bin（インストール先のフォルダーに応じて適切に指定してください）という行を追加します。
Windowsでは、［システムの詳細設定］（バージョンごとに呼び出し方は異なります）を開いて［環境変数］ボタンをクリックし、UIを使ってPATHにインストール先のgo/binフォルダーを追加してください。

ターミナルを開き（環境変数への変更を反映させるために、開きなおさなければならない場合もあります）、PATHの値が実際に変更されているかチェックしましょう[*1]。

```
echo $PATH
```

表示された文字列の中に、go/binへのパスが含まれていることを確認します。筆者の環境では次

[*1]　監訳注：Windowsでは「echo %PATH%」。

のように表示されました。

```
/usr/local/bin:/usr/bin:/bin:/opt/go/bin
```

コロン（Windowsではセミコロン）は、パスの区切り文字です。つまり、PATHには複数のフォルダーが含まれています。ターミナルでコマンドを入力すると、これらのフォルダーが順に探索されます。

ビルドされたGoが正しく動作しているか確認するには、次のコマンドを実行します。

```
go version
```

このgoコマンド（go/binに置かれています）を実行すると、Goのバージョンが表示されます。Go 1.5では、例えば次のように表示されます。

```
go version go1.5 darwin/amd64
```

A.2.1　GOPATHの正しい設定

　Goを使ったプログラムのソースコードやコンパイルされたバイナリのパッケージを置くためのフォルダーを指すために、GOPATHという別の環境変数も設定する必要があります。Goプログラムの中でimportコマンドが記述されていると、コンパイラはGOPATHで指定された場所で対象のパッケージを探索します。また、go getなどのコマンドを実行すると、対象のプロジェクトはGOPATHのフォルダーにダウンロードされます。

　PATHと同様に、GOPATHにも複数のフォルダーを指定できます。プロジェクトごとに異なるGOPATHを指定するということも可能です。しかし、すべてのプロジェクトで共通のフォルダーを1つだけ指定することが強く推奨されています。本書でも、このようにGOPATHが設定されていることを前提に解説を行っています。

　自分のユーザーフォルダーの中（例えばWorkサブフォルダーなど）に、goという新しいフォルダーを作成してください。このフォルダーがGOPATHの参照先になります。自身で作成したGoのプログラムやパッケージだけでなく、サードパーティーによるコードやライブラリもここに置かれることになります。先ほどのPATHと同じやり方で、GOPATH環境変数にこのフォルダーを設定してください[*1]。

```
export GOPATH=$HOME/Work/go
```

---

*1　監訳注：HOME環境変数を$GOPATHにしている開発者もたくさんいます。こうしておくとgo installでインストールしたコマンドが$HOME/binにインストールされます。$HOME/binがPATH環境変数に含まれていると便利です。

```
export GOPATH=$HOME
```

設定したらターミナルを開き、サードパーティーのパッケージを入手してみましょう。

```
go get github.com/stretchr/powerwalk
```

すると`$GOPATH/src/github.com/stretchr/powerwalk`というフォルダー構造が生成され、ここに`powerwalk`ライブラリがダウンロードされます。このような構造はGoにとって意味があり、各プロジェクトに名前空間を与えてそれぞれを識別可能にするという効果があります。例えば読者が自分で`powerwalk`というパッケージを作成したとしても、`stretchr`というGitHubリポジトリに保存されることはないため競合の心配はありません。

本書用のプロジェクトを読者が作成する場合には、GOPATHの中でのインポートパスのルートを適切に指定する必要があります。例えば、筆者は`github.com/matryer/goblueprints`をインポートパスのルートに使っています。読者が`go get github.com/matryer/goblueprints`を実行すると、本書で使われているすべてのソースコードが`$GOPATH/src/github.com/matryer/goblueprints`以下にコピーされることになります。他のパッケージとインポートパスが重ならないようにインポートパスを選ぶ必要があります。「`github.com/`自分のアカウント名`/package`名」などにしておくとよいでしょう。この場合、「`$GOPATH/src/github.com/`自分のアカウント名`/package`名」というフォルダーにパッケージのコードを置くことになります。

A.3　Goのツール

Goのコアチームは初期段階で、「すべてのGoのコードは同じように読むことができ、すべてのGoプログラマーが明確に理解できるものでなければならない」ということを決定しました。初めてコードを読んだGoプログラマーも、追加的な学習の必要なく理解し利用できるべきとされました。数百人の開発者が出入りするオープンソースのプロジェクトでは、このようなアプローチは特に重要です。

この高い目標の達成に役立つツールがいくつか提供されています。ここでは、いくつかのツールを実際に試してみます。

GOPATHの中に`tooling`というフォルダーを作成[*1]し、`main.go`に以下のコードをそのまま入力してください。

```
package main
import (
"fmt"
)
func main() {
return
var name string
```

[*1] 監訳注:「`$GOPATH/src/github.com/`自分のアカウント名`/tooling`」など。

```
    name = "Mat"
    fmt.Println("Hello ", name)
    }
```

空行やインデントがないのは意図的です。Goに付属のユーティリティが、このコードをどのように改善してくれるでしょうか。

ターミナルで、toolingフォルダーに移動して次のコマンドを実行しましょう。

go fmt

コロラド州デンバーで開かれたGophercon 2014で、参加者はこのツールの名前を「フォーマット」や「エフエムティー」と読むのではないということを知りました。正式な読み方は「フムトゥ」です。プログラマーは宇宙人の言葉を使って会話するのかと思われるかもしれません。

この小さなツールは、コードを修正してGoでの標準に準拠したレイアウト（あるいはフォーマット）へと書き換えてくれます。その結果、以下のようにとても読みやすいコードになります。

```
package main

import (
  "fmt"
)

func main() {
  return
  var name string
  name = "Mat"
  fmt.Println("Hello ", name)
}
```

go fmtコマンドはインデントだけでなく、コードのブロックや無駄な空白と改行などについても修正してくれます。このような整形によって、自分が作成したコードの体裁を他のすべてのコードとそろえることができます。

次に、コードを詳しく調査（vet）して誤りやユーザーの混乱を招くような事柄を検出します。そのためのコマンドは自由に利用でき、下のようにして実行します。

go vet

すると以下のメッセージが表示され、コードに含まれていた誤りが報告されます。

```
main.go:10: unreachable code
exit status 1
```

関数の先頭でreturnが記述され、その後にも他の処理が記述されていました。go vetツールはこの誤りを検出し、「到達不可能なコード」というメッセージを表示します。

go vetが検出できる誤りは、上のコードのように単純なものだけではありません。最善のGoコードへと開発者を導くように、プログラム内のさまざまな細かい事柄についても指摘してくれます。検出対象の項目のリストはhttps://godoc.org/golang.org/x/tools/cmd/vetで公開されており、随時更新されています。

最後に紹介するツールは、Brad Fitzpatrickが作成したgoimportsです。これを実行すると、プログラム内のimport文を自動的に修正（追加または削除）できます。インポートしたパッケージを使わないと、Goではエラーとみなされます。もちろん、パッケージをインポートせずに利用することもできません。goimportsはコードの内容に基づいて、import文を自動的に書き換えます。まずは次のコマンドを実行し、goimportsをインストールしましょう。

```
go get golang.org/x/tools/cmd/goimports
```

試しに、プログラムの中で利用しないパッケージをいくつか追加し、fmtパッケージを削除してみましょう。

```
import (
  "net/http"
  "sync"
)
```

この状態のコードに対してgo run main.goを実行すると、下のようにエラーが発生します。

```
./main.go:4: imported and not used: "net/http"
./main.go:5: imported and not used: "sync"
./main.go:13: undefined: fmt in fmt.Println
```

インポートされたのに使われていないパッケージと、使われているのにインポートされていないパッケージが指摘されています。コンパイルを成功させるためには、これらの点を修正しなければなりません。ここでgoimportsの出番です。

```
goimports -w *.go
```

write（書き出し）を意味する-wフラグを指定しているので、.goで終わるすべてのファイルに対して自動的に修正が行われ、上書き保存されます。

main.goを見てみると、net/httpとsyncのインポートが削除され、fmtが追加されていることがわかります。

いちいちターミナルのウィンドウに移動してこのようなコマンドを入力するくらいなら、自分で修正したほうが早いと思われたかもしれません。多くの場合、実際にそのとおりでしょう。そこで、テキストエディタとGoのツールを統合することをおすすめします。

A.4　クリーンアップとビルドそしてテストを保存時に自動実行する

　Goのコアチームはfmt、vet、test、goimportsなどの素晴らしいツールを提供しています。これらを利用した、きわめて高い有用性が実証されている開発手法を紹介します。.goファイルを保存するたびに、以下の処理が自動的に行われるようにします。

1. goimportsとfmtを使い、import文やコードの体裁を修正します。
2. vetを実行し、誤ったコードを報告します。
3. パッケージをビルドし、もしエラーがあれば報告します。
4. ビルドに成功したらテストを実行し、結果を出力します。

　Goのコードのコンパイルはとても速い（ちなみにRob Pikeによると、Goが速いのではなく他の言語が遅すぎるそうです）ため、ファイルを保存するたびにパッケージ全体をビルドしても不快には感じないでしょう。テストについても同様です。TDDに従った開発が促進され、優れたエクスペリエンスを得られるでしょう。コードに対して変更を加えるたびに、どこか別のコードを動かなくしてしまったり、プロジェクトに対して予期しない影響を与えてしまったりすることがないか即座にチェックできます。import文は自動的に生成されるためエラーが発生することはなくなり、コードの体裁も目の前で修正されます。

　エディタによっては、特定のイベント（ファイルの保存など）の発生時にプログラムを実行するという機能が用意されていないかもしれません。このような場合には、別のエディタに乗り換えるか、ファイルシステムへの変更を監視するプログラムを作成するかという対策が必要になります。本書では前者に着目し、ある人気テキストエディタとGoのツールの統合を試みます[*1]。

A.4.1　Sublime Text 3

　Sublime Text 3は、OS XとLinuxそしてWindowsで動作する優れたエディタです。きわめて強力な機能拡張のモデルを備えており、カスタマイズなどが容易です。http://www.sublimetext.com/からダウンロードでき、購入するまでの間は無料で試用できます。

　Goを利用するためのSublime Text 3の拡張パッケージは、DisposaBoy（https://github.com/DisposaBoy）によって作成されました。多くのGoプログラマーが待ち望んでいた機能が、ここには多数用意されています。このGoSublimeパッケージをインストールし、保存時にさまざまな機能が呼び出されるようにします。

　GoSublimeをインストールする前に、Sublime Text 3にPackage Controlをインストールする必要があります。https://packagecontrol.io/にアクセスし、Installationのリンクをクリックしてイ

[*1] 監訳注：さまざまなエディタや統合開発環境の設定の仕方はhttps://github.com/golang/go/wiki/IDEsAndTextEditorPluginsにリストされています。

ンストール方法の指示に従います。本書執筆時点では、Sublime Text 3のメニューから［View］→
［Show Console］*1 を選択してコンソールを開き、(長い) コマンドをコピー＆ペーストして実行する
だけです。

　Package Controlをインストールできたら、Shift + Command + Pを押してからPackage
Control: Install Packageと入力し、表示されている選択肢を選んでReturnキーを押します。
少し待つと、最新のパッケージのリストが表示されます。この中からGoSublimeを探して選択し、
Returnキーを押します。するとGoSublimeがインストールされ、Goのコードの作成が数倍容易な
ものになります。

GoSublimeをインストールしたら、ヘルプファイルを参照してみましょう。Command
+ . に続けてCommand + 2を押すと表示されます。

　Goのオープンソースコミュニティーでは、Tyler Bunnell (https://github.com/tylerb) も名前を知
られています。彼によるカスタマイズを利用して、保存時の処理を追加します。

　Command + .、Command + 5を押してGoSublimeの設定画面を開き、設定のオブジェクトに以
下のエントリを記述してください。

```
"on_save": [
  {
    "cmd": "gs9o_open",
    "args": {
      "run": ["sh", "go build . errors && go test -i && go test &&
          go vet && golint"],
      "focus_view": false
    }
  }
]
```

設定ファイルの実体はJSONオブジェクトです。上のon_saveを追加する際に、JSON
の構造を壊さないように注意しましょう。例えばプロパティを追加する場合、前後のプロ
パティとの間にカンマが記述されている必要があります。

　上の設定では、コードをビルドしてエラーがないか確認し、依存先をインストールしてテストを行
い、コードを検査するという一連の処理がファイルの保存時に毎回行われるようになります。この設
定ファイルを保存し (でもまだ閉じないでください)、動作を確認してみましょう。

───────────────
*1　日本語化方法もインターネット上で公開されています。

メニューから [File] → [Open] を選択し、ファイルが置かれているフォルダー（例えばtooling）を選びます。するとシンプルなユーザーインタフェースに、main.goというファイルが1つだけ表示されます。このファイルを開き、空行を追加したりインデントを追加あるいは削除したりしてください。そしてメニューから[File]→[Save]を選択するかCommand + Sを押し、ファイルを保存します。すると、コードのクリーンアップが即座に行われます。もし先ほどの誤ったreturn文をまだ削除していなかったなら、コンソールが表示されてgo vetからのメッセージが以下のように表示されます。

```
main.go:8: unreachable code
```

CommandキーとShiftキーを押しながらこのメッセージをダブルクリックすると、ファイルが開いて該当の行にカーソルが移動します。これからGoのコードを作成してゆく中で、この機能はきわめて役に立つでしょう。

不必要なインポートを行った場合、on_saveの中で問題を指摘してはくれますが、自動的な修正までは行われません。修正を行うためには、もう少し設定が必要です。先ほどon_saveを追加した設定ファイルに、次のプロパティを追加してください。

```
"fmt_cmd": ["goimports"]
```

こうすると、go fmtの代わりにgoimportsコマンドが実行されるようになります。この設定ファイルを保存してmain.goに戻り、fmtのインポートを削除しnet/httpを追加してみましょう。この状態でファイルを保存すると、不必要なパッケージは削除され必要なものが追加されます。

A.5　まとめ

この付録Aでは、Goを自分でソースコードからビルドしました。こうすれば、gitコマンドを使ってGoを最新の状態に保つことができ、リリース前のベータ版の機能も利用できます。寂しい夜に、Go本体のコードを眺めて過ごすのもよいでしょう。

GOPATH環境変数について紹介し、すべてのプロジェクトでこの値は共通にするのが望ましいということを明らかにしました。このアプローチをとると、面倒な問題を避けることができ、Goのプロジェクトでの作業を大幅に簡素化できます。

また、Goのツール群を利用すると、高品質でコミュニティーでの基準に沿ったコードを容易に作成できます。このようなコードは、他のプログラマーもほぼ何の努力もなしに理解できます。さらに重要な点として、これらのツールを自動的に実行する方法も紹介しました。課題の解決に専念したいという、開発者の希望をかなえるしくみです。

付録B
Goらしいコードの書き方

鵜飼 文敏●グーグル株式会社

本付録は日本語版オリジナルの記事です。本稿ではGoのイディオムについて解説します。本書で使われているコードを、よりGoのイディオムに沿った形で書きなおしてみます。

B.1 traceパッケージ

1章のtraceパッケージは次のようなコードでした。

```
package trace

import (
  "fmt"
  "io"
)

// Tracerはコード内での出来事を記録できるオブジェクトを表すインタフェースです。
type Tracer interface {
  Trace(...interface{})
}

type tracer struct {
  out io.Writer
}

func (t *tracer) Trace(a ...interface{}) {
  t.out.Write([]byte(fmt.Sprint(a...)))
  t.out.Write([]byte("\n"))
}

func New(w io.Writer) Tracer {
  return &tracer{out: w}
}
```

```go
type nilTracer struct{}

func (t *nilTracer) Trace(a ...interface{}) {}

// OffはTraceメソッドの呼び出しを無視するTracerを返します。
func Off() Tracer {
  return &nilTracer{}
}
```

このコードではTracerをインタフェースとして定義し、tracerもしくはnilTracerをその実装として定義しています。このコードはうまく書かれているように思えますが、まずインタフェースありきのAPIというのは改善の余地があります。

Javaなどでは、まずinterfaceを定義しておいて、それをimplementsするclassを実装するというやり方になっています。同じようにGoでもinterfaceを定義して、それを実装するstruct型を作るというやり方をしている場合がありますが、インタフェースありきのAPIが必ずしもよいわけではありません。このパッケージの場合では、Tracerをstructにして、そのゼロ値では何も出力しないという風にするほうが、よりすっきりした使いやすいAPIになります。

```go
package trace

import (
  "fmt"
  "io"
)

// Tracerはコード内での出来事を記録します。
type Tracer struct {
  out io.Writer
}

func (t Tracer) Trace(a ...interface{}) {
  if t.out == nil {
    return
  }
  fmt.Fprintln(t.out, a...)
}

func New(w io.Writer) Tracer {
  return Tracer{out: w}
}
```

このようにすれば、trace.Off()は不要になります。trace.Tracerの初期値はゼロになるので、io.Writerであるoutフィールドの値はnilになります。したがって、そのtrace.Tracerに対してTraceメソッドを呼び出すと、t.out == nilであるために、何もしないことになります。roomにtrace.Tracer型のtracerフィールドを作って、何も設定しない場合、初期値のゼロになってい

るので、何も出力しないTracerとして使えます。わざわざtrace.Off()を定義し、それを呼び出すように変更する必要はありません。

一方、trace.New(os.Stdout)のようにして作ったtrace.Tracerはt.out != nilになっているので、Traceメソッドを呼び出すとt.outにメッセージを出力します。t.outのWriteメソッドを使うよりもfmt.Fprintlnを使ったほうがシンプルになるでしょう。

ここでは、Tracer型のフィールドはio.Writerのoutのみで、Traceメソッドではこのフィールドを更新したりもしないので、メソッドのレシーバーをポインタ型にする必要がありません。

メソッドのレシーバーをポインタ型にする場合は次のように書きます。

```go
func (t *Tracer) Trace(a ...interface{}) {
    if t == nil || t.out == nil {
        return
    }
    fmt.Fprintln(t.out, a...)
}

func New(w io.Writer) *Tracer {
    return &Tracer{out: w}
}
```

この場合、roomの中では、tracer *trace.Tracerというフィールドにしておいたほうが整合性がとれてよいでしょう。このtracerの初期値はゼロ、つまりnilです。

インタフェースの場合、値がnilだとメソッドを呼び出そうとしてもどの型のどのメソッドを呼び出せばよいか確定していないのでランタイムパニック（runtime panic）になりますが、structへのポインタ型の場合、レシーバーがnilであってもその型のメソッドを呼び出すことができます。

レシーバーの値がnilかどうか確認して、デフォルトの動作をするようにしておくとよいでしょう。

B.2　FileSystemAvatar

3章のFileSystemAvatarは次のようなコードでした。

```go
func (_ FileSystemAvatar) GetAvatarURL(c *client) (string, error) {
    if userid, ok := c.userData["userid"]; ok {
        if useridStr, ok := userid.(string); ok {
            if files, err := ioutil.ReadDir("avatars"); err == nil {
                for _, file := range files {
                    if file.IsDir() {
                        continue
                    }
                    if match, _ := filepath.Match(useridStr+"*", file.Name()); match {
                        return "/avatars/" + file.Name(), nil
```

```
                }
              }
            }
          }
        }
        return "", ErrNoAvatarURL
    }
```

`ioutil.ReadDir`して`filepath.Match`を使ってマッチするファイルを探しています。これは`filepath.Glob`を使えばもっと簡単に記述できます。

```
    func (FileSystemAvatar) GetAvatarURL(c *client) (string, error) {
      userid, ok := c.userData["userid"]
      if !ok {
        return "", ErrNoAvatarURL
      }
      useridStr, ok := userid.(string)
      if !ok {
        return "", ErrNoAvatarURL
      }
      matches, err := filepath.Glob(filepath.Join("avatars", useridStr+"*"))
      if err != nil || len(matches) == 0 {
        return "", ErrNoAvatarURL
      }
      return "/" + matches[0], nil
    }
```

`filepath.Glob`はパターン文字列がおかしい時にエラー、マッチするものが見つからなかった時は`nil`を返します。

このコードでは、見つかった時は最初のファイル名を返しています。アバターURLは`/avatars/`で始まるパスですが、マッチしたパス名は`avatars/`で始まっているので、`/`を先頭に追加して返しています。

`c.userData`に`userid`がなかった時、もしくはその値が`string`型ではなかった時は、すぐに`""`および`ErrNoAvatarURL`を返すようにしています。こうすることで正常処理のインデントが深くならずに読みやすくなります。

B.3 twittervotes

`twittervotes`は、いくつかの点できれいなコードとは言いがたいコードになっています。

- `publishVotes`や`startTwitterStream`が`goroutine`を起動して返ってくる非同期関数になっていて、同期のためのチャネルを返してきているので、同期的に使えばよい時でもそのチャネルを使わないといけなくなっている。

- Twitterへのstreamリクエストを1分ごとに切断するために、`http.Transport`の`Dial`を置き換えて、コネクションをグローバル変数に保存して、`closeConn`でどこからでも切断できるようにしている。
- チャネルを使えばよいところで、`sync.Mutex`と`bool`を使っている。

Go言語では`go`を使えば簡単に並行処理が書けるので、バックグラウンドの処理を起動する関数などを書きがちです。その場合、同期が必要ということで終了を示すチャネルを返して、呼び出し側で同期をとるようにする非同期関数になってしまいますが、非同期関数は不必要に非同期処理を呼び出し側に要求してしまうので、あまり好ましくありません。むしろ、できるだけ関数は非同期にせず、必要があれば呼び出し側で非同期にするほうが推奨されています。

例えば次のような非同期関数は、

```go
func Start() <-chan struct {} {
  ch := make(chan struct{}, 1)
  go func() {
    defer func() {
      ch <- struct{}{}
    }()
    // 何らかの処理
  }()
  return ch
}
```

次のような同期関数として定義しておくほうが望ましいです。

```go
func Run() {
  // 何らかの処理
}
```

具体的には、`publishVotes`は

```go
func publishVotes(votes <-chan string) <-chan struct{} {
  stopchan := make(chan struct{}, 1)
  pub, _ := nsq.NewProducer("localhost:4150", nsq.NewConfig())
  go func() {
    for vote := range votes {
      pub.Publish("votes", []byte(vote)) // 投票内容をパブリッシュします
    }
    log.Println("Publisher: 停止中です")
    pub.Stop()
    log.Println("Publisher: 停止しました")
    stopchan <- struct{}{}
  }()
  return stopchan
}
```

となっていますが、次のようにしたほうがシンプルになります。

```go
func publishVotes(votes <-chan string) {
  pub, _ := nsq.NewProducer("localhost:4150", nsq.NewConfig())
  for vote := range votes {
    pub.Publish("votes", []byte(vote)) // 投票内容をパブリッシュします
  }
  log.Println("Publisher: 停止中です")
  pub.Stop()
  log.Println("Publisher: 停止しました")
}
```

startTwitterStreamも似たコードですが、こちらはコネクションの使い方から見直してみます。まず、dialを使って、コネクションをグローバルなconnに保存しておいて、closeConnで切断するというのが筋がよくありません。やりたいことを見直してみましょう。

- https://stream.twitter.com/1.1/statuses/filter.jsonにリクエストを投げるとJSONのストリームが返ってくる
- Twitterの接続が閉じられたら、少しの間隔を空けてから再接続する
- 定期的にTwitterの接続をリフレッシュする
- 終了要求が来たら、終了する

すると実現したいことはこういう感じになります。

```go
for {
  readFromTwitter(votes) // Twitterのストリームを一定時間だけ読み取る
  // 接続が切れたら…
  select {
  case 終了要求が来た:
    return
  case 少しの間隔を空けた:
  }
}
```

では、Twitterのストリームを一定時間だけ読み取るのはどう実現したらよいでしょうか。go1.3からhttp.ClientにはTimeoutフィールドが追加されました。これを使えばよさそうです。これが使えない場合でも、一定時間たつか終了要求が来た時に、resp.Bodyを閉じればJSONストリームを読むのを止めることができるでしょう。するとreadFromVotesはこのような感じになりそうです。

```go
func readFromTwitter(votes chan<- string) {
  options, err := loadOptions()
  if err != nil {
    log.Println("選択肢の読み込みに失敗しました:", err)
    return
```

```go
    }
    query := make(url.Values)
    query.Set("track", strings.Join(options, ","))
    req, err := makeRequest(query)
    if err != nil {
      log.Println("検索のリクエストの作成に失敗しました:", err)
      return
    }
    const timeout = 1 * time.Minute
    client := &http.Client{
      Timeout: timeout,
    }
    resp, err := client.Do(req)
    if err != nil {
      log.Println("検索のリクエストに失敗しました:", err)
      return
    }
    go func() {
      // resp.BodyからJSONをデコードして、optionにマッチしたvotesに送信する
    }()
    select {
    case <-time.After(timeout):
      // resp.Bodyをclose
    case <- 終了要求が来た:
      // resp.Bodyをclose
    case <- goroutineが終了した:
      return
    }
  }
```

ここでmakeRequestは元のコードを修正し、*http.Requestを生成する関数にしました。

```go
  func makeRequest(query url.Values) (*http.Request, error) {
    authSetupOnce.Do(func() {
      setupTwitterAuth()
    })
    const endpoint = "https://stream.twitter.com/1.1/statuses/filter.json"

    req, err := http.NewRequest("POST", endpoint,
        strings.NewReader(query.Encode()))
    if err != nil {
      return nil, err
    }
    formEnc := query.Encode()
    req.Header.Set("Content-Type", "application/x-www-form-urlencoded")
    req.Header.Set("Content-Length", strconv.Itoa(len(formEnc)))
    ah := authClient.AuthorizationHeader(creds, "POST", req.URL, query)
    req.Header.Set("Authorization", ah)
    return req, nil
  }
```

さて、readFromTwitterのrespを受け取ってからの処理をもう少し考えてみましょう。やらないといけないのは次のようなことです。

- 関数から戻る前にはresp.Bodyを閉じる
- 関数から戻る前にはgoroutineを終了させておく

タイムアウトや終了要求が来た場合を考えると、先にresp.Bodyを閉じる必要があります。goroutineの終了を待つにはチャネルが使えるでしょう。そうすると次のように書けばよさそうです。

```
resp, err := client.Do(req)
if err != nil {
  log.Println("検索のリクエストに失敗しました:", err)
  return
}
done := make(chan struct{})
// 以下のgoroutineが終了してからreadFromTwitterから返ります。
defer func() { <-done }()

// リターンしたらresp.Bodyを閉じます。
defer resp.Body.Close()
go func() {
  defer close(done)
      // resp.BodyからJSONをデコードして、optionにマッチしたvotesに送信する
}()
select {
case <-time.After(timeout):
case <- 終了要求が来た:
case <-done:
}
// 最後まで来たらリターンします。
```

リターンする時は、deferで指定したものは逆順に実行されるので、この場合はまずresp.Body.Close()が実行されて、それからdoneチャネルを待ちます。チャネルはクローズされると、そのチャネルから読み出そうとした時はブロックせずにすぐに返ってきます。ここではチャネルはstruct{}なので値を読み取る必要がありませんが、その他の型の場合ではクローズしたチャネルから読み取ると、その型のゼロ値がブロックせずにすぐに得られます。

さて、終了要求はチャネルを使ってもよいのですが、ここではgolang.org/x/net/contextのContextを使ってみましょう。context.Contextはリクエストのコンテキストを扱うための型で、キャンセルやタイムアウト、コンテキスト依存のデータ保持などに使います。詳しくはhttps://blog.golang.org/contextを読んでください。将来のGoのリリースで、標準パッケージに取り入れることが検討されています。終了要求されているかどうかはContextのDoneを使って調べられます。context.Contextを使うとコードは次のようになります。

```go
func readFromTwitter(ctx context.Context, votes chan<- string) {
  options, err := loadOptions()
  if err != nil {
    log.Println("選択肢の読み込みに失敗しました:", err)
    return
  }

  query := make(url.Values)
  query.Set("track", strings.Join(options, ","))
  req, err := makeRequest(query)
  if err != nil {
    log.Println("検索のリクエストの作成に失敗しました:", err)
    return
  }
  const timeout = 1 * time.Minute
  client := &http.Client{
    Timeout: timeout,
  }
  resp, err := client.Do(req)
  if err != nil {
    log.Println("検索のリクエストに失敗しました:", err)
    return
  }
  done := make(chan struct{})
  defer func() { <-done }()

  defer resp.Body.Close()
  go func() {
    defer close(done)
    log.Println("resp:", resp.StatusCode)
    if resp.StatusCode != 200 {
      var buf bytes.Buffer
      io.Copy(&buf, resp.Body)
      log.Println("resp body: %s", buf.String())
      return
    }
    decoder := json.NewDecoder(resp.Body)
    for {
      var tweet tweet
      if err := decoder.Decode(&tweet); err != nil {
        break
      }
      log.Println("tweet:", tweet)
      for _, option := range options {
        if strings.Contains(strings.ToLower(tweet.Text), strings.ToLower(option)) {
          log.Println("投票:", option)
          votes <- option
        }
      }
    }
  }
```

```
        }()
        select {
        case <-time.After(timeout):
        case <-ctx.Done():
        case <-done:
        }
    }
```

`client.Do`でレスポンスを得た後は、以下のような処理が行われます。

1. goroutineの終了を待つ`done`チャネルを作る。
2. `done`チャネルのクローズを待つのを`defer`しておく。
3. `resp.Body`を閉じるのを`defer`しておく。
4. `resp.Body`の処理をgoroutineで行う。この中ではJSONデコーダがエラーを返すまで繰り返し処理する。`resp.Body`が閉じられた場合もエラーになるので、goroutineは終了する。このgoroutineが終了する時は`done`チャネルが閉じられる。
5. `client`のタイムアウトか何らかの理由で接続が閉じられると、`resp.Body`がそれ以上読めなくなりgoroutineが終了するので`done`チャネルが閉じられる。`case <-done`が選ばれて、`defer`していた`resp.Body.Close()`が実行され、さらに`defer`していた`done`チャネルの確認がもう一度行われる。
6. `timeout`時間がたつと、`case <-time.After(timeout)`が選ばれる。この場合リターンするので、`defer`していた`resp.Body.Close()`が実行される。すると、goroutineの中のループが終了して`done`チャネルが閉じられる。`done`チャネルが閉じられるのを待ってからリターンする。
7. `ctx`がキャンセルされると`case <-ctx.Done()`が選ばれる。この場合も、上のタイムアウトした場合と同じ処理が行われる。

`context.Context`はタイムアウトも扱えるので、1分間処理するというのも`context.Context`で指定するようにしてみます。

```go
func readFromTwitter(ctx context.Context, votes chan<- string) {
    options, err := loadOptions()
    if err != nil {
        log.Println("選択肢の読み込みに失敗しました:", err)
        return
    }

    query := make(url.Values)
    query.Set("track", strings.Join(options, ","))
    req, err := makeRequest(query)
    if err != nil {
        log.Println("検索のリクエストの作成に失敗しました:", err)
        return
```

```go
    }
    client := &http.Client{}
    if deadline, ok := ctx.Deadline(); ok {
      client.Timeout = deadline.Sub(time.Now())
    }
    resp, err := client.Do(req)
    if err != nil {
      log.Println("検索のリクエストに失敗しました:", err)
      return
    }
    done := make(chan struct{})
    defer func() { <-done }()

    defer resp.Body.Close()
    go func() {
      defer close(done)
      log.Println("resp:", resp.StatusCode)
      if resp.StatusCode != 200 {
        var buf bytes.Buffer
        io.Copy(&buf, resp.Body)
        log.Println("resp body: %s", buf.String())
        return
      }
      decoder := json.NewDecoder(resp.Body)
      for {
        var tweet tweet
        if err := decoder.Decode(&tweet); err != nil {
          break
        }
        log.Println("tweet:", tweet)
        for _, option := range options {
          if strings.Contains(strings.ToLower(tweet.Text), strings.ToLower(option)) {
            log.Println("投票:", option)
            votes <- option
          }
        }
      }
    }()
    select {
    case <-ctx.Done():
    case <-done:
    }
  }
```

では、これを使って、Twitterストリームを繰り返し取得するコードを書いてみると次のようになります。

```go
  func readFromTwitterWithTimeout(ctx context.Context,
    timeout time.Duration, votes chan<- string) {
```

```
    ctx, cancel := context.WithTimeout(ctx, timeout)
    defer cancel()
    readFromTwitter(ctx, votes)
}

func twitterStream(ctx context.Context, votes chan<- string) {
  defer close(votes)
  for {
    log.Println("Twitterに問い合わせます...")
    readFromTwitterWithTimeout(ctx, 1*time.Minute, votes)
    log.Println(" (待機中)")
    select {
    case <-ctx.Done():
      log.Println("Twitterへの問い合わせを終了します...")
      return
    case <-time.After(10 * time.Second):
    }
  }
}
```

ここでは、以下のような処理が行われます。

1. `twitterStream`が終了する時は`votes`チャネルをクローズするよう`defer`しておく。
2. `readFromTwitterWithTimeout`を呼ぶ。`readFromTwitter`を呼ぶ`context.Context`は1分のタイムアウトが設定されているので、1分たつか、元の`ctx`がキャンセルされると、`ctx.Done()`がクローズされる。`twitter`ストリームをタイムアウトが発生するまで処理して`votes`チャネルに投票があれば送信する。
3. 終了要求があれば`case <-ctx.Done()`が選ばれて`twitterStream`を終了する。`defer`されていた`votes`チャネルのクローズが実行される。
4. 10秒たてば`case <-time.After(10 * time.Second)`が選ばれて、`readFromTwitter`をやりなおす。

以上のコードを使って`main`を書きなおすと次のようになります。

```
func main() {
  ctx, cancel := context.WithCancel(context.Background())
  signalChan := make(chan os.Signal, 1)
  go func() {
    <-signalChan
    cancel()
    log.Println("停止します...")
  }()
  signal.Notify(signalChan, syscall.SIGINT, syscall.SIGTERM)

  if err := dialdb(); err != nil {
    log.Fatalln("MongoDBへのダイヤルに失敗しました:", err)
```

```
    }
    defer closedb()

    // 処理を開始します
    votes := make(chan string) // 投票結果のためのチャネル
    go twitterStream(ctx, votes)
    publishVotes(votes)
}
```

このコードでは、以下のように処理が行われます。

1. `context.WithCancel`を使って、キャンセル可能なコンテキストを`context.Background()`から作る。これで得られた`ctx`は、`cancel`が呼ばれると`ctx.Done()`がクローズされる。
2. Unixシグナルを扱う`signalChan`を作る。
3. `signalChan`からUnixシグナルが来たら`cancel`を呼ぶ。これで`ctx.Done()`に終了通知することになる。
4. `signal.Notify`を使って、SIGINT、SIGTERMを受け取って`signalChan`に送信するよう設定する。
5. MongoDBへ接続し、終了時に閉じるように`defer`しておく。
6. 投票結果のためのチャネル`votes`を作る。
7. `twitterStream`を`goroutine`で起動する。
8. `publishVotes`を呼び出す。`publishVotes`は`twitterStream`が終了する時に`votes`をクローズされると終了する。

`stopChan`や`stoppepdChan`がたくさんあってごちゃごちゃしたのがなくなって、だいぶすっきりしました。また、Ctrl + C などで終了する時も、無駄に待つことなくすぐに終了できるようになりました。

B.4 counter

`defer`を使うようにするために`fatal`という関数を導入していますが、基本的に`main`から直接的・間接的に呼び出される関数は`log.Fatal`などは呼び出さずエラーを返すようにしておき、`main`でエラーが返ってきたら`log.Fatal`を呼ぶようにしておくとよいでしょう。

また、`time.AfterFunc`で設定した`func`で`Reset`を呼んでいましたが、`time.Ticker`を使って処理することもできます。

```
package main
import (
  "flag"
  "fmt"
  "os"
```

```go
)
func main() {
  err := counterMain()
  if err != nil {
    log.Fatal(err)
  }
}

func counterMain() error {
 log.Println("データベースに接続します...")
 db, err := mgo.Dial("localhost")
 if err != nil {
  return err
 }
 defer func() {
    log.Println("データベース接続を閉じます...")
    db.Close()
 }()
 pollData := db.DB("ballots").C("polls")
 ...
 q, err := nsq.NewConsumer("votes", "counter", nsq.NewConfig())
 if err != nil {
    return err
 }
 ...

 ticker := time.NewTicker(updateDuration)
 defer ticker.Stop()

 update := func() {
  countsLock.Lock()
  defer countsLock.Unlock()
  if len(counts) == 0 {
   log.Println("新しい投票はありません。データベースの更新をスキップします")
   return
  }
  log.Println("データベースを更新します...")
  log.Println(counts)
  ok := true
  for option, count := range counts {
   sel := bson.M{"options": bson.M{"$in": []string{option}}}
   up := bson.M{"$inc": bson.M{"results." + option: count}}
   if _, err := pollData.UpdateAll(sel, up); err != nil {
    log.Println("更新に失敗しました:", err)
    ok = false
   } else {
    counts[option] = 0
   }
  }
  if ok {
```

```
        log.Println("データベースの更新が完了しました")
        counts = nil // 得票数をリセットします
    }
}

termChan := make(chan os.Signal, 1)
signal.Notify(termChan, syscall.SIGINT, syscall.SIGTERM, syscall.SIGHUP)

for {
 select {
 case <-ticker.C:
    update()
 case <-termChan:
    q.Stop()
 case <-q.StopChan:
    // 完了しました
    return nil
  }
 }
}
```

B.5 backupd

チェックの間隔を秒単位の int のフラグにしていますが、時間間隔のフラグは flag.Duration を使うようにするのがよいでしょう。

```
func main() {
  ...
  var (
    interval = flag.Duration("interval", 10*time.Second, "interval between checks")
    archive  = flag.String("archive", "archive", "path to archive location")
    dbpath   = flag.String("db", "./db", "path to filedb database")
  )
  flag.Parse()
  ...

    select {
    case <-time.After(*interval):

    ...
```

flag.Duration は time.ParseDuration で解釈できる文字列を扱うことができます（https://golang.org/pkg/time/#ParseDuration）。

索引

記号・数字

$GOPATH/bin 7, 95, 112
*testing.T 22
.bashrc 103, 125, 229
... . 130
...interface{} 21
/dev/null 92
_test.go 22
｜（パイプ記号）... 92

A

Access-Control-Allow-Origin 155
Access-Control-Expose-Headers 155
API（Application Programming Interface）
　.. 20, 30, 159
　〜の設計 150
　〜のテスト 197
　〜を利用するWebクライアント 169
　インタフェースありきの〜 238
　ストリーミング〜 118
APIキー 102, 153
　〜とアクセストークン 124
archive/zip 205
available 108

B

backupd 251

Base64 48
Bazaar 42
Bootstrap 37, 62
Box 201
brew install 121
BSON（Binary JSON）............................... 144
bson.M 144
bufio.Scanner 94

C

Carbonite 201
CDN（コンテンツ配信ネットワーク）......... 37, 177
CheekyBits 190
clear 22
cls 22
cmd 202
cmdauto.cmd 125
context.Context 244
coolify 98
CORS（cross-origin resource sharing）
　.. 155, 168, 196
　〜のサポート 167
counter 249
crypto/md5 70
Ctrl＋Cへの応答 145
curlを使ってAPIをテストする 168

D

Decorator パターン	34, 77
defer	78, 140
DevTools	48
DisposaBoy	234
dogfooding	157
domainify	96
Dropbox	201
DRY (Don't Repeat Yourself)	154

E

echo	96, 229
encoding/json	105
enum	188
envdecode	127
export	103, 229
export GOPATH	230

F

filedb	212
filepath.Glob	240
filepath.Match	79
filepath.Walk	206
FileSystemAvatar	239
fire and forget（送信したら忘れる）	120
flag	18
flag.Duration	251
fluent interface（流れるようなインタフェース）	129
fmt	26, 70
for ... range	136
for ループ	11, 220
FormFile	75
FormValue	75

G

Go 言語	v, 1, 227
〜での列挙子	188
〜のイディオム	11, 237
〜のインストール	227
〜の構造体を公開したビュー	185
〜の設定	229
〜のツール	231
〜プログラムのビルドと実行	7
〜用の MongoDB ドライバー	122
〜らしいコードの書き方	237
NSQ ドライバーと〜	121
go build	7, 95, 212
go fmt	232
go get	9, 233
go install	7, 95, 112, 212
go run	3, 7
go test	22
go version	230
go vet	87, 232
go1.4	184, 227
go1.5	184, 227
goimports	233
goimports -w *.go	24, 233
golint	87, 183
Gomniauth	42, 59
Google Developer Console	43, 188
Google JavaScript API	175
Google Places API	180
〜のキー	188
〜への問い合わせ	193
GOPATH	2
〜の正しい設定	230
Gorilla Project	8, 164
GOROOT_BOOTSTRAP	229
goroutine	12
GoSublime	234
Goweb	40, 164
Gravatar	64

H

homebrew	121
HTML	4, 15
html/template	4
HTTP	5
〜のメソッド	150
HTTP ハンドラ	12, 34
http.HandleFunc	3
http.Handler	5
http.ServeMux	160

I

import 文 23
in-flight（処理中）............................... 160
io 24
iota 189
ioutil.ReadDir 79
is 190

J

JavaScript 15
JSON 51, 105
　〜のエンドポイント 181
JSON.parse 53
JSON.stringify 53

L

lazy initialization（遅延初期化）............. 6
LIFO（後入れ先出し）........................ 140
lint 183

M

main.go 3
math/rand 93
MD5 ハッシュ 71, 208
MongoDB 119, 122
　〜からの読み込み 128
MongoDB ドライバー 122
multipart/form-data 74
mux 40, 164

N

NAS (network-attached storage) 201
NSQ 118, 120
　〜上のメッセージの受信 141
　〜へのパブリッシュ 135
NSQ ドライバー 121
nsqd 121
nsqlookupd 121
NUL 92

O

OAuth2 41
objx 50
os/exec 113

P

Pat 40
path.Match 79
path/filepath 5

R

randBool 99
range 97
ReadJSON 51
red-green testing 23
REST 149
　〜に基づく API の設計 150
Routes 40
rune 97
runtime panic（ランタイムパニック）.... 12
runtime.GOMAXPROCS 184

S

same-origin policy（同一生成元ポリシー）......... 155
select 11
sprinkle 93
stdin 91
stdout 91
String 189
strings 70
Sublime Text 234
sync 5
sync.Mutex 141, 195
sync.Once 5
sync.RWMutex 152
sync.WaitGroup 195
synonyms 102

T

TDD (Test-driven Development：テスト駆動型開発) .... viii, 20, 189, 234
text/template 4, 19
time.After 221
time.AfterFunc 144
TLD（トップレベルドメイン）............ 96
trace 237
Twitter 117
　　〜からの投票 123
　　〜からの読み込み 130
　　〜を使った認証 124
twittervotes 240

U

URLのパスを解析する 158
URLパラメーター 195
UTF-8 110

W

Webアプリケーション 198
Webサーバー 2
Webサービス 179
WebSocket 1
websocket 8
WHOISサーバー 108
WriteJSON 51

Z

ZIP圧縮の実装 204

あ行

アクセストークン 41
　　APIキーと〜 124
アジャイル vii
アップロードのフォーム 74
後入れ先出し（LIFO）............ 140
アドレス演算子 7
アノテーション 19
アバター 57

　　〜のURL 58
　　〜の画像 72
　　〜を表示 60
アプリケーションの見た目 62
アンダースコア 67
緯度 197
インタフェース 21
　　〜の実装 25
　　〜は明白か 203
　　流れるような〜 129
インタフェースありきのAPI 238
インデックス 97
インポート 81
エクスポート 20
エディタ 234
エンコード 48
エンドポイント 39
　　〜の管理 162
　　JSONの〜 181
大文字と小文字の区別 20
おすすめ 179
　　〜の生成 186, 194

か行

解析器（パーサー）............ 159
開発者向けツール 48
外部アカウントでのログイン 44
画像 77
　　〜をアップロード 72
　　アバターの〜 72
型 8
　　〜の値 26
　　〜の埋め込み 81
カバレッジ（カバー率）............ 25
可変長引数 100
空のstruct{} 133
環境変数 2, 102, 229
　　〜の読み込み 126
関数を入れ子にする順序 162
関連づけ（バインド）............ 159
キャッシュ 219
記録を無効化 29
具象型をインタフェースに置き換える 81
クッキー 36

～を削除 60
クライアントID 43
クライアントのモデル化 8
クラス 8
クリーンアップ 234
グローバル変数とフィールド 85
経度 197
現在地の座標 197
公開されていない型の値 26
コールバック 43
コマンドラインツール 91, 212
コマンドライン引数 214
コマンドラインフラグ 214
コメント 30
コンテキスト 4
　　　リクエストの～ 244
コンテンツ配信ネットワーク（CDN） 37, 177
コンパイル 4

さ行

サーバー側でモデル化 8
最適化 80
サインインのページ 37
シード 94
シグナル 132
システムの設計 118
システムのテスト 223
自動実行 234
受信専用 132
初期化 66
処理中（in-flight） 160
スケールアウト 117
スケールアップ 117
ストリーミングAPI 118
スライス 12, 87
　　　～の一部を指す記法 101
セキュリティ 44
接頭辞 65
ゼロ値による初期化 66
送信したら忘れる（fire and forget） 120
送信専用 132

た行

タグ 127, 162
遅延初期化（lazy initialization） 6
チャットアプリケーション 1
チャットクライアントのHTMLとJavaScript 15
チャットルーム 8
　　　～のモデル化 10
チャネル 9, 132, 136
データ構造の重複 219
データの永続化 213
データのキャッシュ 219
データベース 117
　　　～の設計 119
　　　～のセッション 154
　　　～への接続 141
　　　～を最新の状態に保つ 143
データベースシェル 165
デーモン 217
テキスト 4
デジタル署名 45
テスト 139, 234
　　　APIの～ 197
テスト駆動型開発（Test-driven Development：
　　TDD） .... viii, 20, 189, 234
デベロッパーツール 48, 71
テンプレート 3
　　　～の活用 17
同一生成元ポリシー（same-origin policy） 155
動的なパス 39
ドキュメント 30
ドキュメント指向データベース 119
独自型の文字列表現 215
特殊文字 110
得票数のカウント 139
匿名型 127
トップレベルドメイン（TLD） 96
ドメイン間のリソース共有 155
ドメイン名の提案 107
ドメイン名を検索 91

な行

内部状態 19

流れるようなインタフェース（fluent interface）
　　　　　　　　　　　　　　　　　　129
入力の終わり　　　　　　　　　　　　　96
認可コード　　　　　　　　　　　　　　42
認証　　　　　　　　　　　　　　　　124
認証機能　　　　　　　　　　　　　　　33
認証プロバイダー　　　　　　　　　　　41
　　　　～からのレスポンス　　　　　　47
　　　　～に登録　　　　　　　　　　　43

は行

パーサー（解析器）　　　　　　　　　159
ハードコードの是非　　　　　　　　　210
パイプ記号（|）　　　　　　　　　　　92
バインド（関連づけ）　　　　　　　　159
パス　　　　　　　　　　　　　　　　 39
　　　　～の一覧表示　　　　　　　　214
　　　　～を解析する　　　　　　　　158
　　　　URLの～　　　　　　　　　　158
　　　　動的な～　　　　　　　　　　 39
バックアップ　　　　　　　　　　　　201
　　　　～の開始　　　　　　　　　　209
バッククオート　　　　　　　　　　　127
パッケージ　　　　　　　　　　　　　 20
パブリッシュ　　　　　　　　　　　　135
ハンドラ　　　　　　　　　　　　　　　6
　　　　～間でのデータの共有　　　　150
　　　　～をラップした関数　　　　　161
　　　　HTTP～　　　　　　　　　12, 34
　　　　ラップされた～　　　　　　　152
引数　　　　　　　　　　　　　100, 214
非同期関数　　　　　　　　　　　　　240
秘密の値　　　　　　　　　　　　　　 43
標準入出力　　　　　　　　　　　91, 114
ビルド　　　　　　　　　　　　　　　234
ファイルシステムのバックアップ　　　201
ファイルシステムへの変更を検出　　　207
フォーマット文字列　　　　　　　　　211
フォルダー　　　　　　　　　　　　　 20
プロセスの抽象化　　　　　　　　　　 64
プロフィール画像　　　　　　　　　　 57
分散システム　　　　　　　　　　　　117
並行プログラミング　　　　　　　　　 11
平坦化　　　　　　　　　　　　　　　187

ヘルパー関数　　　　　　　　　　　　 14
ホスティングサービス　　　　　　　　177

ま行

マップ　　　　　　　　　　　　　　　 12
　　　　～とロック　　　　　　　　　141
無限ループ　　　　　　　　　　　11, 220
メッセージキュー　　　　　　　　　　120
メッセージの受信　　　　　　　　　　141
メッセージの表示　　　　　　　　　　 50
メモリ使用量　　　　　　　　　　　　133
メモリリーク　　　　　　　　　　　　152
モック　　　　　　　　　　　　　　　 83

や行

ユーザーの識別　　　　　　　　　　　 72
ユーザー名の表示　　　　　　　　　　 49
ユニットテスト　　　　　　　　　　　 21

ら行

ラップされたハンドラ　　　　　　　　152
ランタイムパニック（runtime panic）　 12
ランダムなおすすめの生成　　　　　　186
リアルタイム分散メッセージング　　　118
リクエスト　　　　　　　　　　　　　157
　　　　～ごとの変数　　　　　　　　154
　　　　～のコンテキスト　　　　　　244
リソース共有　　　　　　　　　　　　155
リダイレクト　　　　　　　　　　　　 92
リファクタリング　　　　　　　　　　 80
類語　　　　　　　　　　　　　　　　102
ルーティング　　　　　　　　　　　　 40
レコードの更新　　　　　　　　　　　222
レシーバー　　　　　　　　　　　　　 67
レスポンシブWebデザイン　　　　　　 37
レスポンスの生成　　　　　　　　　　156
列挙子　　　　　　　　　　　　　　　188
ログ　　　　　　　　　　　　　　　　 19
ログアウト　　　　　　　　　　　　　 60
ログイン　　　　　　　　　　　　　　 45
ロック　　　　　　　　　　　　　　　152
　　　　マップと～　　　　　　　　　141

●著者紹介

Mat Ryer（マット・ライヤー）

6歳の頃から父親にプログラミングの手ほどきを受ける。当初はZX Spectrum上でBASICを使ってゲームやその他のプログラムを作成し、後にはCommodore Amiga上でAmigaBASICやAMOSを利用する。もっぱら雑誌Amiga Formatから手作業でコードを転記していたが、変数値やGOTO文をいじってふるまいを変えることにも目覚める。このようなプログラミングへの探究心と執着を備え、18歳の時に英国マンスフィールドの地元企業に就職してWebサイトやサービスの開発に従事する。

2006年に妻Laurieがロンドンのサイエンス・ミュージアムに職を得たため、夫婦でノッティンガムシャー州の地方都市を離れて大都市ロンドンへと転居する。そしてMatはブリティッシュ・テレコムに入社する。才能のある開発者や上司とともに、アジャイル開発のスキルと今日まで引き継がれる軽いノリを養う。

ロンドンでの数年間に、C#やObjective-CからRuby、JavaScriptに至るまでさまざまな言語で開発を行う。そしてGoogleが主導したGoというシステム言語に出会う。Goが今日の重要な技術的課題に取り組んでいることを知り、まだベータ版だった時代からGoをずっと使い続けている。

2012年に夫妻は英国を離れ、米国コロラド州ボルダーに移住する。ここでMatはさまざまなプロジェクトに従事している。ビッグデータを使ったWebサービスや高可用性のシステムといった大規模なものから、副業の小さなプロジェクトや慈善活動などにも携わる。

●査読者紹介

Tyler Bunnell（タイラー・バネル）@tylerb

起業家兼開発者。好奇心が強く、問題解決に熱心に取り組む。知識とソリューションを求め、常にイノベーティブで時代を先取りし続けようと心がける。

プログラミングのレパートリーは多岐にわたる。Mizage社の共同創設者としてDivvyなどのOS Xアプリケーションを開発したほか、ボイストレーナーと共同でiOS向けにVoice Tutorを作成。このアプリでは、誰もがプライベートなレッスンの必要なしに歌を上達できるということがめざされた。2012年には新興のGo言語に興味を持つ。その後すぐにTestify、Graceful、Gennyをはじめとする著名プロジェクトに携わり、Goのオープンソースコミュニティーに貢献する。近年では、まだ詳細は明らかにできないものの新興企業に情熱を注ぐ。

Michael Hamrah（マイケル・ハムラー）

ニューヨーク市ブルックリン在住のソフトウェアエンジニア。Webでのスケーラブルな分散システムの開発に携わり、APIのデザインやイベント駆動型の非同期プログラミング、データのモデル化と格納を得意とする。開発では主にScalaとGoを利用し、ソフトウェアスタックのあらゆる階層に深い知識を持つ。LinkedInでのアドレスはhttps://www.linkedin.com/in/hamrah。

Nimish Parmar（ニミッシュ・パーマー）

10年以上にわたり、ハイパフォーマンスな分散システムの構築に取り組む。ムンバイ大学でコンピューターエンジニアリングの学士号を、南カリフォルニア大学でコンピューターサイエンスの修士号をそれぞれ取得。書籍『Amazon Web Services: Migrating your .NET Enterprise Application』の査読も務める。

現在はサンフランシスコのStumbleUponでシニアソフトウェアエンジニアとして勤務。USC Trojansフットボールチームの熱烈なファンで、冬にはスノーボードを楽しむ。

Nimishからのメッセージ

両親RaginiとBipinに感謝します。2人から絶え間ない愛とサポートを得られた私は本当に幸せ者です。

●監訳者紹介

鵜飼 文敏（うかい ふみとし）
ソフトウェアエンジニア。Google勤務。著書に『Binary Hacks――ハッカー秘伝のテクニック100選』（オライリー・ジャパン）。主な監訳書として『Code Reading――オープンソースから学ぶソフトウェア開発技法』『Write Great Code』（毎日コミュニケーションズ）、『情熱プログラマー』（オーム社）など。

●訳者紹介

牧野 聡（まきの さとし）
ソフトウェアエンジニア。日本アイ・ビー・エム ソフトウェア開発研究所勤務。主な訳書に『実践JUnit』『Javaパフォーマンス』『CSS3開発者ガイド』（ともにオライリー・ジャパン）。

Go言語によるWebアプリケーション開発

2016年 1 月21日　初版第 1 刷発行
2021年 5 月10日　初版第 3 刷発行

著　　　者	Mat Ryer（マット・ライヤー）	
監　訳　者	鵜飼 文敏（うかい ふみとし）	
訳　　　者	牧野 聡（まきの さとし）	
発　行　人	ティム・オライリー	
制　　　作	ビーンズ・ネットワークス	
印刷・製本	株式会社平河工業社	
発　行　所	株式会社オライリー・ジャパン	
	〒160-0002　東京都新宿区四谷坂町12番22号	
	Tel　（03）3356-5227	
	Fax　（03）3356-5263	
	電子メール　japan@oreilly.co.jp	
発　売　元	株式会社オーム社	
	〒101-8460　東京都千代田区神田錦町3-1	
	Tel　（03）3233-0641（代表）	
	Fax　（03）3233-3440	

Printed in Japan（ISBN978-4-87311-752-2）
乱丁本、落丁本はお取り替え致します。

本書は著作権上の保護を受けています。本書の一部あるいは全部について、株式会社オライリー・ジャパンから文書による許諾を得ずに、いかなる方法においても無断で複写、複製することは禁じられています。